河南省矿山地质环境保护与土地复垦方案编写技术

司百堂　尹洪岩　徐朝阳　李振楠　朱昱玮　高敬礼

刘云山　尹亚欧　司冬冬　张　晨　田鹏州　樊　东　　编著

黄河水利出版社

·郑州·

图书在版编目（CIP）数据

河南省矿山地质环境保护与土地复垦方案编写技术/
司百堂等编著. —郑州：黄河水利出版社,2018.12
ISBN 978 – 7 – 5509 – 2232 – 7

Ⅰ.①河… Ⅱ.①司… Ⅲ.①矿山地质 – 地质环境 –
环境保护 – 河南②矿山地质 – 复土造田 – 研究 – 河南
Ⅳ.①TD167②TD88

中国版本图书馆 CIP 数据核字（2018）第 291596 号

出 版 社：黄河水利出版社 网址：www.yrcp.com
　　　　地址：河南省郑州市顺河路黄委会综合楼14层 邮政编码：450003
发行单位：黄河水利出版社
　　　　发行部电话：0371 – 66026940、66020550、66028024、66022620（传真）
　　　　E-mail：hhslcbs@126.com
承印单位：河南承创印务有限公司
开本：890 mm ×1 240 mm　1/16
印张：13.25
字数：410 千字
版次：2018 年 12 月第 1 版 印次：2018 年 12 月第 1 次印刷

定价：60.00 元

前　言

习近平总书记在党的十九大报告中明确指出,必须坚持节约优先、保护优先、自然恢复为主的方针,形成节约资源和保护环境的空间格局、产业结构、生产方式、生活方式,还自然以宁静、和谐、美丽。构建政府为主导、企业为主体、社会组织和公众共同参与的环境治理体系。习近平总书记提出的"绿水青山就是金山银山"和"创新、协调、绿色、开放、共享"的新发展理念,为矿产资源开发、保护矿山地质环境与土地资源指明了方向。几年来,我国坚持自然资源开发与环境保护并重,认真贯彻执行"在保护中开发,在开发中保护"的方针,国务院相继颁布了《土地复垦条例》《地质灾害防治条例》,国土资源部出台了《土地复垦条例实施办法》《矿山地质环境保护规定》,并发布实施了《矿山地质环境保护与恢复治理方案编制规范》(DZ/T 0223—2011)、《土地复垦方案编制规程》(TD/T 1031.1~1031.7—2011)、《土地复垦质量控制标准》(TD/T 1036—2013)等一系列规范、规程和标准,使矿山地质环境保护与土地复垦工作进入常态化阶段。《国土资源部办公厅关于做好矿山地质环境保护与土地复垦方案编报有关工作的通知》(国土资规〔2016〕21号)明确指出,矿山地质环境保护与土地复垦方案是实施矿山地质环境保护、治理和监测及土地复垦的技术依据之一。

编制矿山地质环境保护与土地复垦方案是为矿山地质环境保护及土地复垦的实施提供依据,制订矿山企业在建设、开采、闭坑各阶段的矿山地质环境保护治理与土地复垦措施,最大限度地减轻矿业活动对矿山地质环境及土地资源的影响和破坏,建设绿色矿山,促进矿区经济的可持续发展,并为矿山企业落实地质环境保护治理与土地复垦义务,为矿山企业治理恢复基金和土地复垦资金的计提、存放、管理、使用,为国土资源主管部门对矿山地质环境保护与土地复垦实施情况监督管理等提供依据。

为了进一步提高工程技术人员专业水平和矿山地质环境保护与土地复垦方案编写质量,使方案更有科学性、针对性和可操作性,根据国家相关的法律、法规、规范、规程,按照国土资源部《矿山地质环境保护与土地复垦方案编制指南》,河南省有色金属地质矿产局司百堂、尹洪岩、徐朝阳、李振楠、朱昱玮、高敬礼、刘云山、张晨、樊东,中南林业科技大学环境科学与工程学院尹亚欧,河南省煤田地质局司冬冬、田鹏州编写了《河南省矿山地质环境保护与土地复垦方案编写技术》一书,由司百堂、尹洪岩统稿。

本书编写过程中引用了国家及行业、部门发布实施的法律、法规、文件、规定、规范、规程、定额标准和相关图书资料,同时参考了部分审查通过的《矿山地质环境保护与土地复垦方案》,在此谨向相关单位、作者致以诚挚的谢意。同时,编写工作得到了河南省国土资源厅、河南省有色金属地质矿产局、河南省矿业协会、河南省地质学会、河南省土地学会、河南省煤田地质局国土资源培训中心的支持,河南省矿山地质环境保护与土地复垦评审专家提出了有益的修改意见,在此一并表示感谢。

本书若与新规定和要求不一致,以政府有关部门出台的文件和新规定为准。由于矿山地质环境保护与土地复垦涉及广泛的知识领域,限于作者水平有限,书中尚有许多疏漏与欠妥之处,恳请读者批评指正。

作　者

2018 年 9 月

目 录

前 言

绪 论 …………………………………………………………………………… (1)

第一章 矿山基本情况 …………………………………………………………… (7)

第一节 矿山简介 ………………………………………………………… (7)

第二节 矿区范围及拐点坐标 ……………………………………………… (7)

第三节 矿山开发利用方案概述 …………………………………………… (7)

第四节 矿山开采历史及现状 ……………………………………………… (10)

第二章 矿区基础信息 …………………………………………………………… (12)

第一节 矿区自然地理 …………………………………………………… (12)

第二节 矿区地质环境背景 ………………………………………………… (13)

第三节 矿区社会经济概况 ………………………………………………… (14)

第四节 矿区土地利用现状 ………………………………………………… (14)

第五节 矿山及周边其他人类重大工程活动 ……………………………… (16)

第六节 矿山及周边矿山地质环境治理与土地复垦案例分析 …………… (17)

第三章 矿山地质环境影响和土地损毁评估 …………………………………… (18)

第一节 矿山地质环境与土地资源调查概述 ……………………………… (18)

第二节 矿山地质环境影响评估 …………………………………………… (19)

第三节 矿山土地损毁预测与评估 ………………………………………… (46)

第四节 矿山地质环境治理分区与土地复垦范围 ………………………… (55)

第四章 矿山地质环境治理与土地复垦可行性分析 …………………………… (59)

第一节 矿山地质环境治理可行性分析 …………………………………… (59)

第二节 矿区土地复垦可行性分析 ………………………………………… (61)

第五章 矿山地质环境治理与土地复垦工程 …………………………………… (87)

第一节 矿山地质环境保护与土地复垦预防工程 ………………………… (87)

第二节 矿山地质环境治理 ………………………………………………… (91)

第三节 矿区土地复垦 ……………………………………………………… (107)

第四节 含水层破坏修复 …………………………………………………… (120)

第五节 水土环境污染修复 ………………………………………………… (121)

第六节 矿山地质环境监测 ………………………………………………… (123)

第七节 矿区土地复垦监测和管护 ………………………………………… (130)

第六章 矿山地质环境治理与土地复垦工作部署 ……………………………… (135)

第一节 总体工作部署 ……………………………………………………… (135)

第二节 阶段实施计划 ……………………………………………………… (136)

第三节 近期年度工作安排 ………………………………………………… (139)

第七章 经费估算与进度安排 …………………………………………………… (145)

第一节 经费估算 …………………………………………………………… (145)

第二节 矿山地质环境治理工程经费估算 ………………………………… (155)

第三节 土地复垦工程经费估算 …………………………………………… (159)

第四节 矿山地质环境保护治理与土地复垦经费估算通用表 …………… (168)

第五节　总费用汇总与年度安排 ………………………………………………（170）

第八章　保障措施与效益分析 ……………………………………………………（181）

第一节　组织保障 ………………………………………………………………（181）

第二节　技术保障 ………………………………………………………………（181）

第三节　资金保障 ………………………………………………………………（182）

第四节　监管保障 ………………………………………………………………（184）

第五节　效益分析 ………………………………………………………………（185）

第六节　公众参与 ………………………………………………………………（187）

第七节　土地权属调整方案 ……………………………………………………（190）

第九章　结论与建议 ………………………………………………………………（191）

第十章　附图、附表与附件 ………………………………………………………（193）

第一节　附　图 …………………………………………………………………（193）

第二节　附　表 …………………………………………………………………（203）

第三节　附　件 …………………………………………………………………（204）

参考文献 …………………………………………………………………………（205）

绪　论

一、任务由来

简要介绍矿山名称、采矿证号、矿证范围、开采矿种、开采标高、开采方式、开采状态等矿山概况。

（一）新建矿山

根据《土地复垦条例》（国务院令第 592 号）、《矿山地质环境保护规定》（国土资源部令第 44 号），按照《国土资源部办公厅关于做好矿山地质环境保护与土地复垦方案编报有关工作的通知》（国土资规〔2016〕21 号）文件要求，为做好矿山地质环境保护与土地复垦工作，受矿山企业委托，编制《矿山地质环境保护与土地复垦方案》（简称《方案》）。

（二）生产矿山

矿山企业已经编制了《矿山地质环境恢复治理方案》《土地复垦方案》，其中一个方案超过适用期（或方案剩余服务期少于采矿权延续时间），根据《国土资源部办公厅关于做好矿山地质环境保护与土地复垦方案编报有关工作的通知》要求，应当重新编制《矿山地质环境保护与土地复垦方案》。

简要介绍上一个适用期《矿山地质环境恢复治理方案》《土地复垦方案》的主要内容、工作量及费用概算、矿山地质环境保护治理基金、土地复垦资金缴计提、存放、管理、使用情况，矿山地质环境保护治理与土地复垦情况，结合上年度动用矿产资源储量备案表，考虑已经动用的资源储量，从而计算方案的适用年限。

（三）采矿证变更矿山

在办理采矿权变更时，涉及扩大开采规模、扩大矿区范围、变更开采方式的，根据《国土资源部办公厅关于做好矿山地质环境保护与土地复垦方案编报有关工作的通知》要求，应当重新编制或修订《矿山地质环境保护与土地复垦方案》。

二、编制目的

编制《矿山地质环境保护与土地复垦方案》是为矿山地质环境保护及土地复垦的实施提供依据，制订矿山企业在建设、开采、闭坑各阶段的矿山地质环境保护治理与土地复垦措施，最大限度地减轻矿业活动对矿山地质环境及土地资源的影响和破坏，建设绿色矿山，促进矿区经济的可持续发展，并为矿山企业落实地质环境保护治理与土地复垦义务，为矿山企业治理恢复基金和土地复垦资金的计提、存放、管理、使用，为国土资源主管部门对矿山地质环境保护与土地复垦实施情况监督管理等提供依据。主要任务是：

（1）通过资料收集与实际调查，对矿山地质环境及土地资源进行调查，查明矿区地质环境条件和土地资源利用现状。

（2）查明矿区地质环境问题、地质灾害发育现状及造成的危害，矿山开采以来矿区土地的损毁情况，分析研究主要地质环境问题的分布规律、形成机制及影响程度；了解土地损毁环节与时序，查明土地损毁情况；根据调查情况、矿山开发利用方案、矿山地质环境条件对矿山地质环境影响和土地损毁进行现状和预测评估与分析。

（3）在评估分析的基础上，进行矿山地质环境保护治理分区和确定土地复垦责任范围。

（4）从技术、经济、土地适宜性和水土资源平衡等方面，对矿山地质环境保护治理与土地复垦可行性进行分析。

（5）提出矿山地质环境保护治理与土地复垦的技术措施，确定矿山地质环境监测、土地复垦监测和管护方案，明确治理区和复垦单元的目标任务。

(6)对矿山地质环境治理与土地复垦工作分阶段进行工作部署,并明确近五年工作安排情况。

(7)进行矿山地质环境保护治理工程、土地复垦工程的经费估算,提出矿山地质环境保护与土地复垦的保障措施。

三、编制依据

编制方案引用的法律法规、政策文件、标准规范、技术文件等均应采用最新版本。

(一)法律法规

《中华人民共和国矿产资源法》(主席令第74号,2009年8月27日第二次修正);

《中华人民共和国土地管理法》(主席令第28号,2004年8月修订);

《中华人民共和国环境保护法》(主席令第9号,2014年4月24日修订,2015年1月1日起执行);

《中华人民共和国水土保持法》(主席令第39号,2010年修订,2011年3月1日施行);

《中华人民共和国环境影响评价法》(主席令第48号,2016年7月2日修改,自2016年9月1日起施行);

《地质灾害防治条例》(国务院令第394号);

《土地复垦条例》(国务院令第592号,2011年3月5日施行);

《中华人民共和国土地管理法实施条例》(国务院令第588号,2011年修正);

《基本农田保护条例》(国务院令第257号,2011年修订);

《国务院关于加强地质灾害防治工作的决定》(国发〔2011〕20号);

《矿山地质环境保护规定》(国土资源部令第44号);

《河南省地质环境保护条例》(2012年3月29日河南省第十一届人民代表大会常务委员会第二十六次会议通过)。

(二)政策、文件

《土地复垦条例实施办法》(国土资源部,2013年3月1日起施行);

《贯彻实施〈土地复垦条例〉的通知》(国土资发〔2011〕50号);

《关于加强生产建设项目土地复垦管理工作的通知》(国土资发〔2006〕225号);

《国土资源部办公厅关于做好矿山地质环境保护与土地复垦方案编报有关工作的通知》(国土资规〔2016〕21号);

《国土资源部 工业和信息化部 财政部 环境保护部 国家能源局关于加强矿山地质环境恢复和综合治理的指导意见》(国土资发〔2016〕63号);

《国土资源部办公厅关于印发土地整治工程营业税改增值税计价依据调整过渡实施方案的通知》(国土资厅发〔2017〕19号);

《财政部 税务总局关于调整增值税率的通知》(财税〔2018〕32号);

《财政部 国土资源部 环境保护部关于取消矿山地质环境治理恢复保证金建立矿山地质环境治理恢复基金的指导意见》(财建〔2017〕638号);

《河南省实施〈土地管理法〉办法(第二次修正)(2009年)》;

河南省财政厅、河南省国土资源厅、河南省环境保护厅关于印发《财政部 国土资源部 环境保护部取消矿山地质环境治理恢复保证金建立矿山地质环境治理恢复基金》的通知(豫财环〔2017〕111号);

《河南省住房和城乡建设厅关于调增房屋建筑和市政基础设施工程施工现场扬尘污染防治费的通知(试行)》,豫建设标〔2016〕47号。

政策文件以部、省发布的最新文件为准。

(三)规程规范与技术标准

《矿山地质环境保护与恢复治理方案编制规范》(DZ/T 0223—2011);

《土地复垦方案编制规程 第1部分:通则》(TD/T 1031.1—2011);

《土地复垦方案编制规程 第2部分:露天煤矿》(TD/T 1031.2—2011);

《土地复垦方案编制规程 第3部分:井工煤矿》(TD/T 1031.3—2011);

《土地复垦方案编制规程 第4部分:金属矿》(TD/T 1031.4—2011);

《土地复垦方案编制规程 第5部分:石油天然气(含煤层气)项目》(TD/T 1031.5—2011);

《土地复垦方案编制规程 第6部分:建设项目》(TD/T 1031.6—2011);

《土地复垦方案编制规程 第7部分:铀矿》(TD/T 1031.7—2011);

《地质灾害危险性评估规范》(DZ/T 0286—2015);

《土地复垦质量控制标准》(TD/T 1036—2013);

《高标准基本农田建设标准》(TD/T 1033—2012);

《生产项目土地复垦验收规程》(TD/T 1044—2014);

《矿区水文地质工程地质勘探规范》(GB 12719—1991);

《中国地震动参数区划图》(GB 18306—2015);

《岩土工程勘察规范》[GB 50021—2001(2009 版)];

《建筑边坡工程技术规范》(GB 50330—2013);

《量和单位》(GB 3100~3102—1993);

《地表水环境质量标准》(GB 3838—2002);

《渔业水质标准》(GB 11607—1989);

《农田灌溉水质标准》(GB 5084—2005);

《土壤环境质量 农用地土壤污染风险管控标准(试行)》(GB 15618—2018)(2018 - 08 - 01 实施);

《土壤环境质量 建设用地土壤污染风险管控标准(试行)》(GB 36600—2018)(2018 - 08 - 01 实施);

《灌溉与排水工程设计规范》(GB 50288—1999);

《开发建设项目水土保持技术规范》(GB 50433—2008);

《中国土壤分类与代码》(GB/T 17296—2009);

《土地基本术语》(GB/T 19231—2003);

《土地利用现状分类》(GB/T 21010—2017);

《区域地质图图例》(GB/T 958—2015);

《综合工程地质图图例及色标》(GB/T 12328—1990);

《综合水文地质图图例及色标》(GB/T 14538—1993);

《造林技术规程》(GB/T 15776—2016);

《水土保持工程设计规范》(GB 51018—2014);

《生态公益林建设 导则》(GB/T 18337.1—2001);

《生态公益林建设 规划设计通则》(GB/T 18337.2—2001);

《生态公益林建设 技术规程》(GB/T 18337.3—2001);

《生态公益林建设 检查验收规程》(GB/T 18337.4—2008);

《高标准农田建设 通则》(GB/T 30600—2014);

《一般工业固体废物贮存、处置场污染控制标准》(GB 18599—2001);

《1:50 000 地质图地理底图编绘规范》(DZ/T 0157— 1995);

《地质图用色标准及用色原则(1:50 000)》(DZ/T 0179—1997);

《滑坡防治工程勘查规范》(DZ/T 0218—2006);

《滑坡防治工程设计与施工技术规范》(DZ/T 0219—2006);

《泥石流灾害防治工程勘查规范》(DZ/T 0220—2006);

《崩塌、滑坡、泥石流监测规范》(DZ/T 0221—2006);

《泥石流灾害防治工程设计规范》(DZ/T 0239—2004);

《地质灾害排查规范》(DZ/T 0284—2015);

《矿山地质环境监测技术规程》(DZ/T 0287—2015);

《区域地下水污染调查评价规范》(DZ/T 0288—2015);

《耕地后备资源调查与评价技术规程》(TD/T 1007—2003);

《土地整治项目规划设计规范》(TD/T 1012—2016);

《第二次全国土地调查技术规程》(TD/T 1014—2007);

《土地整治重大项目实施方案编制规程》(TD/T 1047—2016);

《耕作层土壤剥离利用技术规范》(TD/T 1048—2016);

《矿山土地复垦基础信息调查规程》(TD/T 1049—2016);

《造林作业设计规程》(LY/T 1607—2003);

《耕地质量验收技术规范》(NY/T 1120—2006);

《耕地地力调查与质量评价技术规程》(NY/T 1634—2008);

《地下水监测规范》(SL 183—2005);

《生态环境状况评价技术规范》(HJ/T 192—2015);

《矿山生态环境保护与恢复治理技术规范(试行)》(HJ 651—2013);

《土壤环境监测技术规范》(HJ/T 166—2004);

《建筑物、水体、铁路及主要井巷煤柱留设与压煤开采规程》(安监总煤装〔2017〕66 号);

《国土资源部办公厅关于做好矿山地质环境保护与土地复垦方案编报有关工作的通知》(国土资规〔2016〕21 号);

《河南省矿山地质环境恢复治理工程勘查、设计、施工技术要求》(试行)(豫国土资发〔2014〕99 号);

《河南省土地开发整理工程建设标准》(豫国土资发〔2010〕105 号);

《河南省土地开发整理项目制图标准》(豫国土资发〔2010〕105 号);

《地质调查项目预算标准》(中国地质调查局 2010 年);

《河南省土地开发整理项目预算定额标准》(豫财综〔2014〕80 号);

《工程勘查设计收费标准》(2002 年版);

《水利建设工程预算定额》(2002 年版)。

(四)技术文件和其他基础资料

《矿区勘查报告》或《矿区核查报告》及其资源储量评审备案证明,《矿山开发利用方案》及备案表,《水土保持报告》《环境影响评价报告》《水源地保护方案》及上年度动用矿产资源储量备案表等。

市(县)地质灾害防治规划、市(县)矿山地质环境保护规划、县(市)土地利用总体规划、乡镇土地利用规划等。

县(市)统计年鉴、公告、县志、项目所在地市级建设工程材料基准价格信息等。

四、方案适用年限

(一)方案服务年限

1. 新建矿山方案服务年限

新建矿山方案服务年限根据开发利用方案,即总生产服务年限(含基建期)、沉稳期、治理复垦期及监测管护期确定。

当矿山服务年限大于 30 年且大于采矿许可证的有效期时,应根据《矿山地质环境保护与土地复垦方案编制指南》中"新建矿山的方案适用年限根据开发利用方案确定,生产矿山的方案适用年限原则上根据采矿许可证的有效期确定";考虑到采矿证许可年限和采区的完整性,确定方案的服务年限。

2. 生产矿山方案服务年限

生产矿山方案服务年限原则上根据矿山剩余生产服务年限、沉稳期(煤矿、铝土矿)、治理复垦期及管护期确定。

矿山剩余生产服务年限应根据《××××年资源储量动态检测报告》提供的矿山保有资源储量、可采储量等数据，结合矿山生产规模计算得到。

（二）方案适用服务年限

方案适用服务年限一般为5年。土地复垦工作安排原则上以5年为一阶段进行，在实际工作中应根据土地损毁预测情况，结合土地复垦方案服务年限，合理划分复垦工作阶段。

矿山剩余生产服务年限在7年以内，方案服务年限为适用年限。国土资源主管部门或评审中心有相关规定时，从其规定。

（三）方案基准期

方案基准期确定原则：新建矿山以矿山正式投产之日算起；生产矿山以相关部门批准该方案之日算起。

五、编制工作概况

（一）编制背景

为保护矿山地质环境、生态环境及土地资源，落实矿山企业地质环境保护治理与土地复垦义务，为矿山企业提取治理恢复基金和缴纳土地复垦费用提供依据，根据《国土资源部办公厅关于做好矿山地质环境保护与土地复垦方案编报有关工作的通知》（国土资规〔2016〕21号）文件，委托相关中介机构承担该矿山地质环境保护与土地复垦方案的编制工作。

（二）编制过程

矿山地质环境保护与土地复垦方案编制流程见图0-1。完成了如下具体工作：

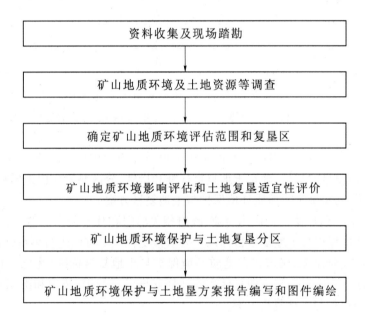

图0-1　矿山地质环境保护与土地复垦方案编制流程

（1）资料收集。广泛收集了矿山基本情况，评估区及周边自然地理、生态环境、社会经济、土地利用现状与权属、土壤等地质环境背景的相关资料。

（2）野外调研。实地调查了评估区地质灾害发育情况、地下水的水位和水质、地形地貌景观，土壤、水文、水资源、生物多样性、土地利用情况、土地损毁情况等，并针对复垦责任范围内耕地、林地等主要地类进行土壤剖面挖掘，实地拍摄了影像、图片等相关资料，并做文字记录，采取了地下水水样、土壤样并送检。矿山地质环境保护与土地复垦调查工作量见表0-1。

表 0-1　矿山地质环境保护与土地复垦调查工作量

项目		单位	工作量	说明
资料收集		份		
现场调查	调查面积	km²		
	调查路线	km		
	地形地貌、地质点调查	个		
	水文地质调查	个		
	土壤剖面	个		
	土壤样品	件		
	地下水	组		
	废水	组		
	自然经济概况	项		
	社会经济概况	项		
	土地利用现状	项		
	采矿造成土地损毁调查	hm²		
	地面附着物及工程设施调查	hm²		
	调查走访群众	人		
	拍照	张		
成果	报告文本	份		

（3）公众参与。采用座谈会、调查走访等方式，调查矿山、土地使用权人以及国土、林业、水利、农业、环保等部门及相应的权益人，征求对土地复垦方向、复垦标准及复垦措施的意见。

（4）方案编制。通过对收集资料的整理，确定方案的服务年限和适用年限，进行地质环境影响预测分析、土地损毁预测与土地复垦适宜性评价，确定矿山地质环境治理分区和土地复垦责任范围，明确矿山地质环境保护与土地复垦的目标，确定土地复垦标准和措施，分区测算矿山地质环境保护治理和土地复垦工程量，估算费用，初步确定了地质环境保护与土地复垦方案。

（5）对初步拟订的方案，广泛征询矿山企业、政府相关部门和社会公众的意愿，从组织、经济、技术、费用保障、矿山地质环境保护与土地复垦目标以及公众接受程度等方面进行可行性论证。

（6）根据方案协调论证结果，确定矿山地质环境保护与土地复垦标准、优化工程设计、估算工程量以及投资，细化矿山地质环境保护与土地复垦实施计划安排以及费用、技术和组织管理保障措施，编制详细的《矿山地质环境保护与土地复垦方案》。

（三）质量评述

为了确保方案编制报告的质量，项目负责人对方案编制工作进行全程质量监控，对野外矿山地质环境调查工作、室内综合分析研究和报告编制等工作进行了质量检查，并组织内部专家对矿山地质环境条件、评估级别、矿山地质灾害、矿区含水层破坏、地形地貌景观、水土环境污染、土地损毁等关键环节进行了检查和把关。报告编制完成后，项目组又征询了矿山企业、当地县级国土资源局的意见，对方案进一步修改完善。

总之，本次工作中收集的资料比较全面，提供的基础数据和现场调查数据真实可靠，矿山地质环境和土地资源调查及报告是按照《矿山地质环境保护与土地复垦方案编制指南》编制的，工作精度符合规程规范要求，质量可靠，达到了预期目的。

第一章　矿山基本情况

第一节　矿山简介

主要介绍项目名称、地理位置、隶属关系、企业性质、项目类型、项目用地方式、开采方式、开采矿种、生产规模、产品方案、投资规模等。

第二节　矿区范围及拐点坐标

主要介绍矿区范围、开采标高,交通位置。矿山与附近城镇的位置关系,矿山所在的县(区)、乡(镇)、村组,矿区拐点坐标(列表),交通状况。重点突出矿山及其可能影响范围内的名胜古迹、自然保护区、地质公园、地质遗迹、旅游景点、评估区村庄分布等基本概况。

矿区拐点坐标(图形文件采用最新的国家大地坐标系,高程系统采用最新的国家高程基准,投影方式采用高斯－克吕格投影,分带采用3°或6°分带),插交通位置图、矿区拐点坐标示意图。

第三节　矿山开发利用方案概述

收集矿山开采设计或矿产资源开发利用方案。重点介绍:采矿用地组成、矿山生产规模、矿山开拓布局、开拓工程参数、剥采比或采掘比、开采段高、采矿方法、掘进施工工艺、采矿生产工艺、采场生产能力、采场技术参数和接续方式,矿山批准的开采层位、开采范围、开采深度、矿山资源及储量、矿山设计生产服务年限、年生产能力,采区布置、矿山阶段划分、开采接替顺序、开采方式、顶板管理方法,矿山防水方法,表土堆放方案,矿山固体废弃物总量、规模与分布、占地面积、处置措施,废水排放量、处置情况等。

附矿山总工程平面布置图、地下开采矿山开拓系统平面图与剖面图、露天开采矿山地表开采境界和底部境界图等。

一、采矿用地组成

对于煤矿,采矿用地主要由工业场地、矸石场和矿山道路等组成,分别说明各场地的占地面积。工业场地内包括主副井提升机房、煤仓、选煤厂、变电所、压风机房、供水站、灌浆泵房等生产建筑物,以及办公楼、职工宿舍、锅炉房、污水处理站、木工房、机修车间等辅助生产建筑物,附矿区总平面布置图。

对于地下开采金属矿山,采矿用地主要由工业场地、废石场、选矿厂、尾矿库和矿山道路等组成,分别说明各场地的占地面积。工业场地内包括主副井、矿石场、废石场、变电所、压风机房、供水站、灌浆泵房、办公楼、职工宿舍、锅炉房、污水处理站、机修车间等生产、辅助建筑物,附矿区总平面布置图。金属矿山矿脉较多,工业场地、废石场较多,可以列表统计。

对于露天开采矿山,采矿用地主要由工业场地、废石场、矿山道路组成,附矿区总平面布置图。

二、开采范围、资源储量及可采储量

(一)开采范围

依据开发利用方案(设计)确定的开采层位和开采范围。

（二）资源储量

新建矿山根据勘查报告或开发利用方案摘录。生产矿山根据上年度动用矿产资源储量备案表,查询保有资源储量。

（三）可采储量

新建矿山可以直接从矿产资源开发利用方案备案表中查询可采储量。

对于生产矿山,上年度动用矿产资源储量备案表中有各类型储量级别的保有资源储量,按照开发利用方案备案表中确定的可信度系数,计算可采储量。

举例1:以某煤矿为例。

查明二₁煤资源储量1 638万t,其中累计动用资源储量553万t、保有资源储量1 085万t。保有资源储量中(111b)874万t、(112b)172万t、(333)39万t。可信度系数(111b)、(112b)取1,(333)取0.8。该矿山保有储量1 077.2万t。

扣除边界煤柱55.02万t、断层煤柱73.53万t、采空区防水煤柱60.35万t、工业场地和主要井巷煤柱71.59万t后(各类煤柱260.49万t),设计利用工业储量816.71万t。

开采二₁煤的损失率为25%,剩余可采储量为612.53万t。

举例2:以某铅锌矿为例。

查明铅锌矿资源储量(332)+(333)矿石量372.58万t,其中(332)矿石量75.54万t、(333)矿石量297.04万t。可信度系数(332)取1、(333)取0.6。矿山设计利用矿石储量253.76万t。设计采矿损失率8%,可采储量233.46万t。

三、矿山生产服务年限

按照矿山生产规模、可采储量、储量备用系数(煤矿)、采矿贫化率(金属矿),计算出矿山生产服务年限。

对于没有采矿贫化率要求的矿山:

$$矿山生产服务年限 = 可采储量/矿山生产规模$$

采煤矿山:

$$矿山生产服务年限 = 可采储量/(矿山生产规模 \times 储量备用系数)$$

内生金属矿种的须考虑采矿贫化率,计算公式如下:

$$矿山生产服务年限 = 可采储量/[矿山生产规模 \times (1-\rho)]$$

式中:ρ 为采矿贫化率,露天开采 $\rho = 3\% \sim 5\%$,地下开采 $\rho = 5\% \sim 10\%$。

四、采区布置、开采方式及接替顺序

主要摘录矿区开发利用方案。以采矿证划定的矿区范围、开采标高(必要时加矿体埋深)、开采顺序,矿体较多时列表说明。

对于金属矿山,若矿体(或矿脉)较多,根据各矿体的可采储量、开采规模,确定各矿体的服务年限,根据开发利用方案中开采接替顺序列表说明。

煤矿一般分层或按采区开采,根据开发利用方案,确定开采接替顺序和开采时间。

（一）采区布置

1. 井工开采的煤矿

主要内容包括开采煤层、面积、埋藏深度,采区划分,每个采区的资源储量、设计开采能力、开采年限、开采接替顺序(列表)。

井筒布置:主井、副井、风井的位置(坐标、井口高程),断面形状及尺寸、深度,斜井的角度,井底高

程,承担任务等(见表1-1)。

表1-1 井筒特征表

序号	名称		单位	主斜井	副斜井	回风立井
1	井口坐标	纬距 X	m			
		经距 Y	m			
2	提升方位角		(°)			
3	井筒倾角		(°)			
4	井口标高		m			
5	井筒深度(斜长)		m			
6	井筒直径	净	m			
		掘进	m			
7	井筒断面	净	m²			
		掘进	m²			
8	备注					

在矿区范围内有多个可采煤层时,鉴于其埋藏深度不同,在开采设计时不可能同时进行,先开采的工作区塌陷沉降稳定后,会受到后期开采的影响,对含水层、地形地貌景观的影响有加剧现象,对土地重复损毁。在编制方案时,附典型剖面图及每一个开采煤层的平面布置图,清晰地表明不同煤层开采时的相互影响程度。

2.地下开采的金属矿床

详细介绍采矿证范围内的矿体编号、埋藏深度、赋存标高,矿体走向长、倾向宽,平均厚度、倾向、倾角;开采矿体长度、宽度、赋存标高,可采储量。

斜井、竖井、平洞,井口坐标与高程,井筒直径、井底标高,斜井断面尺寸、坡度,提升设备;通风井位置及相关参数;开采中断、运输中断、回风中断。

开拓方案、安全生产、顶板管理方式,生产能力、矿块损失率、矿块贫化率;疏干排水抽排总量、水仓容量、排水设备等。

附采矿工程平面分布图、矿体开拓系统纵投影图、采区工程布置图、采区布置与顺序图以及与周边矿山开采的关系图。

3.露天开采矿山

主要介绍开拓方式,剥采比,废弃物排放量,排土场的位置、设计容量、拦挡措施,采场与外界的连接道路,最大运输距离等,围岩稳定程度,台阶高度和坡面角。

附:露天开采境界参数表(台阶标高、最大垂直高度,采场最大长度和宽度,坑底的长度和宽度,台阶高度、安全平台和清扫平台宽度、台阶坡面角,采场最终坡面角等);开采现状图(注明矿区边界、矿体与民采坑的分布、排土场的位置及规模等);开采平面布置图(工业场地、设施的位置,排土场、矿石堆放场的位置、采坑的范围、周围的村庄、矿区的道路等);露天矿山开采终了平面图(主要包括采场最大范围、坑底范围、开采台阶的布置、运矿道路、排水设施、地形等高线、比例尺);典型剖面图(主要包括最高开采标高、最低开采标高、最大开采深度、清扫平台宽度、安全平台宽度、最终台阶坡面角、采场最终边坡角、剖面图的方向、比例尺)。

(二)开采接替顺序

金属矿山开采顺序——矿体编号,生产规模,服务年限,生产年序,接替顺序,附图表。

煤矿开采顺序——开采区(开采工作面)的划分,每个开采区的开采年限,开采区的接替顺序,总生产服务年限,附图表。

五、顶板管理方法与边坡防护措施

根据开采的矿种,从开发利用方案中摘录顶板管理方法与边坡防护措施。煤矿顶板管理方法十分重要,金属矿山、露天开采矿山边坡防护措施不可或缺。

六、固体废弃物和废水排放量及处置方法

主要介绍固体废弃物的数量、堆放及综合利用情况,如煤矸石作为制砖原料,露天采矿剥离的废土另行堆放,用于后期恢复治理等;矿山生活垃圾的产生量及处置措施。

采矿剥离或排出的废石存放在排土场,介绍排土场的位置、地面坡度、容量,已经采取的拦挡措施。采矿抽排地下水的总量,废水净化处理的措施及利用情况。

目前正在生产的矿山,重点介绍每年废石的产出量、利用量(提供证明材料)、需要堆存的量;废石场防治措施、防治效果(附照片);每年排放的废水量,废水处理和净化情况(化验指标),废水利用情况、外排量。

第四节 矿山开采历史及现状

一、矿山开采历史

矿山开采历史情况,包括矿权的延续和变更、矿权人情况、采矿许可证取得情况,历史时期矿山开采范围、层位、开采方式、深度、生产规模、开采量、开采年限等。

介绍是新建矿山还是延续开采矿山、扩界开采矿山、整合矿山,是露天开采还是地下开采;首次办理采矿证的时间,矿权变更情况等;矿层的分布、层数、厚度、埋深、矿体特征和开采层的岩性、结构等。

矿山开采历史包括以往矿山开采的范围、层位、开采方式、开采规模、开采时间、已经消耗的资源储量,遗留的矿山地质环境问题,采空区的分布、塌陷范围、稳定及治理情况等,必要时附图。

二、矿山开采现状

矿山现状情况,包括划定矿区范围批复及矿山采矿许可证情况,矿山生产状态、开采范围、层位、开采方式、深度、开采规模、矿山剩余生产服务年限等。

矿山开采现状包括现开采方式、开采范围、开采层位(矿脉)、矿山剩余资源储量和剩余可采储量、年生产能力、剩余生产服务年限。

对于新建矿山,介绍以往民采活动的开采时间、规模、废渣堆放、采坑范围等。

若是延续开采矿山、扩界开采矿山、整合矿山,在介绍民采、邻区开采的基础上,重点介绍以往矿山开采情况,说明遗留、存在的问题。

通过评估区和相邻矿山开采区过去民采时材料收集和访问,查明老采空区、老排土场、老坑道、老选冶地等分布。编制矿山开采现状图(包括采空区分布图及剖面图、露天采场分布图及剖面图等),编图范围可以超出评估区范围,以能说明相邻矿山对本区的影响即可。尽可能用插图、插表说明,概略评述矿山地质环境问题。

三、相邻矿山分布及开采情况

介绍相邻矿山的名称、与本矿山的相对位置、地理坐标、矿区范围、开采矿种、开采标高、开采规模,

附相邻矿山分布图;相邻矿山的开采矿体、排土场、抽排水、采矿边界、采空区等对本矿山的影响。

采煤矿山,限于采矿证的面积,本矿山周边可能还有其他煤矿。相邻矿山之间存在着同采一层煤,或在矿证范围内空间上开采不同的煤层现象,相互间影响严重。在编写《方案》时,应全面调查相邻矿山的位置、与本矿山开采煤层的关系,以及开采区布置、开采时间、开拓方式、开采规模、采掘深度等。当相邻矿山相互影响时,(双方约定)在共有边界附近开采引发的采空塌陷由各自承担治理和复垦责任。

地下开采的金属矿山,一般位于山区或丘陵地带,周边矿山企业较少,可以简单介绍。但是应注意在空间上,不同的标高设置了不同的采矿证,相互影响程度严重。在深山区,一条沟内从上游到下游若有多个矿山,则其相互影响因素较多,应说明相互影响情况。

对于露天开采的水泥灰岩、溶剂灰岩、铝土矿等沉积型矿产及建筑石料矿山,周边分布的矿山企业较多,重点介绍开采边界、开采标高、剥采比、排土场的位置和容量,以及相互影响关系。

第二章　矿区基础信息

第一节　矿区自然地理

一、地理位置与交通

主要介绍矿山与附近城镇的位置关系,矿山所在的县(区)、乡(镇)、村、组,交通状况,附交通位置图。

二、气象

说明矿山所在地的降水、蒸发、日照、温度、积温、最大冻土深度、无霜期、风向与风速等气象特征。

主要介绍矿山所处地区的气候带、干旱及湿润气候类型,多年平均气温,极端最高气温,极端最低气温,≥10 ℃积温;最大冻土深度和无霜期;最丰年份降水量及最枯年份降水量,多年平均降水量,多年平均降水量及降水的时空分布,连续降水日数及降水量,20 年一遇最大日降水量,1 h、6 h 的降水量;年平均蒸发量、累积年最大蒸发量、累积年最小蒸发量;年平均风速、最大风速、全年主导风向,最大冻土深、最大积雪厚度、无霜期、年日照时数。

三、水文

说明项目所在区域地表水系及地下水赋存情况;矿山及周边区域水系情况,地表水、地下水状况,径流模数,洪水与矿山建设场地的关系,地表水流量、水位、历史洪水及洪涝灾情等,农田灌溉、植被重建的来源和保证率。附地表水系图。

四、地形地貌

介绍矿区地貌类型,山脉走向,山峰形态,海拔,地面坡度、相对高差,切割程度,形态特征;地面坡度、沟谷纵向坡度等,插入典型照片。附区域地貌图。

介绍人工边坡、露天采场、排土场、废渣堆等的分布、形态、规模及稳定状态。如果项目区范围较大,应详细介绍露天采场、尾矿库、沟谷废石场等所处地方的微地貌特征,特别是与土地复垦方案有关的岩石风化程度、土壤剥蚀程度等。若金属矿山废渣堆放在沟谷处、溪流旁,应重点介绍沟谷上游的汇水面积、河水流量、地面坡度和沟谷纵向坡度等。

五、植被

介绍矿区天然植被和人工植被类型、分布范围、面积、发育特征、郁闭度和高度等。应附不同类型植被典型照片。

农田植被包括人工种植的小麦、玉米、谷子、水稻等粮食作物,棉花、油菜、大豆等经济作物,以及蔬菜和药材作物等。

人工植被包括当地栽植的乔木林、灌木林、人工草地及农作物类型。乔木树种主要有杨、榆、槐、桐、松、柏、柳、栎、椿、桑、构、楸等,果树主要有苹果、桃、梨、枣、柿、板栗、核桃、山楂等。经济林木有漆树、油桐、乌桕、杜仲等。

灌木群落主要有荆条、紫穗槐、沙枣、沙棘、梭梭、桤子、酸枣、枸杞、辛夷、杜仲、簸箕柳、玫瑰、白腊、复叶槭、胡枝子、茱萸等。

草本植被群落,在山区多蒿草类,丘陵和平原地区尚有芦苇、野豌豆、紫羊茅、白三叶草、狗牙根、荩草、苇状羊茅、茅草等。

六、土壤

说明采矿许可证范围内主要土壤类型及其分布特征。

介绍矿山及周边区域土壤类型、分布特征、土层厚度、土壤质地、有机质含量、土体构型、土壤侵蚀状况、土壤养分状况、土壤保水状况、土壤中砾石含量等。矿山土壤情况以实际调查和资料收集为主,也可查阅地方县志。

第二节 矿区地质环境背景

一、地层岩性

说明项目区的地层、岩性、地质构造等。按勘查报告相关内容自老到新分层位评述,介绍地层的地质时代、岩石类型、产状、厚度、出露长度、范围。附地层综合柱状图,必要时附区域地质图。

二、地质构造

按区域地质构造、评估区地质构造分别描述。

(1)矿山所在区域及评价区断裂构造的类型、规模、力学性质、活动性、胶结和充填程度;褶皱构造的类型、形态、规模和分布;不同构造的水理性质、地下水赋存条件和储水构造的分布。

(2)矿山所在区域及评价区构造裂隙的发育与不同地层、构造部位的关系,裂隙强发育带的产状及分布情况,裂隙发育程度、充填胶结情况、裂隙面形态。

(3)矿山所在区域新近构造运动的性质和特征,近期地壳升降和断裂活动对第四纪沉积物的分布及水文地质条件的影响,区域地壳稳定性。

附区域地质构造图。

三、水文地质

(一)区域水文地质特征

简述水文地质单元及地下水的补给、径流、排泄条件。按松散岩类孔隙水、基岩裂隙水、碳酸盐岩类岩溶水(含碳酸盐岩夹碎屑岩类岩溶水)类型,分别描述其含水层岩性、厚度、分布范围及面积、泉流量、富水性等。附区域水文地质图、水文地质剖面图。

(二)评估区水文地质特征

(1)评估区在水文地质单元的位置、边界条件,地下水补径排条件、地下水埋藏类型及埋藏深度、地下水动态变化规律、地下水的物理性质及化学成分等方面的内容。

(2)矿区在水文地质单元的位置,最低侵蚀基准面标高和矿坑水自然排泄面标高;矿区的水文地质边界。介绍含水层的性质、岩性、厚度、分布、埋藏条件、单位涌水量、渗透系数或导水系数,裂隙、岩溶发育程度、分布规律、控制裂隙及岩溶发育的因素;地下水的水位、水质以及补给、径流、排泄条件;隔水层的岩性、分布、产状、稳定性及隔水性。

(3)根据含水介质类型、水力性质,含水层主要分为孔隙水、岩溶水、裂隙水,明确矿区的主要充水含水层。矿区含水层主要描述地下水类型、岩土类型、赋存标高、含水层厚度、富水性、补给与排泄,流量、涌水量、水质类型,与矿体的关系,是否为开采矿体的充水水源。

(4)地下水的补给来源,补给和渗透方式,径流流向,排泄方式;生产矿井与老窑水文地质特征;矿区最低侵蚀基准面标高和矿坑水自然排泄面标高。

(5)矿床充水水源、充水通道、充水强度等矿床充水因素。

（三）地下水开发利用历史与现状

重点阐述评估区地下水的水源类型、取水方式、取水层位、取水量、饮用人口、灌溉面积等。

四、工程地质

（一）工程地质岩组划分及特征

着重阐明软弱岩层的分布、岩性、厚度、水理和物理力学性质及其对井巷围岩、主要场地的稳定性影响；矿区各工程地质岩组或土体的分布、岩性、厚度和物理力学性质。若为新建矿山，还应简述工业广场等构筑物场地的工程地质条件。

（二）结构面及断层破碎带特征

介绍矿区所在地的构造部位，主要构造线方向，划分各级结构面并阐述各级结构面的特征、分布、产状、规模、充填情况、组合关系及优势结构面对矿床开采的影响；岩体风化带性质，结构类型和发育深度。蚀变带的性质、结构类型和分布范围；插节理玫瑰花图或赤平投影图。

（三）岩石物理力学性质

介绍岩石名称、矿物组分、结构构造，岩芯的 RQD 值、岩体完整程度、每米裂隙数。

岩石的主要物理力学指标：相对体积质量、容重、含水量、平均抗压强度、饱和抗压强度、内摩擦角、凝聚力等（岩石类型多时列表说明）。露天开采矿山边坡稳定性，地下开采矿山井巷围岩稳固性。

五、矿体地质特征

介绍矿体的数量、分布、长度、厚度、延深、产状、赋存标高、埋藏深度、矿石质量、化学成分等，矿体较多时，列表说明。矿层的顶板与底板的厚度、与矿层的关系。附主要矿体剖面图。

介绍煤矿的煤层数，各煤层的分布范围、厚度、延深、产状、赋存标高、埋藏深度等，开采的主要煤层，必要时附煤层等厚度图、等埋深图。

第三节　矿区社会经济概况

主要包括人口、农业、工业、经济发展水平等。说明项目区近三年的乡（镇）总人口、农业人口、人均耕地、农业总产值、财政收入、人均纯收入，并注明资料来源（见表2-1）。

表 2-1　××县××镇近三年主要经济指标统计表

乡（镇）	年份	总人口	农业人口	人均耕地	农业总产值	财政收入	人均纯收入
河南省							
××县							
××镇							

第四节　矿区土地利用现状

一、土地利用类型

说明项目区土地利用类型、数量和质量。结合典型土壤剖面图说明耕地、林地、草地等不同土地利用类型的表土层厚度、土壤质地、有机质含量以及 pH 等主要理化性质。根据最新土地年度变更调查成果，重点介绍矿区土地利用类型、数量、耕地质量、是否涉及基本农田、土地权属等，是否办理了用地手续。说明基本农田所占比例、农田水利和田间道路等配套设施情况、主要农作物生产水平。

土地利用现状分类体系应采用 GB/T 21010—2017，明确至二级地类。土地利用现状的统计数据应与所附的土地利用现状图上的信息一致。土地利用类型现状参见表2-2。

表2-2　土地利用类型现状表

一级地类		二级地类		面积(hm²)	占总面积比例(%)
01	耕地	011	水田		
		012	水浇地		
		013	旱地		
02	园地	021	果园		
		022	茶园		
		023	其他园地		
03	林地	031	有林地		
		032	灌木林地		
		033	其他林地		
04	草地	042	人工牧草地		
		043	其他草地		
⋮	⋮	⋮	⋮		
合　计					

（一）耕地

挖掘土壤剖面,配照片说明耕地土壤分层情况,土壤质地、pH、有机质、全氮、有效磷、速效钾等含量,有资料时可以采用最新的土壤化验指标。附项目区土壤分布图、项目区典型土壤剖面图。平原区水浇地土壤剖面图与土壤理化性状特性表见表2-3。

表2-3　平原区水浇地土壤剖面图与土壤理化性状特性表

位置		
地类	水浇地	
土壤质地		
土层厚度	表土层厚____ cm、心土层厚____ cm、底土层厚____ cm	
采集时间		
土壤理化性状	pH	—
	有机质	g/kg
	全氮	g/kg
	有效磷	mg/kg
	速效钾	mg/kg
	有效铁	mg/kg
	水溶态硼	mg/kg
	有效硫	mg/kg

（二）园地

挖掘土壤剖面,配照片说明土壤分层情况,表土层、心土层、底土层的厚度;介绍土壤质地和土壤理化性状(孔隙度、容重、pH、CEC、有机质、全氮、有效磷、速效钾);主要果树物种、郁闭度、产量、农田水利设施和田间道路等。

（三）林地、草地

挖掘土壤剖面,配照片说明腐殖质层、淋溶层、淀积层、母质层的厚度;介绍土壤质地和土壤理化性状(孔隙度、容重、pH、有机质等);主要植物物种、林地郁闭度、草地覆盖率等。山区林地土壤剖面图与土壤理化性状特性表见表2-4。

表2-4　山区林地土壤剖面图与土壤理化性状特性表

	位置	
	土地类型	林地
	土壤类型	粗骨土、石质土
	土壤质地	壤质砂土
	土层厚度	腐殖质层厚＿＿＿cm,淋溶层＿＿＿cm, 淀积层＿＿＿cm,母质层＿＿＿cm
	采集时间	
土壤理化性状	pH	—
	有机质	g/kg
	全氮	g/kg
	有效磷	mg/kg
	速效钾	mg/kg

（四）生产建设用地

主要介绍建设场地的稳定性、平整度、污染程度、积排水情况等。

二、土地权属状况

说明矿区范围内土地所有权、使用权和承包经营权状况。集体所有土地权属应具体到行政村或村民小组。需要征(租)收土地的项目应说明征(租)收前权属状况。土地利用权属表见表2-5。

表2-5　土地利用权属表

权属		地类							合计
		01 耕地			02 园地			…	
		011	012	013	021	022	023	…	
		水田	水浇地	旱地	果园	茶园	其他园地	…	
××省××县	××乡(镇)××村								
	…								
	总计								
××省××县	××乡(镇)××村								
	合计								

第五节　矿山及周边其他人类重大工程活动

生产矿山:地表基础设施大部分已建设完毕。除矿山生产活动外,主要介绍矿山及周边其他人类工程活动,主要为新农村建设、农业耕作、交通工程建设、电力设施等。

新建矿山:重点介绍矿山基础设施及新农村建设、道路建设、水利水电通信建设、农业生产等。

第六节　矿山及周边矿山地质环境治理与土地复垦案例分析

一、本矿矿山地质环境治理与土地复垦案例分析

(一)矿山地质环境保护与恢复治理方案执行情况

介绍上一个适用期的《矿山地质环境恢复治理方案》,方案的主要内容、治理措施、设计治理工作量及费用;费用提取和缴纳情况,方案的执行情况等。必要时列表说明并附照片。

例如,煤矿针对采矿引起的采空塌陷地质灾害、矿区含水层破坏、地形地貌景观、水土环境污染等矿山环境问题,在采空塌陷地质灾害的防治、含水层监测、固体废弃物和污水的处理及综合利用等方面所做工作,取得的恢复治理经验,以及环境效益、社会效益和经济效益。

(二)前期土地复垦方案执行情况

根据《土地复垦条例》,何时何单位编制了本矿山土地复垦方案。简要介绍方案的主要内容、复垦区域、复垦时间和工作量以及费用概算等;详细介绍复垦之后的效果,以及取得的复垦经验。

二、周边矿山地质环境治理与土地复垦案例分析

说明已损毁土地的复垦情况,包括复垦范围、面积、方向、措施及效果。附照片。

有类比区的应说明类比区的复垦时间,复垦区土地利用方向,复垦工艺与措施,复垦植被类型、配置模式、管护措施,复垦效果等。

第三章 矿山地质环境影响和土地损毁评估

第一节 矿山地质环境与土地资源调查概述

主要介绍矿山概况调查,面积和路线调查,地质灾害点调查,地形地貌点调查,水样、土样、岩石样采集,土地利用现状调查,自然及人文景观调查,村庄分布与采矿关系调查,采矿造成土地损毁调查,地面附着物及工程设施调查等。

一、矿山地质环境调查概述

(1)矿山地质环境调查的范围应包括采矿登记范围和采矿活动可能影响到的范围。

(2)矿山地质环境调查以收集资料和现场调查为主。矿山地质环境调查应符合相关的技术规范。

(3)矿山概况调查:矿山企业名称、位置、范围、相邻矿山的分布与概况;矿山企业的性质、总投资、矿山建设规模及工程布局;矿山设计生产能力、实际生产能力、设计生产服务年限;矿产资源储量、矿床类型与赋存特征;矿山开采历史和现状;矿山开拓、采区或开采阶段布置、开采方式、开采顺序、固体与液体废物的排放与处置情况;矿区社会经济概况、基础设施分布等。

(4)矿山自然地理:包括地形地貌、气象、水文、土地类型与植被等。

(5)矿山地质环境条件:包括地层岩性、地质构造、水文地质、工程地质、矿产地质、不良地质现象、人类工程活动等。

(6)采矿活动引发的地面塌陷、地裂缝、崩塌、滑坡等地质灾害及其隐患,地质灾害的种类、分布、规模、发生时间、发育特征、成因、危害程度、危险性大小等,应符合《地质灾害排查规范》(DZ/T 0284—2015)、《滑坡崩塌泥石流灾害调查规范(1:50 000)》(DZ/T 0261—2014)要求。

(7)采矿活动对地形地貌景观、地质遗迹、人文景观等的影响和破坏情况。

(8)矿区含水层破坏,包括采矿活动引起的含水层破坏范围、规模、程度,以及对生产生活用水的影响等。

(9)采矿活动对土地资源的影响和破坏,包括毁损的土地类型及面积。

(10)采矿活动对主要交通干线、水利工程、村庄、工矿企业及其他各类建(构)筑物等的影响与破坏。调查矿山所在地居民住户及人数、建筑物的类型,水利电力工程,交通设施。

(11)已采取的防治措施和治理效果。

二、土地资源调查概述

根据《矿山土地复垦基础信息调查规程》(TD/T 1049—2016),对已损毁土地调查、基础设施损毁调查、复垦情况现状调查。

挖损土地调查:露天采场、取土场等的位置、权属、面积、损毁时间、平台宽度、边坡高度、边坡坡度、积水面积、积水最大深度、水质、植被生长状况、土壤特征、损毁程度和是否继续损毁。

塌陷土地调查:位置、权属、面积、损毁时间、塌陷最大深度、坡度、积水面积、积水最大深度、水质、塌陷坑直径、塌陷坑深度、裂缝水平分布、裂缝宽度、裂缝长度、土地利用类型、土壤特征、损毁程度和是否继续损毁。

压占土地调查:排土场、尾矿库、废渣场、工业场地、矿山道路等的位置、面积、压占时间,压占物类型、高度,平台宽度、边坡高度、边坡坡度,植被生长状况。

三、矿山地质环境与土地资源调查工作量

根据实地对土壤、矿山地质环境、岩土体物理性质、土地损毁、环境破坏等调查,针对不同土地利用类型区,挖掘土壤剖面,对不同区域采集土壤、地下水和地表水样品并进行分析。完成的调查工作量列表统计(可以与表0-1合并)。

第二节　矿山地质环境影响评估

矿山地质环境影响评估是在分析区域环境条件和开采现状的基础上,根据矿山地质环境调查结果及开发利用方案、开采现状,对矿山地质环境影响进行评估。

一、评估范围和评估级别

(一)评估范围

评估范围的确定原则:采矿证范围和开采活动可能影响到的范围。

根据开发利用方案等,结合矿山地质环境综合调查成果分析,评估范围确定的主要因素有开采范围和开采方式、矿井抽排水影响范围、矿山附属设施(选矿厂、尾矿库、工业场地等)影响范围、矿山采矿活动引发或加剧和遭受的地面塌陷、滑坡、崩塌、泥石流等地质灾害的影响范围、地质地形地貌特征。若矿山附属设施等与采矿证范围距离较远,则中间修建的矿山道路计入评估范围。对于有引发泥石流的矿山,应包括形成区和影响区。

(二)评估级别

根据《矿山地质环境保护与恢复治理方案编制规范》(DZ/T 0223—2011),矿山地质环境影响评估级别应根据评估区重要程度、矿山生产建设规模、矿山地质环境条件复杂程度综合确定。

1.评估区重要程度

评估区重要程度应根据区内居民集中居住情况、重要工程设施、自然保护区分布、水源地情况、破坏土地类型等5项因子确定,详见表3-1(DZ/T 0223—2011 附录B 表B.1)。

表3-1　评估区重要程度分级

重要区	较重要区	一般区
分布有500人以上的居民集中居住区	分布有200～500人的居民集中居住区	居民居住分散,居民集中居住区人口在200人以下
分布有高速公路,一级公路,铁路,中型以上水利、电力工程或其他重要建筑设施	分布有二级公路,小型水利、电力工程或其他较重要建筑设施	无重要交通要道或建筑设施
矿区紧邻国家级自然保护区(含地质公园、风景名胜区等)或重要旅游区(点)	紧邻省级、县级自然保护区或较重要旅游景区(点)	远离各级自然保护区及旅游景区(点)
有重要水源地	有较重要水源地	无较重要水源地
破坏耕地、园地	破坏林地、草地	破坏其他类型土地

注:评估区重要程度分级确定采取上一级别优先的原则,只要有一条符合者即为该级别。

根据对社会经济现状调查,主要考虑村镇居民分布、道路工程、风景名胜区、水源地、土地利用类型等因素,具体分析并确定重要程度。

2.矿山生产建设规模

根据开发利用方案或可行性研究报告中矿山设计生产能力,对照DZ/T 0223—2011附录D 表D.1(见表3-2),确定矿山生产建设规模。

表 3-2　矿山生产建设规模分类一览表

矿种类别	计量单位	年生产量			备注
		大型	中型	小型	
煤(地下开采)	万 t	≥120	120～45	＜45	原煤
煤(露天开采)	万 t	≥400	400～100	＜100	原煤
金(岩金)	万 t	≥15	15～6	＜6	矿石
银	万 t	≥30	30～20	＜20	矿石
其他贵金属、硼矿	万 t	≥10	10～5	＜5	矿石
铁(地下开采)	万 t	≥100	100～30	＜30	矿石
铁(露天开采)	万 t	≥200	200～60	＜60	矿石
铬、钛、钒、锰、萤石、高岭土、瓷土等、膨润土、叶腊石、滑石、重晶石、矿泉水	万 t	≥10	10～5	＜5	矿石
铝土矿、铜、铅、锌、钨、锡、锑、钼镍、钴、镁、铋、汞	万 t	≥100	100～30	＜30	矿石
石灰岩	万 t	≥100	100～50	＜50	矿石
硅石、耐火黏土、岩盐、井盐、湖岩、长石	万 t	≥20	20～10	＜10	矿石
白云岩	万 t	≥50	50～30	＜30	矿石
硫铁矿	万 t	≥50	50～20	＜20	矿石
磷矿	万 t	≥100	100～30	＜30	矿石
自然硫、石膏、沸石、玻璃用砂、砂岩、蛇纹岩	万 t	≥30	30～10	＜10	矿石
钾盐、建筑用砂、砖瓦黏土、页岩	万 t	≥30	30～5	＜5	矿石
砷、雌黄、雄黄、毒砂、碘、宝石、云母		按小型矿山归类			
石棉	万 t	≥2	2～1	＜1	石棉
石墨	万 t	≥1	1～0.3	＜0.3	石墨
水泥用砂岩	万 t	≥60	60～20	＜20	矿石
建筑石料	万 m³	≥10	10～5	＜5	

3. 矿山地质环境条件复杂程度

地下开采矿山、露天开采矿山地质环境条件复杂程度的确定,对照 DZ/T 0223—2011 附录 C(见表 3-3、表 3-4),将矿山地质环境条件复杂程度划分为复杂、中等、简单三级。

根据矿山水文地质、工程地质、地质构造、环境地质、开采情况、地形地貌等调查资料,按照表 3-3、表 3-4 的分级标准,确定矿山地质环境复杂程度。

表 3-3　地下开采矿山地质环境条件复杂程度分级

复杂	中等	简单
主要矿层(体)位于地下水位以下,矿坑进水边界条件复杂,充水水源多,充水含水层和构造破碎带、岩溶裂隙发育带等富水性强,补给条件好,与区域强含水层、地下水集中径流带或地表水联系密切,老隆(窑)水威胁大,矿坑正常涌水量大于10 000 m³/d,地下开采和疏干排水容易造成区域含水层破坏	主要矿层(体)位于地下水位附近或以下,矿坑进水边界条件中等,充水含水层和构造破碎带、岩溶裂隙发育带等富水性中等,补给条件较好,与区域强含水层、地下水集中径流带或地表水有一定联系,老隆(窑)水威胁中等,矿坑正常涌水量3 000～10 000 m³/d,地下采矿和疏干排水较容易造成矿区周围主要充水含水层破坏	主要矿层(体)位于地下水位以上,矿坑进水边界条件简单,充水含水层富水性差,补给条件差,与区域强含水层、地下水集中径流带或地表水联系不密切,矿坑正常涌水量小于3 000 m³/d,地下开采和疏干排水导致矿区周围主要充水含水层破坏可能性小

续表 3-3

复杂	中等	简单
矿床围岩岩体结构以碎裂结构、散体结构为主,软弱岩层或松散岩层发育,蚀变带、岩溶裂隙带发育,岩石风化强烈,地表残坡积层、基岩风化破碎带厚度大于 10 m,矿层(体)顶底板和矿床围岩稳固性差,矿山工程场地地基稳定性差	矿床围岩岩体以薄—厚层状结构为主,蚀变带、岩溶裂隙带发育中等,局部有软弱岩层,岩石风化中等,地表坡积层、基岩风化破碎带厚度 5~10 m,矿层(体)顶底板和矿床围岩稳固性中等,矿山工程场地地基稳定性中等	矿床围岩岩体以巨厚层状—块状整体结构为主,蚀变作用弱,岩溶裂隙带不发育,岩石风化弱,地表残坡积层、基岩风化破碎带厚度小于 5 m,矿层(体)顶底板和矿床围岩稳固性好,矿山工程场地地基稳定性好
地质构造复杂,矿层(体)和矿床围岩岩层产状变化大,断裂构造发育或有活动断裂,导水断裂带切割矿层(体)围岩、覆岩和主要含水层(带),导水性强,对井下采矿安全影响巨大	地质构造较复杂,矿层(体)和矿床围岩岩层产状变化较大,断裂构造较发育,并切割矿层(体)围岩、覆岩和主要含水层(带),导水断裂带的导水性较差,对井下采矿安全影响较大	地质构造简单,矿层(体)和矿床围岩岩层产状变化小,断裂构造不发育,断裂未切割矿层(体)和围岩覆岩,断裂带对采矿活动影响小
现状条件下原生地质灾害发育,或矿山地质环境问题的类型多,危害大	现状条件下矿山地质环境问题的类型较多,危害较大	现状条件下矿山地质环境问题的类型少,危害小
采空区面积和空间大,多次重复开采及残采,采空区未得到有效处理,采动影响强烈	采空区面积和空间较大,重复开采较少,采空区部分得到处理,采动影响较强烈	采空区面积和空间小,无重复开采,采空区得到有效处理,采动影响较轻
地貌单元类型多,微地貌形态复杂,地形起伏变化大,不利于自然排水,地面坡度一般大于 35°,相对高差大,地面倾向与岩层倾向基本一致	地貌单元类型较多,微地貌形态较复杂,地形起伏变化中等,不利于自然排水,地面坡度一般为 20°~35°,相对高差较大,地面倾向与岩层倾向多为斜交	地貌单元类型单一,微地貌形态简单,地形起伏变化平缓,有利于自然排水,地面坡度一般小于 20°,相对高差小,地面倾向与岩层倾向多为反交

注:采取就上原则,只要有一条满足某一级别,应定为该级别。

表 3-4　露天开采矿山地质环境条件复杂程度分级

复杂	中等	简单
采场矿层(体)位于地下水位以下,采场汇水面积大,采场进水边界条件复杂,与区域含水层或地表水联系密切,地下水补给、径流条件好,采场正常涌水量大于 10 000 m³/d;采矿活动和疏干排水容易导致区域主要含水层破坏	采场矿层(体)局部位于地下水位以下,采场汇水面积较大,与区域含水层或地表水联系较密切,采场正常涌水量 3 000~10 000 m³/d;采矿和疏干排水比较容易导致矿区周围主要含水层影响或破坏	采场矿层(体)位于地下水位以上,采场汇水面积小,与区域含水层或地表水联系不密切,采场正常涌水量小于 3 000 m³/d;采矿和疏干排水不易导致矿区周围主要含水层的影响和破坏
矿床围岩岩体结构以碎裂结构、散体结构为主,软弱结构面、不良工程地质层发育,存在饱水软弱岩层或松散软弱岩层,含水砂层多,分布广,残坡积层、基岩风化破碎带厚度大于 10 m,稳固性差,采场边坡岩石风化破碎或土层松软,边坡外倾软弱结构面或危岩发育,易导致边坡失稳	矿床围岩岩体结构以薄到厚层状结构为主,软弱结构面、不良工程地质层发育中等,存在饱水软弱岩层和含水砂层,残坡积层、基岩风化破碎带厚度 5~10 m,稳固性较差,采场边坡岩石风化较破碎,边坡存在外倾软弱结构面或危岩,局部可能产生边坡失稳	矿床围岩岩体结构以巨厚层状—块状整体结构为主,软弱结构面、不良工程地质层不发育,残坡积层、基岩风化破碎带厚度小于 5 m,稳固性较好,采场边坡岩石较完整到完整,土层薄,边坡基本不存在外倾软弱结构面或危岩,边坡较稳定

续表3-4

复杂	中等	简单
地质构造复杂。矿床围岩岩层产状变化大,断裂构造发育或有全新世活动断裂,导水断裂切割矿层(体)围岩、覆岩和主要含水层(带)或沟通地表水体,导水性强,对采场充水影响大	地质构造较复杂。矿床围岩岩层产状变化较大,断裂构造较发育,切割矿层(体)围岩、覆岩和含水层(带),导水性差,对采场充水影响较大	地质构造较简单。矿床围岩岩层产状变化小,断裂构造较不发育,断裂未切割矿层(体)围岩、覆岩,对采场充水影响小
现状条件下,原生地质灾害发育,或矿山地质环境问题的类型多、危害大	现状条件下,矿山地质环境问题的类型较多、危害较大	现状条件下,矿山地质环境问题的类型少、危害小
采场面积及采坑深度大,边坡不稳定,易产生地质灾害	采场面积及采坑深度较大,边坡较不稳定,较易产生地质灾害	采场面积及采坑深度小,边坡较稳定,不易产生地质灾害
地貌单元类型多,微地貌形态复杂,地形起伏变化大,不利于自然排水,地面坡度一般大于35°,相对高差大,高坡方向岩层倾向与采坑斜坡多为同向	地貌单元类型较多,微地貌形态较复杂,地形起伏变化中等,自然排水条件一般,地面坡度一般20°~35°,相对高差较大,高坡方向岩层倾向与采坑斜坡多为斜交	地貌单元类型单一,微地貌形态简单,地形较平缓,有利于自然排水,地面坡度一般小于20°,相对高差较小,高坡方向岩层倾向与采坑斜坡多为反向坡

注: 采取就上原则,只要有一条满足某一级别,应定为该级别。

4. 评估级别的确定

根据评估区重要程度、矿山生产建设规模、矿山地质环境条件复杂程度,对照 DZ/T 0223—2011 附录 A 表 A(见表 3-5),综合确定矿山地质环境影响评估级别。

表3-5 矿山地质环境影响评估分级

评估区重要程度	矿山生产建设规模	地质环境条件复杂程度		
		复杂	中等	简单
重要区	大型	一级	一级	一级
	中型	一级	一级	一级
	小型	一级	一级	二级
较重要区	大型	一级	一级	一级
	中型	一级	二级	二级
	小型	一级	二级	三级
一般区	大型	一级	二级	二级
	中型	一级	二级	三级
	小型	二级	三级	三级

(三)地质灾害危险性评估分级

矿山地质灾害危险性评估级别依据评估区的项目重要性、矿山地质环境条件复杂程度,按照《地质灾害危险性评估规范》(DZ/T 0286—2015)确定。

1. 建设项目重要性

矿山建设项目参照《关于调整部分矿种矿山生产建设规模标准的通知》(国土资源部国土资发〔2004〕208 号文)中的附件:矿山生产建设规模分类一览表,即表3-2,明确矿山生产建设规模,分别对应重要建设项目、较重要建设项目和一般建设项目。

2. 矿山地质环境条件复杂程度

根据矿区自然概况和地下开采矿山、露天开采的矿山地质环境条件复杂程度的确定,结合 DZ/T 0286—2015 附录 B 表 B.1(见表3-6)综合确定。

表3-6　地质环境条件复杂程度分类

条件	类别		
	复杂	中等	简单
区域地质背景	区域地质构造条件复杂,建设场地有全新世活动断裂,地震基本烈度大于Ⅷ度,地震动峰值加速度大于0.20g	区域地质构造条件较复杂,建设场地附近有全新世活动断裂,地震基本烈度Ⅶ至Ⅷ度,地震动峰值加速度0.1g~0.20g	区域地质构造条件简单,建设场地附近无全新世活动断裂,地震基本烈度小于或等于Ⅵ度,地震动峰值加速度小于0.1g
地形地貌	地形复杂,相对高差大于200 m,地面坡度以大于25°为主,地貌类型多样	地形较简单,相对高差50~200 m,地面坡度以8°~25°为主,地貌类型单一	地形简单,相对高差小于50 m,地面坡度小于8°,地貌类型单一
地层岩性和岩土工程地质性质	岩性岩相复杂多样,岩土体结构复杂,工程地质性质差	岩性岩相变化较大,岩土体结构较复杂,工程地质性质较差	岩性岩相变化小,岩土体结构较简单,工程地质性质良好
地质构造	地质构造复杂,褶皱、断裂发育,岩体破碎	地质构造较复杂,有褶皱、断裂分布,岩体较破碎	地质构造简单,无褶皱、断裂,裂隙发育
水文地质条件	具多层含水层,水位年际变化大于20 m,水文地质条件不良	有2~3层含水层,水位年际变化5~20 m,水文地质条件较差	单层含水层,水位年际变化小于5 m,水文地质条件良好
地质灾害及不良地质现象	发育强烈,危害较大	发育中等,危害中等	发育弱或不发育,危害小
人类活动对地质环境的影响	人类活动强烈,对地质环境的影响、破坏严重	人类活动较强烈,对地质环境的影响、破坏较严重	人类活动一般,对地质环境的影响、破坏小

注:每类条件中,地质环境条件复杂程度按"就高不就低"的原则,有一条符合条件者即为该类复杂类型。

3. 矿山地质灾害危险性评估分级

根据建设项目重要性、地质环境条件复杂程度,按表3-7确定地质灾害危险性评估分级。

表3-7　地质灾害危险性评估分级

建设项目重要性	地质环境条件复杂程度		
	复杂	中等	简单
重要	一级	一级	一级
较重要	一级	二级	三级
一般	二级	三级	三级

二、矿山地质灾害现状分析与预测

矿山地质环境分析与评估主要针对地质灾害、含水层、地形地貌景观和水土污染四方面进行,参照 DZ/T 0223—2011 附录 E 表 E.1 和相关规范(见表3-8),对评估区地质环境影响做出分析与评估。

表 3-8　矿山地质环境影响程度分级

影响程度分级	地质灾害	含水层	地形地貌景观	水土污染
严重	地质灾害规模大，发生可能性大； 影响到城市、乡镇、重要行政村、重要交通干线、重要工程设施及各类自然保护区安全； 造成或可能造成直接经济损失大于500万元； 受威胁人数大于100人	矿床充水主要含水层结构破坏，产生导水通道； 矿井正常涌水量大于10 000 m³/d； 区域地下水位下降； 矿区周围主要含水层（带）水位大幅下降，或呈疏干状态，地表水体漏失严重； 不同含水层（组）串通水质恶化； 影响集中水源地供水，矿区及周围生产、生活供水困难	对原生的地形地貌景观影响和破坏程度大； 对各类自然保护区、人文景观、风景旅游区、城市周围、主要交通干线两侧可视范围内的地形地貌景观影响严重	废水污染因子高于《污水综合排放标准》限值，水质污染，不能用于农业、渔业； 土壤中镉、汞、砷、铅、铬的含量高于《土壤环境质量标准》限值，对原生土壤污染严重
较严重	地质灾害规模中等，发生的可能性较大； 影响到村庄、居民聚居区、一般交通线和较重要工程设施安全； 造成或可能造成的直接经济损失100万～500万元； 受威胁人数10～100人	矿井正常涌水量3 000～10 000 m³/d； 矿区及周围主要含水层（带）水位下降幅度较大，地下水呈半疏干状态； 矿区及周围地表水体漏失较严重； 影响矿区及周围部分生产生活供水	对原生的地形地貌景观影响和破坏程度较大； 对各类自然保护区、人文景观、风景旅游区、城市周围、主要交通干线两侧可视范围内地形地貌景观影响较重	水质指标基本满足《农田灌溉水质标准》要求； 固体废弃物重金属元素含量略超标，处理后对土壤环境质量影响较轻
较轻	地质灾害规模小，发生的可能性小； 影响到分散性居民、一般性小规模建筑及设施； 造成或可能造成直接经济损失小于100万元； 受威胁人数小于10人	矿井正常涌水量小于3 000 m³/d； 矿区及周围主要含水层水位下降幅度小； 矿区及周围地表水未漏失； 未影响到矿区及周围生产生活用水	对原生的地形地貌景观影响和破坏程度小； 对各类自然保护区、人文景观、风景旅游区、城市周围、主要交通干线两侧可视范围内地形地貌景观影响较轻	水质指标满足《农田灌溉水质标准》要求； 固体废弃物重金属元素含量略超标，处理后对土壤环境质量影响较轻

（一）地质灾害类型确定

采矿活动引发的地质灾害包括崩塌、滑坡、泥石流、采空塌陷、地裂缝，以及长期疏干排水引发的地面沉降。

(二)矿山地质灾害现状调查与分析

1.地质灾害现状调查

矿山地质灾害危险性评估应根据矿山总体布局,首先确定场地[含露天开采区、地下开采区、采空区、排土场、废石场等开采影响区,矿井、工业场地、矿山道路等工业场区,受采矿和矿山地质灾害(特别是矿渣泥石流)影响范围内的民用建筑、道路、水利电力基础设施区,未开采区、采空塌陷稳定区、已恢复治理区等矿业活动及工业场地以外的地区],其次按照每个评估区内所引发或遭受的灾种(崩塌、滑坡、泥石流、采空塌陷、地裂缝、地面沉降),按《地质灾害危险性评估规范》(DZ/T 0286—2015)对评估区内地质灾害分区、分灾种进行地质灾害危险性现状调查与分析。

2.调查内容

对露天开采矿山,调查采场的范围、边坡高度,采坑的范围、开采深度,排土场的占地面积、堆存高度,陡倾斜开采边坡的高度、长度、倾角、危岩体的分布;对地下开采矿山,调查塌陷区的面积、塌陷深度,塌陷引发的崩塌、滑坡体的规模等。

调查矿山各个开采区已发生的崩塌、滑坡、泥石流、采空塌陷、地裂缝等灾害形成的地质环境条件、分布、类型、规模、变形活动特征,主要引发因素与形成机制。分析开采区内存在的地质灾害类型、规模、发生时间、表现特征、分布、引发因素、发育程度、危害对象与危害程度。

根据地质灾害危害程度分级(见表3-9)、发育程度,确定地质灾害危险性分级,分级标准见表3-10。

表3-9　地质灾害危害程度分级

危害程度	灾情		险情	
	死亡人数(人)	直接经济损失(万元)	受威胁人数(人)	可能直接经济损失(万元)
大	≥10	≥500	≥100	≥500
中等	3~9	≥100,<500	10~99	≥100,<500
小	≤2	<100	≤9	<100

注:1.灾情,指已发生的地质灾害,采用"死亡人数""直接经济损失"指标评价;

　　2.险情,指可能发生的地质灾害,采用"受威胁人数""可能直接经济损失"指标评价;

　　3.危害程度采用"灾情"或"险情"指标评价;

　　4.此表是按照《生产安全事故报告和调查处理条例》(国务院令第493号)修正的。

表3-10　地质灾害危险性分级

危害程度	发育程度		
	强	中等	弱
大	危险性大	危险性大	危险性中等
中等	危险性大	危险性中等	危险性中等
小	危险性中等	危险性小	危险性小

根据调查结果,将矿山现存的地质灾害的类型、特征及所处位置表述清楚。

崩塌体——采矿形成的高陡边坡的高度、长度、坡度,裂缝宽度、崩塌体的总体积,危害对象。

滑坡体——滑坡体的面积、体积、当地的降雨情况(特别是长时期的连续降雨)、危害对象。

泥石流——原有矿渣的体积、堆积区的地面坡度、上游汇水面积、瞬时降水强度、下游的危害对象。

采空塌陷——塌陷区的范围、稳定状况、发展趋势、危害对象,采空区上部房屋、道路、工业设施的破坏情况;煤矿开采引起的采空塌陷十分复杂,特别是有几层煤分期开采时,后期开采对前期稳定地区又构成破坏。

地裂缝——主要是伴随采空塌陷而产生的,调查并描述长度、宽度、深度、数量、危害对象。

说明地质灾害的规模、受危害对象、可能造成的经济损失、受威胁人数,并附已有灾害照片。现状评估按照现场调查和收集的资料,根据矿山目前的实际情况按分区、地质灾害类型分别评估。

3. 现状调查与分析结果

列表说明各区地质灾害灾种、灾情、损失情况、危险性。附地质灾害的现状评估分区图。

根据分区内地质灾害的类型、特征、发育程度、危险性、危害程度,按表3-11、表3-12确定地质灾害的规模,同时根据受危害对象、可能造成的经济损失、受威胁人数,参照表3-8,确定地质灾害对矿山地质环境的影响程度。

表 3-11 地面塌陷分级标准

级别	塌陷、变形面积(km²)	级别	塌陷、变形面积(km²)
巨型	>10	中型	0.1 ~ 1
大型	1 ~ 10	小型	<0.1

表 3-12 滑坡、崩塌、泥石流规模级别划分标准 (单位:万 m³)

级别	滑坡	崩塌	泥石流
巨型	>1 000	>100	>100
大型	100 ~ 1 000	10 ~ 100	10 ~ 100
中型	10 ~ 100	1 ~ 10	1 ~ 10
小型	<10	<1	<1

(三)矿山地质灾害预测分析

新建矿山若不存在地质灾害,则只评估采矿活动引发的地质灾害;若现状条件下存在地质灾害,则应评估采矿活动加剧地质灾害危险性。

根据矿山开采方式,地下开采可能引发采空塌陷、地裂缝、崩塌、滑坡等地质灾害。露天采矿活动可能引发崩塌、滑坡、泥石流、山体裂缝等地质灾害。

如果矿区面积较大、矿脉较多,应分亚区进行地质灾害危险性预测分析。根据开采活动引发的地质灾害类型、规模、可能性、发育程度、危害对象、危害程度进行预测评估。

煤矿开采两层以上的煤层时,由于开采范围和时间的不同,应分层评估或叠加评估。

对于废石场(排土场)规模较大、地形较陡,根据汇水面积、当地最大瞬时降水量,评估引发矿渣泥石流灾害的发育程度、危害对象及危害程度,确定其危险性。

地下开采使岩体应力场改变,岩体产生变形和破坏,岩体变形延伸到地表产生地面塌陷和地裂缝,将危及采矿设备和人员的安全,根据发育程度、危害对象及危害程度,确定其危险性。

1. 矿山建设和生产引发地质灾害危险性预测分析

按《地质灾害危险性评估规范》(DZ/T 0286—2015),对评估亚区内的崩塌、滑坡、泥石流、采空塌陷、地裂缝等灾种分别进行评估,分别说明该灾种发生的位置、形态特征、规模、形成条件、影响因素、稳定性、发育程度、危害对象、危害程度、危险性大小。

1)煤矿开采引发地面塌陷地质灾害危险性预测分析

对采空塌陷计算时,要说明各项计算式的适用条件、选取参数的代表性,根据计算的地面变形结果和实际的地质环境条件,评估采空区引发采空塌陷、地裂缝的可能性。在煤矿区可绘制拟塌陷区地表沉陷等值线图、地表倾斜等值线图、地表水平变形等值线图。确定发育程度、危害对象和危害程度、危险性大小。

(1)井工煤矿开采引发地表变形的预测公式。

煤矿开采地表变形的主要参数——最大下沉值、最大倾斜值、最大曲率值、最大水平移动值、最大水平变形值、主要影响半径。

最大下沉值：$\qquad\qquad\qquad W_0 = \eta m \cos\alpha$　（mm）　$\qquad\qquad\qquad$ (3-1)

最大倾斜值：$\qquad\qquad\qquad I_0 = W_0/r$　（mm/m）　$\qquad\qquad\qquad$ (3-2)

最大曲率值：$\qquad\qquad\qquad K_0 = 1.52W_0/r^2$　（$\times 10^{-3}$/m）　$\qquad\qquad$ (3-3)

最大水平移动值：$\qquad\qquad U_0 = bW_0$　（mm）　$\qquad\qquad\qquad$ (3-4)

最大水平变形值：$\qquad\qquad E_0 = 1.52bW_0/r = 1.52bI_0$　（mm/m）　$\qquad$ (3-5)

$$r = H/\tan\theta_0 \qquad\qquad\qquad (3\text{-}6)$$

式中：m 为矿体开采厚度，煤矿指煤层法线厚度，m；η 为下沉系数，为经验值，金属矿一般取0.4；α 为矿体倾角（°）；r 为主要影响半径，其值为采深与影响角正切值之比，m；H 为采矿深度（矿体平均埋深），m；$\tan\theta_0$ 为影响角正切值，为经验值，金属矿一般为1.9；b 为水平移动系数，为经验值，金属矿一般取0.3。

河南省各主要煤矿的下沉系数、水平移动系数、影响角正切值可查阅《建筑物、水体、铁路及主要井巷煤柱留设与压煤开采规程》《注册岩土工程师专业考试辅导指南》。

（2）地表变形预测结果。

根据各采区的矿体埋藏深度、矿层平均开采厚度、矿层倾角等已知参数（见表3-13）、采区基本参数（见表3-14），根据式（3-1）~式（3-5），计算开采终了时采区地表最大变形的相关参数：塌陷区主要影响半径、最大下沉值、最大倾斜值、最大曲率值、最大水平移动值、最大水平变形值（见表3-15）。

表 3-13　井田地表移动变形基本参数表

煤层	覆岩类型	平均开采厚度（m）	倾角 α	下沉系数 η	影响角正切值 $\tan\beta$	拐点偏距 S（m）	水平移动系数 b	采深 H（m）	影响角 θ_0
一采区									
二采区									
三采区									

表 3-14　采区基本参数表

采区名称	走向长度（m）	倾斜宽度（m）	平均煤厚（m）	平均埋深（m）	备注
一采区					
二采区					
三采区					

表 3-15　采空塌陷区最终地表移动和变形值特征表

采区名称	最大下沉值 W_{max}（mm）	最大倾斜值 I_{max}（mm/m）	最大曲率值 K_{max}（$\times 10^{-3}$/m）	最大水平变形值 ε_{max}（mm/m）	最大水平移动值 U_{max}（mm）	主要影响半径 r（m）
一采区						
二采区						
三采区						

煤层地下开采后，各种变形的最大值一般出现在开采边界附近上方的地表处，野外调查时应特别注意开采边界两侧地表变化。

多层煤开采时应注意开采边界是否重叠，当两个煤层的开采边界重叠时，地表变形将出现最不利的叠加，地表扰动和破坏最剧烈。对于采空区引发地面塌陷的范围，一般引用开发利用方案核定的参数和塌陷区范围。

如果开发利用方案没有确切的数据和塌陷范围,应采用《工程地质手册》《建筑物、水体、铁路及主要井巷煤柱留设与压煤开采规程》等提供的计算公式,并结合矿区的岩土性质及厚度、工程地质条件、煤层厚度、埋藏深度,同时引用本矿山以往开采资料或邻近矿山的经验数据,确定地表变形、塌陷范围、稳定时间等。

(3)采空区范围确定。

煤矿采空塌陷范围应从变形拐点算起至影响边界,主要影响半径按式(3-6)计算;当最大水平变形值≥3 mm/m 时,下沉值 10 mm 圈定的范围即为采空塌陷范围。在计算采空塌陷范围时,不仅要考虑煤层的埋深,还应考虑煤层开采法线厚度、煤层倾角,若以平均开采厚度进行计算,则不能真实确定采空塌陷影响的最大范围。因此,在收集资料时应收集开采煤层典型地质剖面图。

(4)绘制地表沉陷等值线图、地表倾斜等值线图、地表水平变形等值线图。

地表沉陷等值线图由专业计算软件进行计算,若缺少计算软件,可根据煤层的产状、厚度,在开采范围内、开采边界等地区选择有代表性的计算点列入 excel 表中,再引用式(3-1)计算出每个点的下沉值,对下沉值相同的点进行连线,即为地表沉陷等值线图。引用式(3-2)计算出每个点的倾斜值,对倾斜值相同的点进行连线,即为地表倾斜等值线图。引用式(3-5)计算出每个点的水平变形值,对水平变形值相同的点进行连线,即为地表水平变形等值线图。

对于大面积开采的煤层,一般在开采边界处选择计算点,等厚度开采中心选择有代表性的计算点;对于有边界煤柱、断层煤柱、防水煤柱、工业场地和主要井巷煤柱等保护煤柱所分割的开采工作面,其计算程序相同,但反映在地表的沉陷值有差异,地表沉陷等值线图将发生变化。

(5)采空塌陷发育程度预测。

随着采矿活动的持续进行,地面沉陷范围将逐渐扩大,依据预测沉陷量及 DZ/T 0286—2015 附录 D 表 D.8(见表 3-16)和采空塌陷易发程度评价主要判据(见表 3-17),确定采空地面塌陷发育程度,结合危害对象和危害程度,确定引发、遭受地面塌陷的危险性。

表 3-16　采空塌陷发育程度分级

发育程度	参考指标							发育特征
	地表变形值				开采深厚比	采空区及其影响带面积占建设场地面积(%)	治理工程面积占建设场地面积(%)	
	下沉量(mm/a)	倾斜(mm/m)	水平变形(mm/m)	地形曲率(mm/m²)				
强	>60	>6	>4	>0.3	<80	>10	>10	地表存在塌陷和地裂缝;地表建筑物变形开裂明显
中等	20～60	3～6	2～4	0.2～0.3	80～120	3～10	3～10	地表存在塌陷及地裂缝;地表建筑物开裂明显
弱	<20	<3	<2	<0.2	>120	<3	<3	地表无变形及地裂缝,地表建筑无开裂现象

表3-17 采空塌陷易发程度评价主要判据

评判因素	易发性		
	低易发	中等易发	高易发
地形地貌	平地,地面坡度小于5°	丘陵,地面坡度5°~15°	山区,地面坡度大于15°
地质构造	无断层、褶皱,节理、裂隙不发育	有断层、褶皱,节理、裂隙发育	断层、褶皱发育,节理、裂隙极发育
地表松散层	质地密实,厚度>30 m	质地一般,含水性中等,厚度10~30 m	质地松软,含水丰富,厚度<30 m
覆岩特征	厚度大,完整性好,强度高	厚度中等,完整性较好,强度较高	厚度小,完整性差,强度低
矿层倾角	水平或缓倾斜(<35°)	倾斜(35°~54°)	急倾斜(>54°)
采区回采率	<30%	30%~60%	>60%
采空区埋深	>300 m	100~300 m	<100 m
开采深厚比	大(>100)	中(50~100)	小(<50)
开采层数	单层	多层	多层
顶板管理方法	充填式	柱式	垮落式
停采时间	>3年	1~3年	<1年
采动效应	地表无明显变形迹象、无积水	有地表裂缝及塌陷坑等、季节性积水	地表裂缝、塌陷坑等强烈发育,常年积水

(6)地表开始产生移动变形时间预测。

地下煤层开采使原有煤层出现大面积采空区,破坏了围岩的应力平衡状态,发生了指向采空区的移动和变形。随着采空区上方直接顶和老顶岩层的冒落,其上覆岩层也将产生移动、裂缝或冒落,形成冒落带;当冒落发展到一定高度,冒落的松散岩块逐渐充填采空区,充填到一定程度时,岩块冒落就逐渐停止,上面的岩层只出现离层和裂缝,形成裂缝带;当离层和裂缝发展到一定高度后,其上覆岩层不再出现离层和裂缝,只产生整体移动和沉陷,即发生指向采空区的弯曲变形,形成弯曲带;当岩层的移动、沉陷和弯曲变形继续向上发展达到地表时,地表就会出现沉陷、移动和变形,形成塌陷盆地,在塌陷盆地内,还会出现台阶、裂缝甚至塌陷坑等不连续变形。由此可以看出,覆岩和地表的上述移动、变形、塌陷和破坏是随着采煤工作面的推进而逐渐发生的,因而在时间上是一个动态过程,在空间也有一定的影响范围。在开采活动停止后,覆岩和地表的移动、变形、塌陷和破坏亦将在一定时间逐渐终止于一定范围之内,而这一过程开始以及所持续的时间都与采深或工作面推进速度有关,井下开采至地表开始移动变形的时间可以用经验公式(3-7)表示:

$$T = 2.5H \quad (d) \tag{3-7}$$

式中:H 为工作面平均采深,m。

(7)河南省铝土矿属于沉积型矿床,位于二叠系煤层之下,一般相差40~110 m。地下开采时,地面塌陷机制与煤矿开采基本相同,地表塌陷变形值的计算可以采用《建筑物、水体、铁路及主要井巷煤柱留设与压煤开采规程》提供的公式。由于铝土矿层厚度、产状变化较大,预测的地表沉陷、地表倾斜和地表水平变形等值线图没有煤矿塌陷规则。

地下开采的沉积变质型铁矿、产状平缓的其他金属矿以及石膏矿、岩盐矿等,当矿层顶板属于中硬以下岩石,构造、节理裂隙发育,其引发的塌陷是面积性的,可以比照煤矿采空塌陷的预测评估。

2)贵金属、有色金属矿开采引发采空塌陷、地裂缝预测分析

对于产状较陡、矿体厚度较薄、围岩坚硬的贵金属、有色金属矿床,当矿体出露到地表,是否塌陷尚

不能定论。如果塌陷,将是突然地、瞬间的,塌陷之后在地表将形成一条深沟,长度略大于矿体长度,宽度是矿体厚度的几倍至十几倍,不能照搬式(3-1)~式(3-6)预测其塌陷范围和发展趋势,应该参考相邻矿山以往的塌陷情况进行评估。因而对于产状大于50°的薄脉状矿体,在进行采空塌陷预测评估时一定要慎重。

对于产状较陡、矿体厚度较薄、围岩坚硬的金属矿床,当矿体埋深距地表有一定的距离时,是否塌陷,按实际情况进行确定。

金属矿山采用充填法开采时,充填材料充实了开采空间,能有效地防止采空塌陷危害。在重要建筑物、铁路、公路下面,矿层埋藏深度较大时,采用充填法可以有效地缓解采空塌陷危害。

3)露天开采高陡边坡引发滑坡、崩塌地质灾害危险性预测分析

(1)露天开采矿山高陡边坡引发滑坡地质灾害危险性预测分析。

根据采矿产生临空面高度、坡度,岩体岩性特征、风化程度、地质构造和降水活动,岩层倾向与采坑斜坡斜交的角度(顺层、相交),按DZ/T 0286—2015附录D表D.1(见表3-18),确定开采引发高陡边坡滑坡的发育程度;根据露天采场内施工人员和设备,以及边坡外围受影响的工业场地、矿山道路、附属设施、村庄和基础设施,按表3-9确定滑坡发生后的危害程度,按表3-10确定废渣堆引发滑坡的危险性。

表3-18　滑坡的稳定性(发育程度)分级

判据	稳定性(发育程度)分级		
	稳定(弱发育)	欠稳定(中等发育)	不稳定(强发育)
发育特征	①滑坡前缘斜坡较缓,临空高差小,无地表径流流经和继续变形的迹象,岩土体干燥; ②滑体平均坡度小于25°,坡面上无裂缝发展,其上建筑物、植被未有新的变形迹象; ③后缘壁上无擦痕和明显位移迹象,原有裂缝已被充填	①滑坡前缘临空,有间断季节性地表径流流经,岩土体较湿,斜坡坡度为30°~45°; ②滑体平均坡度为25°~40°,坡面上局部有小的裂缝,其上建筑物、植被无新的变形迹象; ③后缘壁上有不明显变形迹象,后缘有断续的小裂缝发育	①滑坡前缘临空,坡度较陡且常处于地表径流的冲刷之下,有发展趋势并有季节性泉水出露,岩土潮湿、饱水; ②滑体平均坡度大于40°,坡面上有多条新发展的裂缝,其上建筑物、植被有新的变形迹象; ③后缘壁上可见擦痕或有明显位移迹象,后缘有裂缝发育
稳定系数 F_s	$F_s > F_{st}$	$1.00 < F_s \leqslant F_{st}$	$F_s \leqslant 1.00$

注:F_{st}为滑坡稳定安全系数,根据滑坡防治工程等级及其对工程的影响综合确定。

(2)露天开采矿山高陡边坡引发崩塌地质灾害危险性预测分析。

根据边坡临空面高度,岩体的岩性特征、风化程度、地质构造和降水活动,高边坡方向岩层倾向、倾角,节理裂隙发育程度,按DZ/T 0286—2015附录D表D.3(见表3-19),预测崩危岩体的稳定性(发育程度),根据露天采场内施工人员和设备,以及边坡外围受影响的工业场地、矿山道路、附属设施、村庄和基础设施,按表3-9确定滑坡发生后的危害程度,按表3-10确定废渣堆引发滑坡的危险性。

表3-19　崩塌(危岩)发育程度分级

发育程度	发育特征
强	崩塌(危岩)处于欠稳定—不稳定状态,评估区或周边同类崩塌(危岩)分布多,大多已发生。崩塌(危岩)体上方发育多条平行沟谷的张性裂隙,主控裂隙面上宽下窄,且下部向外倾,裂隙内近期有碎石土流出或掉块,底部岩(土)体有压碎或压裂状;崩塌(危岩)体上方平行沟谷的裂隙明显
中等	崩塌(危岩)处于欠稳定状态,评估区或周边同类崩塌(危岩)分布较少,有个别发生。危岩体主控破裂面直立呈上宽下窄,上部充填杂土生长灌木杂草,裂面内近期有掉块现象;崩塌(危岩)上方有细小裂隙分布
弱	崩塌(危岩)处于稳定状态,评估区或周边分布的同类崩塌(危岩)分布少,但均无发生,危岩体破裂面直立,上部充填杂土,灌木年久茂盛,多年来裂面内无掉块现象;崩塌(危岩)上方无新裂隙分布

4)废渣堆引发泥石流、滑坡灾害危险性预测分析

山区开采的金属矿山,废渣一般堆放在顺河沟一侧的山坡上,或在沟头处拦沟堆放。其引发滑坡、泥石流灾害主要是看危害对象是什么。

(1)废渣堆引发泥石流灾害预测分析。

对于沟谷堆积的废渣堆,根据所处位置的地面坡度、基底岩土层性状、占地面积、堆渣总量、堆积高度、坡度、瞬时降雨强度、上部汇水面积、截排水措施和拦挡措施等,按 DZ/T 0286—2015 附录 D 表 D.5 (见表3-20),确定排渣场引发泥石流的发育程度;根据废渣堆上部的工程设施和下游影响范围内的工业场地、矿山道路、村庄、居民和基础设施,按表3-9确定泥石流发生后的危害程度,按表3-10确定废渣堆引发泥石流的危险性。

表 3-20 泥石流沟发育程度量化评分及评判等级标准

序号	影响因素	量级划分							
		强发育(A)	得分	中等发育(B)	得分	弱发育(C)	得分	不发育(D)	得分
1	崩塌、滑坡及水土流失(自然和人为活动的)的严重程度	崩塌、滑坡等重力侵蚀严重,多层滑坡和大型崩塌,表土疏松,冲沟十分发育	21	崩塌、滑坡发育,多层滑坡和中小型崩塌,有零星植被覆盖,冲沟发育	16	有零星崩塌、滑坡和冲沟存在	12	无崩塌、滑坡、冲沟或发育轻微	1
2	泥沙沿程补给长度比(%)	≥60	16	<60~30	12	<30~10	8	<10	1
3	沟口泥石流堆积活动程度	主河河形弯曲或堵塞,主流受挤压偏移	14	主河河形无较大变化,仅主流受迫偏移	11	主河河形无变化,主流在高水位时偏、低水位时不偏	7	主河无河形变化,主流不偏	1
4	河沟纵比降(%)	21.3	12	21.3~10.5	9	10.5~5.2	6	5.2	1
5	区域构造影响程度	强抬升区,6级以上地震区,断层破碎带	9	抬升区,4~6级地震区,有中小支断层	7	相对稳定区,4级以下地震区,有小断层	5	沉降区,构造影响小或无影响	1
6	流域植被覆盖率(%)	<10	9	10~<30	7	30~<60	5	≥60	1
7	河沟近期一次变幅(m)	≥2	8	<2~1	6	<1~0.2	4	<0.2	1
8	岩性影响	软岩、黄土	6	软硬相间	5	风化强烈和节理发育的硬岩	4	硬岩	1
9	沿沟松散物储量(万 m³/km²)	≥10	6	<10~5	5	<5~1	4	<1	1
10	沟岸山坡坡度	>32°	6	<32°~25°	5	<25°~15°	4	<15°	1

续表 3-20

序号	影响因素	量级划分							
		强发育（A）	得分	中等发育（B）	得分	弱发育（C）	得分	不发育（D）	得分
11	产沙区沟槽横断面	V形谷、U形谷、谷中谷	5	宽U形谷	4	复式断面	3	平坦型	1
12	产沙区松散物平均厚度（m）	≥10	5	<10～5	4	<5～1	3	<1	1
13	流域面积（km²）	0.2～<5	5	5～<10	4	<0.2以下或10～<100	3	≥100	1
14	流域相对高差（m）	≥500	4	<500～300	3	<300～100	2	<100	1
15	河沟堵塞程度	严重	4	中等	3	轻微	2	无	1
判别等级标准		综合得分		116～130		87～115		<86	
		发育程度等级		强发育		中等发育		弱发育	

（2）废渣堆边坡引发滑坡地质灾害危险性预测分析。

对于沟谷堆积的废渣堆，根据所处位置的地面坡度、基底岩土层、地表水，废渣堆面积、堆渣总量、堆积高度、坡度、拦挡措施，截排水措施，当地连续降雨时间、降雨强度等，按表 3-18 确定废渣堆引发滑坡的发育程度；根据废渣堆上部的工程设施和下游影响范围内工业场地、矿山道路、附属设施、村庄、居民和基础设施等，按表 3-9 确定滑坡发生后的危害程度，按表 3-10 确定废渣堆引发滑坡的危险性。

5）修建矿山道路引发路基崩塌、滑坡灾害危险性预测分析

（1）路基边坡开挖可能引发滑坡灾害危险性预测分析。

在山区，矿山道路路基边坡开挖段，应根据道路沿线的地形、坡度，路堑开挖深度、长度、边坡特征、边坡两侧岩土体类型、岩土体的岩性特征、岩层倾角及节理裂隙发育程度、风化程度、地下水、地表水的活动特征，当地连续降雨时间、降雨强度等，按表 3-18 确定路基边坡引发滑坡的发育程度；根据边坡上部、下部的工程设施和村庄、居民等，按表 3-9 确定滑坡发生后的危害程度，按表 3-10 确定废渣堆引发滑坡的危险性。

（2）路基边坡开挖可能引发崩塌灾害危险性预测分析。

根据道路沿线的地形、坡度、路堑开挖深度、长度、边坡特征，边坡两侧岩土体类型、岩性特征、岩层倾角及节理裂隙发育程度、风化程度、地下水、地表水的活动特征等，当地连续降雨时间、瞬时降雨强度等，按表 3-19 确定边坡开挖引发崩塌的发育程度；根据崩塌体规模，边坡上部、下部的工程设施和村庄、居民等，按表 3-9 确定崩塌发生后的危害程度，按表 3-10 确定崩塌（危岩）体引发崩塌的危险性。

2. 采矿活动加剧地质灾害危险性预测分析

工程建设加剧地质灾害危险性预测分析的前提是在现状分析时评估区存在地质灾害，否则不进行工程建设加剧地质灾害危险性预测分析。

新建矿山以往民采活动构成的地质灾害，生产矿山自身产生的地质灾害，在未进行治理之前，新的采矿活动有可能加剧原有的地质灾害，预测时应注重评估。

比如煤矿，上部煤层开采之后形成采空区，下部煤层开采时又形成了新的采空区，叠加之后地面塌陷的范围、变形、深度将进一步扩大，对地表建筑破坏等级提升，危害程度将加大。

露天开采形成的边坡、危岩体，受到后期采矿震动、爆破的影响，也会失稳而产生滑坡、崩塌。

沿山沟设计的排土场，当存储量大于设计容量或挤占行洪通道时，将加剧泥石流灾害的发生。

3. 矿山自身遭受地质灾害危险性预测分析

1) 矿山生产建设遭受地质灾害危险性预测分析

对矿山生产人员和设备在矿山建设、生产过程中遭受到的崩塌、滑坡、泥石流、采空塌陷、地裂缝等地质灾害进行预测评估。

（1）露天采矿的爆破、震动及其他影响因素，采矿设备和人员可能遭受危岩崩塌体、滑坡的伤害，爆破飞石影响采矿设备和人员以及周围居民生命财产安全，爆破震动可以引起废石场挡土墙的倾覆或滑移，引起尾矿库坝体的垮塌。

（2）对运输装备和人员遭受矿山道路高陡边坡的崩塌、滑坡、地面塌陷、地裂缝等地质灾害进行预测评估。

（3）矿山工业场地等基础设施遭受泥石流灾害预测分析。

当矿山位于泥石流高发区或采矿证上游有别的矿山废渣排放在沟谷内时，易引发泥石流，本矿山采矿人员和设备可能遭受泥石流灾害。依据 DZ/T 0286—2015 附录 D 表 D.4（见表 3-21）确定泥石流发育程度，结合危害对象，按表 3-9 确定泥石流发生后的危害程度，按表 3-10 确定废渣堆引发泥石流的危险性。

表 3-21 泥石流发育程度分级

发育程度	易发程度（发育程度）及特征
强	评估区位于泥石流冲淤范围内的沟中和沟口，中上游主沟和主要支沟纵坡大，松散物源丰富，有堵塞成堰塞湖（水库）或水流不通畅，区域降雨强度大
中等	评估区局部位于泥石流冲淤范围内的沟上方两侧和距沟口较远的堆积区中下部，中上游主沟和主要支沟纵坡较大，松散物源较丰富，水流基本通畅，区域降雨强度中等
弱	评估区位于泥石流冲淤范围外历史最高泥位以上的沟上方两侧高处和距沟口较远的堆积区边部，中上游主沟和主要支沟纵坡小，松散物源少，水流通畅，区域降雨强度小

2) 矿山周边村庄居民遭受矿山引发地质灾害危险性预测分析

采煤引发的地质灾害主要表现在采空塌陷、地裂缝、崩塌、滑坡等方面。山区或丘陵区由于采空塌陷，易引起山体滑坡，在黄土沟壑区易引发崩塌和滑坡，威胁到当地居民和基础设施的安全。

（1）民用建筑遭受采空塌陷危险性预测分析。

对于采空塌陷严重区，居民建筑将会受到严重破坏。根据建筑物下部煤层开采的最大厚度（不是平均值），计算该处的最大倾斜值、最大水平变形、最大曲率值，按照《建筑物、水体、铁路及主要井巷煤柱留设与压煤开采规程》中地面变形对砖石结构建筑物的破坏等级（见表 3-22），确定采空塌陷区对建筑物的破坏程度和破坏等级及其危险性。

表 3-22 地面变形对砖石结构建筑物的破坏等级

破坏（保护）等级	建筑物可能达到的破坏程度	地表变形值			处理方式
		倾斜 I_0（mm/m）	曲率 K_0（10^{-3}/m）	水平变形 E_0（mm/m）	
I	墙壁上不出现或仅出现少量宽度小于 4 mm 的细微裂缝	≤3.0	≤0.2	≤2.0	勾缝处理
II	墙壁上出现 4~15 mm 宽的裂缝，门窗略有歪斜，墙皮局部脱落，梁支撑处稍有异样	≤6.0	≤0.4	≤4.0	小修
III	墙壁上出现 16~30 mm 宽的裂缝，门窗严重变形，墙身倾斜，梁头有抽动现象，室内地坪开裂或鼓起	≤10.0	≤0.6	≤6.0	中修

续表3-22

破坏（保护）等级	建筑物可能达到的破坏程度	地表变形值			处理方式
		倾斜 I_0（mm/m）	曲率 K_0（10^{-3}/m）	水平变形 E_0（mm/m）	
Ⅳ	墙身严重倾斜、错动，外鼓或内凹，梁头抽动较大，房顶、墙身挤坏，严重者有倒塌危险	>10.0	>0.6	>6.0	大修、重建或拆除

注：1. 本表适用于长度或沉降缝区段小于20 m的砖石结构建筑物，其他结构类型建筑物可视具体情况参照执行。

2. 由地面变形对砖石结构建筑物的破坏等级，从而确定地面沉降、地裂缝对环境的影响程度。一级破坏等级无影响，二级破坏等级影响程度较轻，三级破坏等级影响程度较严重，四级破坏等级影响程度严重。

对于采矿影响到水利工程、电力、通信、交通等基础设施的破坏和影响程度，根据其损毁程度和经济损失，确定其危害程度。

根据煤层的赋存条件，地表变形值在移动盆地内各处是不等的，变形最大值可反映该条件下的最大危害。如果采空区范围相当大，即走向和倾向方向的长度都达到1.4倍的平均采深，则地表变形最大值主要取决于采厚与采深。对于中等硬度的岩石，采用全部垮落法开采，充分采动，取 $\eta = 0.8$，$b = 0.3$，$\tan\theta_0 = 2.0$，设煤层厚 $m = 2.0$ m，按公式计算的地表变形值随着深厚比的不同，对地面建筑物构成的危害程度也不同，见表3-23。

表3-23　不同深厚比情况下地表变形值及对建筑物的危害程度

深厚比（深度/厚度）	最大下沉值（mm）	最大倾斜值（mm/m）	最大水平变形值（mm/m）	对一般建筑物的危害
100	1 600	16	7.4	较重
200	1 600	8	3.7	中度
300	1 600	5.3	2.5	轻度

由表3-23知，当深厚比为100时，对房屋危害较严重；深厚比为200时，对房屋危害中度；而深厚比为300或更大时，对房屋危害较轻。因此，评价采空塌陷对建筑物安全的影响评估时，应注意煤层厚度和埋藏深度。

（2）废渣堆下游村民、农田、基础设施遭受泥石流危险性预测分析。

根据沟谷区暴雨强度、一次最大降雨量，洪水最大流量，废渣堆的位置、分布、物质组成和总量，沟谷的地形地貌特征，拦挡结构和排水设施等，定量评价矿渣泥石流的发育程度（见表3-20），结合危害对象、危害程度，确定遭受泥石流的危险性。

4. 地质灾害预测分析结果

列表说明各区地质灾害灾种、影响范围、危害程度、危险性，附地质灾害的预测评估分区图。

根据预测的地质灾害的类型、特征、发育程度、危害程度、危险性，按表3-11、表3-12确定地质灾害的规模，同时根据受危害对象、可能造成的经济损失、受威胁人数，参照表3-8确定地质灾害对矿山地质环境影响程度。

三、矿区含水层破坏现状分析与预测

（一）含水层现状分析

1. 新建矿山

现场调查和收集资料时，着重于含水岩组的类型、与矿层的关系，含水层的渗透系数、单位涌水量、富水程度、补给来源、排泄条件，现状下地下水埋藏标高、第四系含水层水位标高等。

2. 延续开采矿山

评估矿山开采后地表变形破坏造成含水层与隔水层的破坏，包括破坏的层位、厚度、范围、原因，地下水位下降情况、地下水疏干情况、地下水水质污染情况，影响程度及治理情况等。

延续开采矿山重点，根据现场调查和资料收集，介绍疏干排水量、含水层疏干层次与范围、水位下降幅度、泉水流量减少程度、水质变化情况，地下含水层破坏对生产生活用水的影响等。收集矿区主要含水层等水位线图、水位变化曲线图、疏干排水量统计表等，根据历年疏干排水和水文地质监测资料，确定地下水位降落漏斗的分布范围和水位下降趋势，根据表3-6确定对含水层的影响程度。

1）矿山开采对含水层结构的影响

描述和评估矿山采掘挖损、井工开采或采动后地表变形破坏（采空塌陷、地裂缝）造成含水层和隔水层破坏的层位、厚度、范围、原因、危害对象及造成的损失，影响程度，治理情况。

（1）煤矿。

根据现状条件下地表水体漏失、第四系孔隙水位下降情况，分析煤矿开采对第四系松散岩类含水层的影响；根据现状条件下煤矿开采疏干排水量、三叠系和二叠系裂隙水位下降情况，分析采煤对三叠系和二叠系灰岩、砂岩裂隙含水层结构影响；根据二$_1$煤层厚度、煤层与奥陶系灰岩顶面之间本溪组的厚度，以及奥陶系灰岩岩溶裂隙水位变化情况，分析采煤对奥陶系灰岩岩溶裂隙水含水层结构影响。

（2）金属矿。

金、银、铅、锌、钼等金属矿床，含水层以基岩裂隙含水层为主，富水性较弱，受大气降水补给。随着矿山的开采，含水层与矿山工程产生的裂隙贯通，直接破坏其含水层结构，内部赋存的裂隙水被疏干。

2）地下水位变化及降落漏斗影响范围

疏干排水破坏了区内地下水资源的均衡，减少了地下水资源量，导致地下水位下降，并改变了局部地段地下水流场和流向，使矿坑涌水量随开采深度增大呈增加趋势。矿山长期疏干排水，形成了以坑道为中心的矩形降水漏斗，在一定程度上影响了该区地下水的均衡。根据围岩的渗透系数，采用经验公式 $R = 10 \times S \times K^{0.5}$ 计算产生的降落漏斗影响半径及影响面积。

（1）天然条件下地下水位。

根据地下水位和水文地质条件调查资料、监测资料，分析地下水天然条件下（矿山开采前）的地下水流场、地下水流向、泉眼等排泄位置。

（2）矿山开采后地下水位变化及其影响

含水层水位下降：含水层水位最大下降值、降落漏斗范围、危害对象、损失、影响程度。

含水层疏干：疏干含水层的层位、厚度、范围、危害对象及造成的损失。

井、泉水干涸：矿山抽排水使井、泉干枯现象，危害、影响村民用水程度、治理情况。

地表水漏失：漏失段位置、漏失量，对地表和地下的危害、损失情况、影响程度及治理效果。

3）采矿对水质的影响

根据矿山开采过程中对地下水水质监测结果，对照《地下水质量标准》（GB/T 14848—2017）确定的地下水质量分类指标及限值（见表3-24），对地下水水质进行现状评价。采用地下水为农田灌溉水源时，水质指标的限值不能超过Ⅳ类水的标准。

表 3-24　地下水质量分类指标及限值

序号	指标	Ⅰ类	Ⅱ类	Ⅲ类	Ⅳ类	Ⅴ类
		感官性状及一般化学指标				
1	色度（铂钴色度单位）	≤5	≤5	≤15	≤25	>25
2	嗅和味	无	无	无	无	有
3	浑浊度（NTU）	≤3	≤3	≤3	≤10	>10
4	肉眼可见物	无	无	无	无	有
5	pH	6.5～8.5			5.5～6.5,8.5～9	<5.5或>9

续表 3-24

序号	指标	Ⅰ类	Ⅱ类	Ⅲ类	Ⅳ类	Ⅴ类
6	总硬度(以 CaCO₃ 计)(mg/L)	≤150	≤300	≤450	≤650	>650
7	溶解性总固体(mg/L)	≤300	≤500	≤1 000	≤2 000	>2 000
8	硫酸盐(mg/L)	≤50	≤150	≤250	≤350	>350
9	氯化物(mg/L)	≤50	≤150	≤250	≤350	>350
10	铁(mg/L)	≤0.1	≤0.2	≤0.3	≤2	>2
11	锰(mg/L)	≤0.05	≤0.05	≤0.1	≤1.5	>1.5
12	铜(mg/L)	≤0.01	≤0.05	≤1	≤1.5	>1.5
13	锌(mg/L)	≤0.05	≤0.5	≤1	≤5	>5
14	铝(mg/L)	≤0.01	≤0.05	≤0.2	≤0.5	>0.5
15	挥发性酚类(以苯酚计)(mg/L)	≤0.001	≤0.001	≤0.002	≤0.01	>0.01
16	阴离子表面活性剂(mg/L)	不得检出	≤0.1	≤0.3	≤0.3	>0.3
17	耗氧量(COD_{Mn}法,以 O_2 计)(mg/L)	≤1	≤2	≤3	≤10	>10
18	氨氮(以 N 计)(mg/L)	≤0.02	≤0.1	≤0.5	≤1.5	>1.5
19	硫化物(mg/L)	≤0.005	≤0.01	≤0.02	≤0.1	>0.1
20	钠(mg/L)	≤100	≤150	≤200	≤400	>400
微生物指标						
21	总大肠菌群(MPN/100 mL 或 CFU/100 mL)	≤3	≤3	≤3	≤100	>100
22	菌落总数(CFU/mL)	≤100	≤100	≤100	≤1 000	>1 000
毒理学指标						
23	亚硝酸盐(以 N 计)(mg/L)	≤0.01	≤0.1	≤1	≤4.8	>4.8
24	硝酸盐(以 N 计)(mg/L)	≤2	≤5	≤20	≤30	>30
25	氰化物(mg/L)	≤0.001	≤0.01	≤0.05	≤0.1	>0.1
26	氟化物(mg/L)	≤1	≤1	≤1	≤2	>2
27	碘化物(mg/L)	≤0.04	≤0.04	≤0.08	≤0.5	>0.5
28	汞(mg/L)	≤0.000 1	≤0.000 1	≤0.001	≤0.002	>0.002
29	砷(mg/L)	≤0.001	≤0.001	≤0.01	≤0.05	>0.05
30	硒(mg/L)	≤0.01	≤0.01	≤0.01	≤0.1	>0.1
31	镉(mg/L)	≤0.000 1	≤0.001	≤0.005	≤0.01	>0.01
32	铬(六价)(mg/L)	≤0.005	≤0.01	≤0.05	≤0.1	>0.1
33	铅(mg/L)	≤0.005	≤0.005	≤0.01	≤0.1	>0.1
34	三氯甲烷(μg/L)	≤0.5	≤6	≤60	≤300	>300
35	四氯化碳(μg/L)	≤0.5	≤0.5	≤2	≤50	>50
36	苯(μg/L)	≤0.5	≤1	≤10	≤120	>120
37	甲苯(μg/L)	≤0.5	≤140	≤700	≤1 400	>1 400
放射性指标						
38	总 α 放射牲(Bq/L)	≤0.1	≤0.1	≤0.5	>0.5	>0.5

续表3-24

序号	指标	I 类	II 类	III 类	IV 类	V 类
39	总 β 放射性(Bq/L)	≤0.1	≤1	≤1	>1	>1
地下水质量非常规指标及限值						
40	钴(mg/L)	≤0.005	≤0.005	≤0.05	≤0.1	>0.1
41	铍(mg/L)	≤0.000 1	≤0.000 1	≤0.002	≤0.06	>0.06
42	钡(mg/L)	≤0.01	≤0.1	≤0.7	≤4	>4
43	镍(mg/L)	≤0.002	≤0.002	≤0.02	≤0.1	>0.1
44	滴滴涕(总量)(μg/L)	≤0.01	≤0.1	≤1	≤2	>2
45	六六六(总量)(μg/L)	≤0.01	≤0.5	≤5	≤300	>300

注：I 类,地下水化学组分含量低,适用于各种用途;

II 类,地下水化学组分含量较低,适用于各种用途;

III 类,地下水化学组分含量中等,以《生活饮用水卫生标准》(GB 5479—2006)为依据,主要适用于集中式生活饮用水水源及工农业用水;

IV 类,地下水化学组分含量较高,以农业和工业用水质量要求以及一定水平的人体健康风险为依据,适用于农业和部分工业用水,适当处理后可作为生活饮用水;

V 类,地下水化学组分含量高,不宜作为生活饮用水水源,其他用水可根据使用目的选用。

3.含水层现状调查与分析结果

按照表3-8,采取就高原则,划分严重、较严重、较轻影响程度分级区,确定现状的含水层破坏对矿山地质环境影响程度分级和范围。

(二)矿床主要含水层结构破坏预测分析

分析预测由采矿活动可能导致的含水层的影响和破坏,包括含水层结构破坏、地下水水质变化和污染因子、污染范围、污染原因,地下水位变化,以及其所导致的含水层疏干、井、泉水干涸或流量减少,地表水漏失和对生产生活用水水源(含地表水)的影响范围、分布位置和影响程度分级。

主要含水层结构的破坏包括3个方面,即矿层上部(顶板)含水层结构的破坏、矿层下部(底板)含水层结构的破坏,以及第四系松散岩类含水层结构的破坏。

1.含水层结构破坏预测分析

(1)矿层上部(顶板)含水层结构破坏预测分析。

主要分析矿层上部含水层的类型、距开采矿层的距离。矿体上覆岩体移动变形对含水层的影响主要受冒(垮)落带、导水裂隙带控制,冒(垮)落带最大高度 H_c、导水裂隙带最大高度 H_f 的计算主要参照《建筑物、水体、铁路及主要井巷煤柱留设与压煤开采规程》推荐的经验公式,详见表3-25、表3-26。

表3-25　冒(垮)落带最大高度的统计经验计算公式

岩石类型	抗压强度(MPa)	主要岩石名称	计算公式(m)
坚硬	40 ~ 80	石英砂岩、石灰岩、砂质页岩、砾岩	$H_c = [100\sum m/(2.1\sum m + 16)] + 2.5$
中硬	20 ~ 40	砂岩、泥质灰岩、砂质页岩、页岩	$H_c = [100\sum m/(4.7\sum m + 19)] + 2.2$
软弱	10 ~ 20	泥岩、泥质砂岩	$H_c = [100\sum m/(6.2\sum m + 32)] + 1.5$
极软弱	<10	铝土岩、风化泥岩、黏土、砂质黏土	$H_c = [100\sum m/(7.0\sum m + 63)] + 1.2$

注：m 为各个采区的平均累计开采厚度。

表 3-26 导水裂隙带最大高度的统计经验计算公式

岩石类型	计算公式(一)(m)	计算公式(二)(m)
坚硬	$H_f = \left[100\sum m/(1.2\sum m + 2)\right] + 8.9$	$H_f = \left[30(\sum m)^{0.5}\right] + 10$
中硬	$H_f = \left[100\sum m/(1.6\sum m + 3.6)\right] + 5.6$	$H_f = \left[20(\sum m)^{0.5}\right] + 10$
软弱	$H_f = \left[100\sum m/(3.1\sum m + 5.0)\right] + 4.0$	$H_f = \left[10(\sum m)^{0.5}\right] + 10$
极软弱	$H_f = \left[100\sum m/(5.0\sum m + 8.0)\right] + 3.0$	

冒(垮)落带、导水裂隙带最大高度 = 冒(垮)落带最大高度 + 导水裂隙带最大高度。

上覆岩体的强度不同,推荐的经验公式也不同,因而根据上覆岩体的抗压强度,选择不同的经验公式。按照《矿区水文地质工程地质勘探规范》(GB/T 12719—1991)附录 F,冒(垮)落带、导水裂隙带最大高度经验公式见表 3-27。

表 3-27 冒(垮)落带、导水裂隙带最大高度经验公式

煤层倾角(°)	岩石抗压强度(MPa)	岩石名称	顶板管理方法	冒(垮)落带最大高度(m)	导水裂隙带[包括冒(垮)落带最大高度]最大高度(m)
0~54	40~60	辉绿岩、石灰岩、硅质石英岩、砾岩、砂砾岩、砂质页岩等	全部陷落	$H_c = (4\sim5)M$	$H_f = 100M/(2.4n + 2.1) + 11.2$
	20~40	砂质页岩、泥质砂岩、页岩	全部陷落	$H_c = (3\sim4)M$	$H_f = 100M/(3.3n + 3.8) + 5.1$
	<20	风化岩石、页岩、泥质砂岩、黏土岩、第四系和第三系松散层等	全部陷落	$H_c = (1\sim2)M$	$H_f = 100M/(5.1n + 5.2) + 5.1$
55~85	40~60	辉绿岩、石灰岩、硅质石英岩、砾岩、砂砾岩、砂质页岩等	全部陷落		$H_f = 100mh/(4.1h + 133) + 8.4$
	<40	砂质页岩、泥质砂岩、页岩、黏土岩、风化岩石、第三系和第四系松散层等	全部陷落	$H_c = 0.5M$	$H_f = 100mh/(7.5h + 293) + 7.3$

注:1. M 为累计采厚,m;n 为煤层分层厚度,m;h 为采煤工作面小阶段垂高,m。

2. 冒(垮)落带、导水裂隙带最大高度,对于缓倾斜和倾斜煤层,是指从煤层顶面算起的法向高度;对于急倾斜煤层,是指从开采上限算起的垂向高度。

3. 岩石抗压强度为饱和单轴极限强度。

根据矿体埋深、开采厚度、开采层数、矿体倾角,通过表 3-25 ~ 表 3-27 推荐的经验公式,计算冒(垮)落带、导水裂隙带最大高度,再根据含水层厚度、含水层与开采煤层的距离、含水层与矿层的连通关系(阻水构造、导水构造),按照表 3-6 确定冒(垮)落带、导水裂隙带内含水层结构破坏情况。

例如,某煤矿,上覆岩体为中硬的砂岩、泥灰岩,煤层厚度为 2.8 ~ 3.6 m,各个采区的平均累计开采厚度为 3.2 m,估算出:

冒(垮)落带最大高度 $H_c = \left[100\sum m/(4.7\sum m + 19)\right] + 2.2 = 11.6$ (m)

导水裂隙带最大高度 $H_f = \left[100\sum m/(1.6\sum m + 3.6)\right] + 5.6 = 42.3$ (m)

冒(垮)落带、导水裂隙带最大高度 = 11.6 + 42.3 = 53.9 (m)

又如,某煤矿,上覆岩体为坚硬的石英砂岩、石灰岩,煤层厚度为 2.8 ~ 3.6 m,按照各个采区的平均累计开采厚度为 3.2 m,估算出:

冒(垮)落带最大高度 $H_c = \left[100\sum m/(2.1\sum m + 16)\right] + 2.5 = 16.6$ (m)

导水裂隙带最大高度 $H_f = \left[100\sum m/(1.2\sum m + 2)\right] + 8.9 = 63.7$ (m)

冒(垮)落带、导水裂隙带最大高度 = 16.6 + 63.7 = 80.3 (m)

通过计算得知,开采煤层厚度相同,在中硬岩层中冒(垮)落带、导水裂隙带的最大高度为53.9 m,而坚硬岩层中最大高度为80.3 m。

《方案》编制时,第一应掌握煤层的最大厚度、煤层是否全采、开采最大厚度所处的位置、煤层倾角、上覆岩层的岩石类型,按照上述公式计算出冒(垮)落带、导水裂隙带的最大高度。

第二,应掌握含水层底板与开采煤层之间的距离(隔水层厚度)、含水层的厚度、含水层的富水程度。

第三,综合评估对含水层结构的破坏程度,只要煤层顶板隔水层的厚度小于冒(垮)落带、导水裂隙带的最大高度,上覆含水层结构将遭受破坏。若上覆含水层较多、隔水层和含水层厚度较小,也可能几个含水层结构均遭到破坏。

第四,计算冒(垮)落带最大高度时,尚应注意采煤时岩块和煤块的碎胀性。当开采时,岩块和煤块出现流失现象,冒(垮)落带的最大高度将会增加,冒(垮)落带、导水裂隙带的最大高度亦会增加,在水体(水库、水塘、河流、灌区等)下采煤时应特别注意。

第五,在评价含水层遭受破坏时,不能采用煤层的平均厚度,而是以开采煤层的最大厚度为计算值。

第六,有的煤矿开采煤层较多,存在不同的含水层和隔水层,应分别评价对不同含水层的影响。

(2)矿层下部(底板)含水层结构破坏预测分析。

在采矿过程中,采掘工作面附近底板受采动破坏和应力释放的影响,底板处往往产生底臌,使其底板强度降低,有效隔水层减薄,高压承压水易突破底板而涌入巷道,造成底板突水,从而使矿层下部含水层结构遭到破坏。目前,尚未查阅到定量的计算公式,此处引用煤矿底板承压含水层临界水压和临界隔水层的理论公式:

$$H_{临} = 2K_p t_实^2 / L^2 + \gamma t_实 \tag{3-8}$$

$$t_临 = \left\{ L\left[\left(\gamma^2 L^2 + 8 K_p H_实\right) - \gamma L\right] \right\} / 4K_p \tag{3-9}$$

式中:$H_临$为巷道隔水底板的临界水压值,kPa;$t_临$为巷道底板隔水层的临界厚度,m;L为巷道底宽或高度,m;$t_实$为巷道底板隔水层的实际厚度,m;$H_实$为作用于隔底板上的实际水压值,kPa;γ为隔水层的岩石密度,kg/m³;K_p为隔水层的抗张强度,kPa。

若隔水层底板的实际水压值$H_实$小于理论计算的临界水压值,可以认为底板稳定,不会发生突水事故,也就不会对底板含水层造成破坏;反之,巷道底板会被承压水臌裂而突水,对底板含水层造成破坏。当底板隔水层的实际厚度$t_实$大于理论计算的$t_临$,底板稳定;反之,底板不稳定,易产生底臌突水。

对底板含水层评价时,当$H_实/H_临 > 2$时,底板稳定,不会发生底臌突水;当$H_实/H_临 = 1.2 \sim 2$时,底板较稳定;当$H_实/H_临 < 1.2$时,底板不稳定,易产生底臌突水。

对于煤矿,采煤工作面附近底板受采动破坏的影响深度为8~10 m,计算隔水层有效厚度时,应将实际厚度值减去采动破坏的影响深度值。

(3)第四系松散岩类含水层结构破坏预测分析。

根据农用水井、灌溉水井的水位、水质调查和检测,分析矿山开采对第四系松散岩类含水层的影响。

2.区域地下水变化预测分析

(1)预测含水层疏干区范围和面积、被疏干含水层层位、岩性和含水层厚度及发展趋势。

(2)预测区域地下水降落漏斗的范围和发展趋势,漏斗中心的水位、漏斗面积和形状,下降幅度和下降速度;采矿疏干地下水量、开采时间与降落漏斗发展的相关分析。

(3)地下水位在丰水期、枯水期的变化,开采量与水位下降幅度的关系。

(4)含水层疏干影响范围。采矿抽水是必要的工作流程,在疏干矿层水时,会引起周围地下水位的下降。长期持续地抽水,在以采矿处为中心形成一个地下水降落漏斗,属于含水层疏干影响范围。此范围受到岩层的富水性、渗透系数、抽水量等影响,勘查报告的水文部分有岩层的渗透系数、含水层厚度、水位降深等参数时,可采用下列公式计算影响范围:

$$R = 2S(HK)^{0.5} \tag{3-10}$$

式中:R为抽水疏干影响半径,m;S为水位降深,m;H为含水层厚度,m;K为渗透系数,m/d。

矿体埋藏较浅时,易出现含水层疏干、地下水位下降、泉水流量减少等现象;矿体埋藏较深时,根据地下水位降落漏斗的分布范围、地下水位、水质变化情况评价其影响程度。

3. 对含水层水质影响程度预测分析

对含水层水质影响程度预测分析详见水土环境污染预测分析。

4. 中远期含水层破坏预测分析结果

附近期对含水层影响程度预测评估图、中远期对含水层影响程度预测评估图。

5. 含水层现状调查与分析结果

按照表3-8，采取就高原则，划分严重、较严重、较轻影响程度分级区，确定预测的含水层破坏对矿山地质环境影响程度分级和范围。

四、矿区地形地貌景观（地质遗迹、人文景观）破坏现状与预测分析

分析预测评估采矿活动的挖损、压占，或采动后地表变形破坏（地面塌陷、地裂缝、地面沉降），包括对地形地貌、植被、城镇、居民点、建（构）筑物，水利、电力、交通工程设施，自然保护区及景观等的影响范围、分布位置和影响程度分级。

（一）地形地貌景观（地质遗迹、人文景观）破坏现状分析

（1）以现场调查、访问及收集到的相关资料分别对因矿业活动挖损、压占，或采动后地表变形破坏对地形地貌、植被、城镇、居民点、建（构）筑物，交通、水利和电力工程设施等地形地貌景观的影响评估，阐述影响范围、影响原因。

（2）分析评估区内采矿活动对各类自然保护区、地质遗迹、人文景观等的影响和破坏情况，附照片。露天开采矿山在"三区两线"可视范围内，造成山体破损、基岩裸露，对地形地貌景观破坏程度属于严重；对人文景观、风景旅游区、城市周围、主要交通干线两侧可视范围内地形地貌景观破坏程度属于严重。

（3）矿山开采改变微地貌结构，挖损及压占损毁原地貌，改变地表水汇流的方向，使部分田地失去灌排及保水能力，导致耕地失去耕种价值。对原生的地形地貌景观影响和破坏程度大。

（4）根据表3-8，按就高原则，确定现状地形地貌景观破坏对矿山地质环境影响程度和范围。

（二）地形地貌景观（地质遗迹、人文景观）破坏预测分析

（1）依据矿山建设采矿和选矿生产工艺与流程，结合地质环境条件，分析预测矿业活动挖损、压占，或采动后地表变形破坏对地形地貌、植被、城镇、居民点、建（构）筑物、交通工程设施、地质遗迹、自然保护区、景观等影响和评估，阐述影响范围、损失和危害程度。

（2）一般情况下，露天开采的铝土矿、水泥灰岩、石料场等对地形地貌景观的破坏是严重的；地下开采的煤矿、铝土矿、铁矿由于采空区塌陷，对地形地貌景观的影响是较严重的。矿山位于山区或丘陵地带，开采沉陷或塌陷在3~5 m范围内，其对地形地貌景观的影响较轻或较严重；若在平原地区塌陷高差相对较大，对地形地貌景观的影响则是严重或较严重。

露天开采矿山在交通干道或风景名胜区的可视范围内，对地形地貌景观的影响程度确定为严重。

埋藏较浅、陡倾斜矿脉（萤石矿、金矿、铅锌矿等），如果上部没有保护矿带或保护矿带过小，塌陷之后将在地表形成一条深沟，对地形地貌景观影响严重。

露天开采矿山附近期对地形地貌景观影响程度预测评估分区图、中远期地形地貌景观影响程度预测评估分区图。

（3）根据表3-8，按就高原则，确定预测的地形地貌景观破坏对矿山地质环境影响程度和范围，露天开采矿山时，当采区较多时，可以列表统计。

五、矿区水土环境污染现状与预测分析

分析预测评估采矿活动可能造成的地下水和土壤环境污染，包括地下水水质变化和污染、污染源、污染因子、污染环节、污染特征、污染范围、污染原因、水温变化，对周边生产生活用水水源（含地表水）的危害和影响范围、分布位置、表现特征和影响程度；土壤污染环节、污染源、污染因子、污染特征、污染范围、污染原因和造成的危害。新建、生产、闭坑矿山的监测按《矿山地质环境监测技术规程》

（DZ/T 0287—2015）要求执行。

（一）矿区水土环境污染现状分析

结合矿区水文地质条件、工程地质条件、开采工艺、选矿方式等情况，阐述矿区及周边区域水土环境污染现状。重点说明对矿区地质环境和土地资源利用的影响程度。按相关规范分别收集或采集矿山污染源（矿石、废水、废渣）样品，以及矿山及周边可能影响区域的地表水、地下水及土壤样品，对照背景值评价矿山及周边地表水、地下水及土壤的污染现状。

1. 采矿对水环境污染现状分析

矿业活动生产过程中可能对地下水水质产生影响的主要因素有废渣堆淋滤水、尾矿排出水、煤矸石淋滤水、矿坑排水和生活污水。

1）废渣堆淋滤水浸出毒性鉴别

根据《危险废物鉴别标准　浸出毒性鉴别》（GB 5085.3—2007），表3-28 给出了有色金属矿山废渣浸出液、尾矿库浸出液、煤矸石浸出液的浸出毒性鉴别标准。在固体废渣（煤矸石）浸出液中，任何一种危害成分含量超过表3-28 所列的浓度限值，判定该固体废渣具有浸出毒性特征的危险废物，应采取具体措施处理。

表3-28　浸出毒性鉴别标准值 （单位：mg/L）

序号	1	2	3	4	5	6
危害成分项目	总铜	总锌	总镉	总铅	总铬	六价铬
浸出液中危害成分浓度限值	100	100	1	5	15	5
实际检出						
序号	7	8	9	10	11	12
危害成分项目	烷基汞	总汞	总铍	总钡	总镍	总银
浸出液中危害成分浓度限值	不得检出	0.1	0.02	100	5	5
实际检出						
序号	13	14	15		16	
危害成分项目	总砷	总硒	无机氟化物		氰化物（以 CN$^-$ 计）	
浸出液中危害成分浓度限值	5	1	100		5	
实际检出						

为减少废渣堆淋滤水和尾矿排出水对下游含水层和土壤的影响，在废渣堆周围布置雨污分流设施，设置浆砌石截排水渠，尽量减少雨水入内，做到清污分流，在设计废渣场时，下部用黏土层压实，进行防渗处理；为防止废渣风化之后产生扬尘对空气的污染，应铺设一层黏土，对废渣堆表面遮盖。

2）矿坑排水、生活污水

金属矿山坑道中抽排出的地下水和选厂排出的废水中对人体有害的重金属、有机质含量较高，应根据《环境影响报告》和检测结果进行评价。现有、新建、改扩建的煤矿废水有毒污染物排放质量浓度不得超过《煤炭工业污染物排放标准》（GB 20426—2006）规定的限值（见表3-29），采煤废水污染物排放限值按表3-30 的规定执行。

表3-29　煤炭工业废水有毒污染物排放限值 （单位：mg/L）

序号	1	2	3	4	5
污染物	总汞	总镉	总铬	六价铬	总铅
日最高允许排放质量浓度	0.05	0.1	1.5	0.5	0.5
序号	6	7	8	9	10
污染物	总砷	总锌	氟化物	总 α 放射性	总 β 放射性
日最高允许排放质量浓度	0.5	2.0	10	1 Bq/L	10 Bq/L

表3-30 煤炭工业采煤废水污染物排放限值 (单位:mg/L)

序号	1	2	3
污染物	pH	总悬浮物	化学需氧量(COD$_{Cr}$)
日最高允许排放质量浓度	6～9	50	50
序号	4	5	6
污染物	石油类	总铁	总锰
日最高允许排放质量浓度	5	6	4

注:总锰限值仅适用于酸性采煤废水。

排入《地表水环境质量标准》(GB 3838—2002)Ⅲ类水域(Ⅲ类主要适用于集中式生活饮用水水源地二级保护区、一般鱼类保护区及游泳区)的污水,执行一级标准;排入Ⅳ(Ⅳ类主要适用于一般工业用水区及人体非直接接触的娱乐用水区)水域、Ⅴ类水域(Ⅴ类主要适用于农业用水区及一般景观要求水域)的污水,执行二级标准。矿坑排水、生活污水经污水处理厂处理后用于农田灌溉时,检测指标应低于《农田灌溉水质标准》(GB 5084—2005)的指标要求(见表3-31)。

表3-31 农田灌溉水质标准 (单位:mg/L)

序号	项目	水作	旱作	蔬菜
1	生化需氧量(BOD$_5$) ≤	60	100	40,15
2	化学需氧量(COD$_{Cr}$) ≤	150	200	150
3	悬浮物 ≤	80	100	60
4	阴离子表面活性剂(LAS) ≤	5	8	5
5	总砷 ≤	0.05	0.1	0.05
6	总磷(以P计) ≤	5.0	10	10
7	大肠菌群数(个/100 mL)	4 000	4 000	2 000蔬菜
8	水温(℃) ≤	35		
9	pH ≤	5.5～8.5		
10	全盐量 ≤	1 000(非盐碱土地区),2 000(盐碱土地区)		
11	氯化物 ≤	350		
12	硫化物 ≤	1		
13	总汞 ≤	0.001		
14	总镉 ≤	0.01		
15	铬(六价) ≤	0.1		
16	总铅 ≤	0.2		

根据《地表水环境质量标准》(GB 3838—2002),矿山处理后的废水排向河流、湖泊时,溶解氧、化学需氧量、挥发酚、氨氮、氰化物、总汞、砷、铅、六价铬、镉、铜、锌等12项指标必须全部满足表3-32中Ⅴ类水的限值指标。

表3-32　地下水水质常规标准及限值　　　　　　　　　　　　（单位:mg/L）

序号	污染因子	I 类	II 类	III 类	IV 类	V 类
1	溶解氧	7.5	6	5	3	2
2	化学需氧量（COD）	15	15	20	30	40
3	挥发酚	0.002	0.002	0.005	0.01	0.1
4	氨氮	0.15	0.5	1.0	1.5	2.0
5	氰化物	0.005	0.05	0.2	0.2	0.2
6	总汞	≤0.000 05	≤0.000 05	≤0.000 1	≤0.001	>0.001
7	砷	≤0.05	≤0.05	≤0.05	≤0.1	>0.1
8	铅	≤0.01	≤0.01	≤0.05	≤0.05	>0.10
9	六价铬	≤0.01	≤0.05	≤0.05	≤0.05	>0.10
10	镉	≤0.001	≤0.005	≤0.005	≤0.005	>0.01
11	铜	≤0.01	≤1	≤1	≤1	>1
12	锌	≤0.05	≤1	≤1.0	≤2	>2

2. 采矿活动对土壤环境污染现状分析

根据《矿山地质环境监测技术规程》（DZ/T 0287—2015），矿山开采土壤溶性盐分析和重金属检测项目应包括全盐量、碳酸根、重碳酸根、氯根、钙、镁、硫酸根、钾、钠、铜、铅、锌、锡、镍、钴、锑、汞、镉、铋等。

土壤污染是指人类活动产生的污染物进入土壤，主要体现于其对受体的可能污染危害或实际污染危害。《土壤环境质量　农用地土壤污染风险管控标准（试行）》（GB 15618—2018）规定了农用地土壤污染风险筛选值的基本项目（必测项目），包括镉、汞、砷、铅、铬、铜、镍、锌，风险筛选值见表3-33。农用地土壤污染风险筛选值的其他项目为选测项目，包括六六六、滴滴涕和苯并[a]芘，风险筛选值见表3-33。

表3-33　农用地土壤污染风险筛选值　　　　　　　　　　　　（单位:mg/kg）

序号	污染物项目[①②]		风险筛选值				备注
			pH≤5.5	5.5<pH≤6.5	6.5<pH≤7.5	pH>7.5	
1	镉	水田	0.3	0.4	0.6	0.8	
		其他	0.3	0.3	0.3	0.6	
2	汞	水田	0.5	0.5	0.6	1.0	
		其他	1.3	1.8	2.4	3.4	
3	砷	水田	30	30	25	20	
		旱地	40	40	30	25	
4	铅	农田	80	100	140	240	基本项目
		其他	70	90	120	170	
5	铬	水田	250	250	300	350	
		其他	150	150	200	200	
6	铜	果园	150	150	200	200	
		其他	50	50	100	100	
7	镍		60	70	100	190	
8	锌		200	200	250	300	

续表 3-33

序号	污染物项目①②	风险筛选值				备注
		pH≤5.5	5.5＜pH≤6.5	6.5＜pH≤7.5	pH＞7.5	
9	六六六③	0.1				其他项目
10	滴滴涕④	0.1				
11	苯并[a]芘	0.55				

注：1. 重金属和类金属砷均按照元素总量计。

2. 对于水旱轮作地，采用其中较严格的风险筛选值。

3. 六六六总量为 α－六六六、β－六六六、γ－六六六、δ－六六六四种异构体的含量总和。

4. 滴滴涕总量为 p,p'－DDE、p,p'－DDT、o,p'－DDT、p,p'－DDD 四种衍生物的含量总和。

农用地土壤污染风险管制值项目包括镉、汞、砷、铅、铬，见表 3-34。

表 3-34 农用地土壤污染风险管制值　　　　　　　　　　（单位：mg/kg）

序号	污染物项目①②	风险筛选值				备注
		pH≤5.5	5.5＜pH≤6.5	6.5＜pH≤7.5	pH＞7.5	
1	镉	1.5	2.0	3.0	4.0	
2	汞	2.0	2.5	4.0	6.0	
3	砷	200	150	120	100	
4	铅	400	500	700	1 000	
5	铬	800	850	1 000	1 300	

当土壤中污染物含量等于或低于表 3-33 的风险筛选值时，农用地土壤污染风险低，一般情况下可以忽略；高于表 3-33 的风险筛选值时可能存在农用地土壤污染风险，应加强土壤环境监测和农产品协同监测。

当土壤中镉、汞、砷、铅、铬的含量高于表 3-33 规定的风险筛选值、等于或者低于表 3-34 规定的风险管制值时，可能存在食用农产品不符合质量安全标准的土壤污染风险。

当土壤中镉、汞、砷、铅、铬的含量高于表 3-34 规定的风险管制值时，食用农产品不符合质量安全标准等，农用地土壤污染风险高，原则上禁止种植食用农产品，采取退耕还林的措施。

（二）矿区水土环境污染预测分析

按相关规范，预测分析采矿活动对地表水、地下水水质及对土壤污染的影响。可采取一级评估定量，二级及以下评估定性或半定量，阐述矿山开采对水土资源可能的影响或破坏的类型、规模和程度。

1. 矿山开采对水环境污染预测分析

分析预测矿坑水、废石场、工业场地和堆矿场等淋滤水，选冶废水，尾矿库废水，以及生活污水等污染源；主要污染因子及估算渗入量，污染途径，污染含水层的范围及其对供水井、泉水和地表水等（受纳体）影响的位置（地段）、范围、损失和影响程度。

1）近 5 年矿区水环境污染预测分析

根据矿井水、生活废水、选矿废水、矿渣堆淋滤水的产出量，有害元素含量，净化处理和利用措施，依据检测结果，按照表 3-28～表 3-34 的允许排放浓度，确定其污染是否超标。

尾矿库内若侧铺设人工防渗隔膜，并配合高塑黏土防渗，对库区地下水影响较轻；尾矿库库区利用自身尾矿浆中的尾矿泥铺设在尾矿库底部，依靠自身的低渗透性形成防渗垫层，对库区及下游地下水影响严重。生产、生活废水未经处理直接外排时，根据含有的、废渣浸出液的浓度，确定对土壤和地表水有较大影响。

2）中远期矿区水环境污染预测分析

（略）

2.矿山开采对土环境污染预测分析

分析预测采矿活动可能造成土壤环境污染的污染源（包括矿坑水，废石场、工业场地和堆矿场等淋滤水，选冶废水，尾矿库废水，以及生活污水等）、污染环节、主要污染因子及估算渗入量，污染途径、污染范围、损失和影响程度。

1）近 5 年矿区土环境污染预测分析

矸石堆场、废渣堆场、尾矿库、露天采场等对土环境污染预测分析。

2）中远期矿区土环境污染预测分析

（略）

六、矿山地质环境影响综合分区

根据前面矿山地质灾害、含水层、地形地貌景观和水土环境污染的现状分析及预测结果，对评估区进行矿山地质环境影响现状综合分区和预测综合分区。

（一）矿山地质环境影响现状综合分区

根据上述矿山地质环境影响现状评估结果，对评估区影响程度进行综合划分。矿山地质环境影响现状评估综合分区见表3-35。

表 3-35　矿山地质环境影响现状评估综合分区表

评估分区	分区面积（hm²）	地质环境影响程度				预测评估综合分区
		地质灾害	含水层	地形地貌景观	水土环境污染	
塌陷区						
⋮						
总计						

（二）矿山地质环境影响预测综合分区

根据从矿山地质灾害、含水层、地形地貌景观、水土环境污染 4 个方面对矿山地质环境影响预测评估结果，对矿区地质环境影响进行预测评估分区。矿山地质环境影响程度预测评估综合分区见表3-36。

表 3-36　矿山地质环境影响程度预测评估综合分区表

评估分区	分区面积（hm²）	地质环境影响程度				现状评估综合分区
		地质灾害	含水层	地形地貌景观	水土环境污染	
塌陷区						
选厂						
尾矿库						
废石场						
工业场地						
矿山道路						
评估区其他区						
总计						

第三节 矿山土地损毁预测与评估

一、土地损毁环节与时序

阐述土地损毁的环节与时序,说明矿山生产建设过程中可能导致土地损毁的生产建设工艺及流程,明确各损毁单元具体时序,为复垦工作计划安排提供依据。

(一)土地损毁环节

根据开发利用方案,介绍生产建设工艺及流程。列表或图示说明矿山建设和开采过程中土地损毁的环节和类型,附项目生产建设工艺流程图,即生产建设工艺流程、土地损毁场地及损毁类型。

1. 土地损毁类型

在矿山开采过程中对土地的损毁可分为压占、挖损、塌陷和污染。

压占主要发生在基建期,如工业广场、废渣堆、矿山道路、尾矿库等建设,改变了地表形态和土地功能。

挖损主要发生在生产期,如露天采坑、取土场等,彻底改变了原始的地形地貌和土地功能,但在山区修建矿山道路时,既压占又挖损。

塌陷主要发生在生产期,其表现形式是在采空区塌陷之后,引发地表因移动变形。煤矿开采采空塌陷对土地的损毁是随着采矿工作面的推进而逐渐发生的,因而在时间上是一个动态的过程,在空间上也有一定的影响范围。在开采活动停止后,上覆岩石和地表的移动、变形、沉陷和损毁亦将在一定时间逐渐终止于一定范围之内。金属矿山开采则应根据其他矿山的经验来确定,因塌陷时间具有不确定性,塌陷时是瞬间的、剧烈的。在采用充填法对采空区进行治理后,一般不发生地面塌陷。

污染伴随着生产过程,废渣堆淋滤水、矸石山淋滤水、尾矿排出水和矿坑排水、生活污水等未经处理而超过相关规范要求的指标时,将对地表水、地下水和土壤造成污染。

参照《土地复垦质量控制标准》(TD/T 1036—2013),生产建设活动对土地损毁类型的划分见表3-37。

表3-37 土地损毁类型

一级分类		二级分类		三级分类					
代码	名称	代码	名称	代码	名称				
1	生产建设活动损毁	11	挖损土地	111	露天采场(坑)				
				112	取土场				
				113	其他				
		12	塌陷土地	121	积水性塌陷地				
				122	季节性积水塌陷地				
				123	非积水性塌陷地				
		13	压占土地	131	排土场	132	废石场	133	矸石山
				134	尾矿库	135	赤泥堆		
				136	建筑物、构筑物压占土地			137	其他
		14	其他	141	污染土地				
				142	其他				

2.地下开采煤矿损毁环节

地下开采会出现地表移动变形、塌陷,造成表土层松动,损毁植物的生存环境;塌陷可以局部改变地形,加大地表坡度,易加剧水土流失,加剧土壤侵蚀模数。矿山生产过程中产生的煤矸石、生活垃圾、锅炉灰渣等固体废物,将会压占土地。矿井水及生活污水的外排会对水土环境产生影响,如果未达标排放,将污染地表水、地下水和土壤,对生态环境、农业生产造成较大影响。

主井、风井、斜井建设、工业广场、矿山道路、矸石山等损毁类型为压占和挖损;采空塌陷区损毁类型为塌陷损毁;取土场损毁类型为挖损。

附地下开采煤矿土地损毁的环节与损毁类型时序图。

3.地下开采金属矿山损毁环节

矿井建设或平硐、斜井建设,工业广场(生活办公设施、输变电设施、给排水设施、炸药库等),矿山道路等,损毁类型为压占、挖损;采掘部分的开采境界区,废渣场、矿石场等损毁土地的类型为塌陷、压占;选矿厂、尾矿库等损毁土地的类型为压占、污染。

附地下开采金属矿山土地损毁的环节与损毁类型时序图。

4.露天开采矿山损毁环节

露天采场、表土堆放场、碎石场、石料堆放场、废渣场、矿山道路等,损毁类型为压占、挖损。

附露天开采生产工艺与土地损毁环节图。

(二)土地损毁时序

根据开发利用方案确定的采矿工艺及流程和基建方案,分基建期损毁、生产期损毁、复垦期损毁,确定土地损毁环节。

1.地下开采煤矿土地损毁时序

工业场地、矸石场、储煤场、矿山道路在矿山基建期基本完成;采煤沉陷区按照开采顺序,以采区为单元说明变形及沉降稳定时间,并列表说明。

2.地下开采金属矿山

地下开采金属矿山土地损毁时序见表3-38,表中列出序号、损毁阶段、损毁单元(土地损毁三级分类)、损毁时间、损毁类型等。

表3-38 地下开采金属矿山土地损毁时序

序号	损毁阶段	损毁单元	损毁环节	损毁时间	损毁类型
1	基建期	工业场地及配套设施			挖损、压占
		废石场			压占
		选矿厂及配套设施	修建选矿厂		压占、挖损
		尾矿库及配套设施	修建		压占
		矿山道路	拓宽道路		压占、挖损
2	生产期	×号矿体	采空塌陷区		塌陷
		废石场			压占
		选矿厂			压占
		尾矿库			压占、污染
		管线工程	挖、埋管线		挖损
3	复垦期	取土场			挖损

3.露天开采矿山土地损毁时序

根据矿山建设和生产工艺流程,对土地造成损毁的环节包括基建期、生产期和复垦期取土场的挖损。

二、已损毁各类土地现状

分析采矿活动对土地资源的影响和破坏情况,阐述因挖损、塌陷、压占、污染等各种因素造成的土地损毁范围、地类、面积和程度等现状,包括矿山地质灾害破坏土地类型及面积;说明已损毁土地已复垦情况,包括复垦面积、范围、复垦方向及复垦效果。

附已损毁土地利用现状统计表、损毁土地及复垦情况图。

(一)已损毁土地面积

新建矿山,项目内的土地仍保持自然状态,简要介绍。若勘查阶段遗留坑口、渣堆、探槽、钻场平台、交通便道等,应介绍探矿期间形成而未治理的范围、损毁类型、损毁程度及面积。

介绍民采的矿脉(矿体)、开采方式、开采规模、开采范围、停采时间、损毁土地类型及面积。

生产矿山应介绍矿山生产建设已经挖损、压占损毁的土地,采空塌陷损毁的土地,包括损毁范围和面积、损毁类型及损毁程度。

(1)压占损毁:工业场地、矸石场、储煤场、矿山道路、废渣场、排土场、选矿厂、尾矿库等压占土地的地类、面积。

(2)挖损损毁:露天采场、取土场、山坡上矿山道路等挖损土地的地类、面积。

(3)塌陷损毁:根据煤层走向、倾向、倾角、埋深、厚度及可采煤层底板等高线,结合矿井开拓方式、水平划分、采区划分、采煤方法、顶板管理方法、工作面布置、开采时序等,计算塌陷损毁土地的面积。

(4)列表说明已损毁土地的损毁场地、损毁类型、损毁地类、损毁面积等。

(二)已损毁土地的损毁程度分析

土地损毁程度预测等级确定为三级标准,分别为:Ⅰ级(轻度破坏)、Ⅱ级(中度破坏)、Ⅲ级(重度破坏)。塌陷土地损毁程度可参考井工开采煤矿的评价因子和分级标准,挖损、压占损毁土地参考《耕地后备资源调查与评价技术规程》(TD/T 1007—2003)的评价因子和分级标准。

1.塌陷损毁土地损毁程度评价因子和分级标准

煤矿开采沉陷区土地损毁程度分级按照《土地复垦方案编制规程　第3部分:井工煤矿》(TD/T 1031.3—2011)附录B,对不同类型土地的损毁程度分级,见表3-39。

表3-39　塌陷损毁土地损毁程度评价因子和分级标准

土地类型	评价因子					损毁等级
	水平变形值 (mm/m)	附加倾斜值 (mm/m)	下沉值 (m)	沉陷后潜水位 (m)	生产力下降 (%)	
水田	≤3.0	≤4.0	≤1.0	≥1.0	≤20.0	轻度
	3.0~6.0	4.0~10.0	1.0~2.0	0~1.0	20.0~60.0	中度
	>6.0	>10.0	>2.0	<0	>60.0	重度
水浇地	≤4.0	≤6.0	≤1.5	≥1.5	≤20.0	轻度
	4.0~8.0	6.0~12.0	1.5~3.0	0.5~1.5	20.0~60.0	中度
	>8.0	>12.0	>3.0	<0.5	>60.0	重度
旱地	≤8.0	≤20.0	≤2.0	≥1.5	≤20.0	轻度
	8.0~16.0	20.0~40.0	2.0~5.0	0.5~1.5	20.0~60.0	中度
	>16.0	>40.0	>5.0	<0.5	>60.0	重度
林地、草地	≤8.0	≤20.0	≤2.0	≥1.0	≤20.0	轻度
	8.0~20.0	20.0~50.0	2.0~6.0	0.3~1.0	20.0~60.0	中度
	>20.0	>50.0	>6.0	<0.3	>60.0	重度

注:附加倾斜值指受采矿沉陷影响而增加的倾斜(斜度);任何一项指标达到相应标准即认为土地损毁达到该损毁等级。

沉积变质型铁矿、铝土矿、产状平缓的其他金属矿,当矿层顶板属于中硬以下岩石,构造、节理裂隙发育时,其引发的塌陷是面积性的,可以比照表3-39进行分级。

对于产状较陡、矿体厚度较薄、围岩坚硬的金属矿床,如果塌陷是一条深沟,对土地损毁程度为重度。若采用尾矿砂胶结充填法,可以有效防止地表沉陷对土地的损毁,其损毁程度为轻度。

2. 压占损毁土地损毁程度评价因子和分级标准

压占土地按照压占时间、压占面积、堆土石高度、压占物砾石含量、道路压占碾压动土深度、废弃物有毒有害元素含量、压占物 pH 等,确定损毁程度分级,参照表3-40。

表3-40　压占损毁土地损毁程度评价因子和分级标准

评价因子	单位	评价等级		
		轻度损毁	中度损毁	重度损毁
压占时间	年	<1	1~3	>3
压占面积	hm²	≤1.0	1.0~5.0	≥5.0
堆土石高度	m	≤5.0	5.0~10.0	≥10.0
压占物砾石含量	%	≤10.0	10.0~30.0	≥30.0
道路压占碾压动土深度	cm	<50	50~100	>100
压占物中有机质含量	%	≥15	15~65	≥65
废弃物有毒有害元素含量		$<x+2s$	$[x+2s, x+4s]$	$>x+4s$
压占物 pH		6.5~7.5	4~6.5,7.5~8.5	<4, >8.5
土地利用类型		裸地	草地	耕地、林地

3. 挖损损毁土地损毁程度评价因子和分级标准

挖损损毁土地按照挖损区土地利用类型、平地取土深度、坡地取土深度、挖掘面积、挖掘边坡坡度、挖掘土壤层厚度、积水情况等确定挖损损毁土地程度分级,参照表3-41。

表3-41　挖损损毁土地损毁程度评价因子和分级标准

评价因子		单位	评价等级		
			轻度损毁	中度损毁	重度损毁
地表变形	平地取土深度	m	≤1	1~3	≥3
	坡地取土深度	m	≤4	4~10	≥10
	挖掘边坡坡度	(°)	≤25	25~50	≥50
	挖掘面积	hm²	≤1	1~10	≥10
土体剖面	挖损土壤层厚度	cm	≤20	20~50	≥50
水文变化	积水情况		无积水	季节性积水	长期积水
生态变化	土地利用类型		裸地	草地	耕地、林地

4. 居民建筑物损毁程度分级标准

对于采空塌陷严重区,居民建筑将会受到严重破坏。根据建筑物下部煤层开采的最大厚度(不是平均值),计算该处的最大倾斜值、最大水平变形值、最大曲率值,按照《建筑物、水体、铁路及主要井巷煤柱留设与压煤开采规程》中"地面变形对砖石结构建筑物的破坏等级"分类表,确定采空塌陷区对建筑物的损毁程度分级,见表3-42。

表 3-42　城镇村及工矿用地土地损毁程度分级

土地类型	评价因子			原损坏等级	损毁程度
	水平变形值 ε（mm/m）	曲率 K（$\times 10^{-3}$/m）	倾斜 i（mm/m）		
城镇村及工矿用地	≤2	≤0.2	≤3	I	轻度
	≤6	≤0.6	≤10	II	中度
	>6	>0.6	>10	III、IV	重度

（三）已损毁土地现状分析

根据已损毁土地的损毁场地、损毁类型、损毁程度、损毁面积,附外业调查照片,列表统计损毁土地,见表 3-43（以地下开采煤矿为例）。

表 3-43　已损毁土地汇总表

损毁时序	损毁场地		损毁类型	一级地类		二级地类		损毁程度	损毁面积（hm²）
				编码	名称	编码	名称		
已损毁	采空塌陷区		塌陷						
	工业场地		压占						
	矸石山								
	矿山道路								
	合计								

（四）已损毁土地复垦情况

已损毁土地已经复垦的,应说明复垦方向、复垦措施及复垦效果、复垦面积和范围,附损毁土地及复垦情况图片。

（五）重复损毁的可能性分析

已损毁的土地,在将来的矿山开采过程中,可综合利用的应说明,如前期的采坑可作为后期的排土场,废弃的采场可以用于建设新的工业场地,土地损毁类型发生了变化,属于重复损毁;特别是煤矿开采塌陷区,塌陷且已经稳定的区域,受后期开采塌陷的影响,部分区域又遭受塌陷损毁。

三、拟损毁土地预测与评估

预测评估采矿活动对土地资源的影响或破坏的类型、面积和程度。依据矿山生产建设方式、地形地貌特征等,阐述拟损毁土地的预测依据和方法,预测不同时段或区段因挖损、塌陷、压占等破坏土地的范围、地类、面积和程度等;生产服务年限较长的矿山需分时段和区段预测土地损毁的方式、类型、面积、程度,并结合对土地利用的影响进行土地损毁程度分级,预测已损毁土地被重复损毁的可能性。根据预测结果进行拟损毁土地的地类面积统计,分级应参考国家和地方相关部门规定的划分标准,也可结合类比确定,尤其是山区、丘陵区的井工开采的矿山。

（一）拟损毁土地预测与评估的一般程序

1.预测损毁单元

根据矿山建设和开采时序,结合当地自然环境概况、社会经济概况和土地复垦方向,将项目区划分为若干预测单元。预测单元的划分要遵循以下原则:地形地貌及土地利用现状相似原则;工程破坏、占压土地方式一致性原则;原始土地立地条件相似性原则;复垦方向一致性原则;便于复垦措施统筹安排,分区整体性原则。

2. 预测内容

根据《土地复垦方案编制规程——通则》的要求,结合本矿山的具体生产建设内容及特点,土地损毁预测内容包括以下几项:

(1)各预测时段和预测分区土地损毁类型;

(2)各预测时段和预测分区损毁土地面积;

(3)各预测时段和预测分区损毁土地利用类型;

(4)各预测时段和预测分区土地损毁程度。

3. 预测方法

土地损毁预测采用定量统计和定性描述相结合的方法进行,具体叙述如下:

(1)损毁土地的面积预测方法:通过对主体工程占地的分析和统计,结合土地损毁方式采用定量统计的方法进行。

(2)损毁土地利用类型预测方法:根据《土地利用现状分类》(GB/T 21010—2007)对土地类型的分类,依据资源开发利用方案及结合现场调查资料,通过与矿区土地利用现状图进行叠加分析,确定损毁的土地类型。

(3)土地损毁程度预测方法:根据不同地类的土地损毁形式、复垦的难易程度,定性描述其损毁程度。

(二)地下开采煤矿塌陷区损毁土地预测

根据煤层赋存、采煤方法、顶板管理方法、工艺流程、地形地貌、区域自然特征等,采用概率积分等方法预测不同时段损毁土地的地类、面积、程度等。说明参数选取依据及预测过程,包括预测时段划分、采区划分、各种煤柱留设及其他相关问题处理情况等。

煤矿开采沉陷对土地的损毁是随着采煤工作面的推进而逐渐发生的,因而在时间上是一个动态的过程,在空间上也有一定的影响范围。在开采活动停止后,地表的移动、变形、沉陷和损毁亦将在一定时间逐渐终止于一定范围之内。这个范围可以通过现场勘测和预计的方法确定。

1. 土地损毁影响分析

煤矿地下开采对土地的损毁主要是因采空引起的地表沉陷,这将对所影响区域的土地造成损毁。影响采煤沉陷范围内土地损毁程度的主要因素有下沉和水平移动、倾斜和曲率、水平变形等。

1)下沉和水平移动

采煤沉陷可使沉陷范围内的地表发生垂直沉降,一般最大沉降可达到开采厚度的60% ~ 90%。地表在同一瞬间发生相同的整体性下沉或平移对土地是不会产生有害影响的。但开采沉陷可能导致坡度较陡的坡体瞬间发生大面积的整体性滑动或坍塌,即发生采动滑坡,从而造成土地大面积灾害性损毁。由于本矿井处于地形平坦地区,所以不会产生整体性滑动或坍塌现象。

2)倾斜和曲率

倾斜和曲率是采煤沉陷引起的竖直面上的变形,是由地面相邻点间下沉不均衡所致。它可使地表形态发生裂缝、倾斜、弯曲、滑坡和崩塌,使土地本身可利用性及附着物受到损毁。例如,耕地变得起伏不平,造成水、土、肥流失,土地耕作难度加大;地面建筑物、构筑物、水利、交通、电力等工农业生产设施因采煤沉陷而遭受不同程度的损毁。

3)水平变形

水平变形是由采煤沉陷区地表相邻点水平移动不平衡所致。在地表水平变形超过一定数值时,沉陷区的土地将产生不同程度的裂缝,裂缝一般平行于采空区边界发展。水平变形愈大,地表裂缝就愈严重。地表的沉降和裂缝在一定程度上改变地表径流方向和汇水条件,使部分地表水沿裂缝渗入地下,同时可使地下水沿上覆岩层采动裂缝渗入采空区或深部岩层,从而使矿区地表水减少,潜水干涸,使地下水位降低,甚至使上覆岩层中的含水层遭到损毁。

4)开采沉陷规律

地下煤层采用长壁垮落法开采时,原有煤层将出现大面积的采空区,破坏了围岩原有的应力平衡状态,发生了指向采空区的移动和变形。在采空区的上方,随着直接顶和老顶岩层的冒落,其上覆岩层也将产生移动、裂缝或冒落,形成冒落带。当岩层冒落发展到一定高度,冒落的松散岩块逐渐充填采空区,达到一定程度时,岩块冒落就逐渐停止,而上面的岩层就出现离层和裂缝,形成裂缝带。当离层和裂缝发展到一定高度后,其上覆岩层不再发生离层和裂缝,只产生整体移动和沉陷,即发生指向采空区的弯曲变形,形成弯曲带(见图3-1)。当岩层的移动、沉陷和弯曲变形继续向上发展达到地表时,地表就会出现沉陷、移动和变形,形成移动盆地。在移动盆地内,还会出现台阶、裂缝甚至塌陷坑等不连续变形。显然,塌陷和地表的上述移动、变形、塌陷和破坏是随着采煤工作面的推进而逐渐发生的,因而在时间上是一个动态过程,在空间也有一定的影响范围。当开采活动停止后,覆岩和地表的移动、变形、塌陷和破坏亦将在一定时间逐渐终止于一定范围之内。

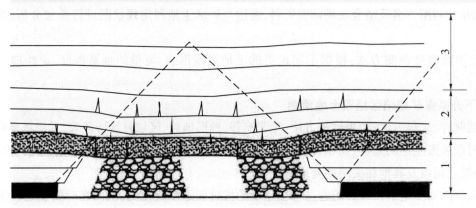

1—冒落带;2—裂缝带;3—弯曲带

图 3-1 岩层损毁示意图

2.地表沉陷的预测方法、模式及参数选取

依据《建筑物、水体、铁路及主要井巷煤柱留设与压煤开采规程》中的经验公式,对煤层开采后地表最大下沉值、水平拉伸变形值和倾斜变形值进行预测。对于开采倾斜煤层,根据下沉叠加原理,开采面积的水平投影内各开采单元开采对地表任意点造成的下沉影响之和即为该点的下沉值。地下煤矿开采塌陷土地预测方法详见本章第二节中"矿山地质灾害现状分析与预测"。

3.预测时段的划分与开采区土地损毁预测

开采时间较长的矿山,应分时段(一般分为3~5个时段)进行土地损毁预测,给出分时段预测的地表最大下沉值、水平拉伸变形值、倾斜变形值和基本稳沉时间,并分时段绘制地表下沉等值线图、水平变形等值线图、倾斜变形等值线图,计算各时段的损毁面积。

4.塌陷损毁土地评估分析

根据表3-39确定土地的损毁程度。地下开采煤矿拟损毁土地情况统计表见表3-44。

经土地损毁分析与预测,列表说明土地利用类型、权属、土地损毁方式、已损毁面积、拟损毁面积、重复损毁面积、总损毁面积(其中,包括塌陷损毁面积、压占损毁面积、挖损面积);重度损毁面积、中度损毁面积、轻度损毁面积。

表 3-44 地下开采煤矿拟损毁土地情况统计表

损毁时序	损毁单元	损毁类型	损毁地类				损毁程度			面积（hm²）
			一级地类		二级地类		轻度	中度	重度	
第一时段	拟损毁区 I	塌陷	01	耕地	012	水浇地				
					013	旱地				
			03	林地	031	有林地				
					033	其他林地				
			04	草地	043	其他草地				
			20	城镇村及工矿用地	203	村庄				
		小计								
	拟损毁区 II	塌陷	01	耕地	013	旱地				
			03	林地	033	其他林地				
			04	草地	043	其他草地				
			20	城镇村及工矿用地	203	村庄				
		小计								
	合计									
第二时段	拟损毁区 III	塌陷	01	耕地	013	旱地				
			03	林地	031	有林地				
					033	其他林地				
			10	交通运输用地	104	农村道路				
			20	城镇村及工矿用地	203	村庄				
		小计								
第三时段	拟损毁区 IV	塌陷	01	耕地	013	旱地				
			03	林地	031	有林地				
			04	草地	043	其他草地				
			10	交通运输用地	104	农村道路				
		小计								
	合计									

5. 土地损毁情况及程度汇总

依据土地损毁分析与预测结果,列表统计已损毁、拟损毁、重复损毁的损毁单元、损毁类型、损毁程度、损毁地类和损毁面积,见表 3-45。

表 3-45　土地损毁情况及程度汇总表

损毁时序	损毁单元	损毁类型	损毁程度	损毁地类							损毁面积小计（hm²）
				013	031	043	104	203	204	…	
				旱地	有林地	其他草地	农村道路	村庄	采矿用地		
已损毁	采空塌陷区1										
	采空塌陷区2										
	工业场地										
拟损毁	采空塌陷区A										
	采空塌陷区B										
	⋮										
重复损毁	塌陷区A(1)										
	工业场地										
实际损毁土地面积合计（扣除重复损毁面积）											

（三）金属矿山拟损毁土地预测

依据排土场（废石场）、尾矿库（含赤泥堆场）、表土堆放场等堆排工艺及设计参数，预测堆场边坡、台阶、顶面的表面积及形成时序。

依据溶浸场的溶浸工艺及设计参数，预测溶浸区土地损毁的表面积和形成时序。

应分析露天采场、排土场（废石场）、尾矿库（含赤泥堆场）、溶浸场、表土堆场等场地的地形地貌特征和潜在污染特性，对具有潜在土地污染风险的场地，应预测风险影响范围、程度。

地下开采可采用塌落角法或类比分析法，采用类比分析法时应说明地质条件相似、矿带连续、矿体特征等的可比性，预测说明矿体开采后可能影响的地表错动范围和程度。

预测尾矿输送管线、道路等临时损毁土地面积。

（四）露天开采矿山拟损毁土地预测

依据露天采场总平面图及采矿工艺等，预测采场开采形成的边坡、台阶和底部平台的面积及形成时序。

应说明开采矿层赋存情况，包括走向、倾向、倾角、埋深、厚度、储量等。

说明露天矿开采工艺及设备、开拓运输方案、总平面布置、露天采场的设计参数、采区划分及开采顺序、开采进度计划、露天采场的采剥工程量、剥离物排弃工艺、排土场参数和排土场排土计划等。附开采进度计划及剥离量表、排土场排弃计划表、排土场参数表、采区划分、开采顺序和采掘进度图。

应分别针对露天采场土地挖损，排土场、表土堆放场土地压占等说明土地损毁状况。

复垦排土场应说明已复垦平盘和台阶坡面的规模及面积。

根据露天采场设计参数、地表境界线、采区划分和工作线推进方向，采用图形叠加法、调查法、类比法与趋势外推相结合的方法，分时段和采区预测土地损毁的方式、面积、程度。在方案服务年限内闭坑的，应说明遗留矿坑的面积、位置、深度、最终平盘宽度、台阶坡面角、台阶高度。

根据露天煤矿开采进度计划及剥离量，排土场、表土堆放场设计参数和堆排工艺，分析排土场台阶坡面和平盘形成时序。

列表说明损毁前的土地利用类型、权属，土地损毁方式、面积、程度，损毁土地进度等。

第四节　矿山地质环境治理分区与土地复垦范围

一、矿山地质环境保护与恢复治理分区

(一)分区原则及方法

1.分区原则

"以人为本"原则;统筹规划,突出重点,具有可操作性原则;矿产资源开发与地质环境保护并重原则;区内相似、区际相异原则;紧密结合矿山开采规划、土地复垦规划、水土保持规划、生态保护规划原则。

2.分区方法

矿山地质环境保护与恢复治理分区,主要依据矿产资源开发利用方案、场地类型、矿山地质环境问题类型、分布特征及其影响程度,充分考虑评估区地质环境条件的差异,根据"区内相似、区际相异"原则,采用定性分析法、工程类比法、层次分析法,进行矿山地质环境保护与恢复治理分区。

3.矿山地质环境保护与恢复治理

矿山地质环境保护与恢复治理分区应根据矿山地质环境影响评估结果,划分为重点防治区、次重点防治区、一般防治区(见表3-46)。各防治区可根据区内矿山地质环境问题类型的差异,进一步细分为亚区。

表3-46　矿山地质环境保护与恢复治理分区标准

现状评估	预测评估		
	严重	较严重	较轻
严重	重点防治区	重点防治区	重点防治区
较严重	重点防治区	次重点防治区	次重点防治区
较轻	重点防治区	次重点防治区	一般防治区

(二)分区评述

按照重点防治区、次重点防治区和一般防治区的顺序,分别阐明各防治区的范围,区内存在或可能引发的矿山地质环境问题的类型、特征及其危害,以及矿山地质环境问题的防治措施等(见表3-47)。

1.保护与防治措施

1)保护措施

针对存在的主要矿山地质环境问题,修建的危岩崩塌体、地面塌陷区、地裂缝、泥石流区的警示标识和围栏工程;已有排土场的拦挡工程,因采矿疏干地下水造成居民用水困难而修建的供水工程等,主要以保护人们生命和生活为主要目标。

2)防治措施

防治措施主要以修建治理工程或生物工程为主,以此解决采矿活动中产生的矿山地质环境问题。

煤矿开采工程措施主要有地裂缝回填、耕植土剥离与回填、采空塌陷区回填与土地平整、井筒填埋、工业建筑拆除及垃圾清运。

对于山区或丘陵地带的露天开采建筑石料矿山,工程措施主要有危岩体清理与坡面修整,坡顶和开采平台处设置的横向截水沟、纵向排水沟,坡度较大时设置消能池,排土场废渣回填采场。

对于地下开采的金属矿山,工程措施主要有对形成的山体裂缝进行回填,废渣场上部及两侧设置截排水沟、底部设置挡渣墙,洞口填埋或封堵。

表3-47 矿山地质环境保护与恢复治理分区说明简表(以金属矿山为例)

防治分区级别	防治分区编号	治理分区范围	分区面积（km²）	防治难度	主要地质环境问题	防治措施
重点防治区	Ⅰ1	开采塌陷区		大	地面塌陷危险性大,含水层破坏,地形地貌破坏	
	Ⅰ2	废渣堆		大	滑坡、泥石流灾害危险性中等,含水层破坏,地形地貌破坏	
	Ⅰ3	尾矿库		大	含水层破坏,地形地貌破坏	
	Ⅰ4	选矿厂		较大	地形地貌破坏	
次重点防治区	Ⅱ1	工业场地		小	地形地貌破坏	
	Ⅱ2	矿山道路		较大	崩塌、滑坡,地形地貌破坏	

3)监测措施

主要针对地下开采采空而未稳定的地区,排土场、高陡边坡尚未治理的地区,疏干地下水影响区及水质变化等处设置监测点,监测时间从采矿活动开始到恢复治理结束。

2.各防治分区治理评述

第一,说明分区所在的位置、面积;第二,矿山地质环境问题、影响程度、危害程度、危害对象;第三,针对具体问题,提出防治措施。

二、土地复垦区与复垦责任范围

(一)复垦区范围确定

复垦区范围包括矿区面积、项目区面积、永久性建设用地面积、总损毁面积、复垦区面积、留续使用的永久性建设用地面积、复垦责任范围面积,见表3-48。

表3-48 损毁土地与复垦责任范围一览表

项目涉及面积			面积(hm²)	备注
一、矿区面积				以采矿证面积为准
二、项目区面积				采矿证面积+矿证外采矿影响到的面积
三、永久性建设用地面积				
四、总损毁面积	1.已损毁面积	(1)压占损毁面积		
		(2)挖损损毁面积		
		(3)塌陷损毁面积		
		小计		
	2.拟损毁面积	(1)压占损毁面积		
		(2)挖损损毁面积		
		(3)塌陷损毁面积		
		小计		
	3.重复损毁面积			
	小计			扣除重复损毁面积
五、复垦区面积				总损毁面积+永久性建设用地面积
六、留续使用的永久性建设用地面积				
七、复垦责任范围面积				复垦区面积-留续使用的永久性建设用地面积

1. 矿区面积

矿区面积以国土资源部门颁发的采矿证面积为准。

2. 项目区面积

项目区面积包括矿证面积,开采塌陷影响到矿证以外的面积(矿证之外用于矿山企业的工业广场、排土场、表土堆场、选矿厂、尾矿库、矿山道路等),以及在矿证外征收的永久性建设用地面积。

3. 总损毁面积

总损毁面积为已损毁面积加拟损毁面积,扣减重复损毁的面积。

4. 复垦区面积

复垦区面积为总损毁面积与永久性建设用地面积之和。

5. 留续使用的永久性建设用地面积

矿山企业依法取得的工业场地建设用地(如办公楼、工业厂房等),当矿山闭坑时,建筑物可供当地政府或村民继续使用时,其占有的面积为留续使用的永久性建设用地面积。

6. 复垦责任范围面积

一般而言,项目区面积大于或等于采矿证面积,复垦区面积小于项目区面积,复垦责任范围面积又小于或等于复垦区面积。复垦区面积扣除留续使用的永久性建设用地面积,即为复垦责任范围面积。

对于开采灰岩等建筑石料矿山,主要是挖损破坏土地,由于矿证面积较小,开采边界相同于矿证边界,应考虑爆破抛石损毁的土地面积,工业场地、排土场、矿山道路压占的土地面积。

对于内生金属矿山,矿证面积较大,但矿体规模小、分布零散,地形地貌条件差,应考虑矿山道路修建时挖损、压占的土地面积,以及选矿厂、尾矿库压占的土地面积。

(二)复垦责任范围拐点坐标

煤矿列表给出采空塌陷区、矸石山、工业场地、矿山道路等复垦区损毁土地的边界坐标。金属矿山做表列出尾矿库、塌陷区、废渣堆、选厂、管线、工业场地等复垦区损毁土地的边界坐标。

三、土地类型与权属

(一)复垦区土地利用类型

(1)列表说明复垦区及复垦责任范围内土地利用类型、数量、质量、损毁类型与程度;阐述农田水利和田间道路等配套设施情况、主要农作物生产水平。

(2)土地利用现状分类体系应采用 GB/T 21010—2007,明确至二级地类。土地利用现状的统计数据应与所附的土地利用现状图上的信息一致。

(3)土地利用现状表参见表 3-49(不是项目区范围内土地利用现状,而是复垦责任范围内土地利用现状)。

表 3-49 土地利用现状表

一级地类		二级地类		面积(hm²)	占总面积比例(%)
01	耕地	013	旱地		
02	园地	021	果园		
03	林地	031	有林地		
		032	灌木林地		
04	草地	043	其他草地		
12	其他土地	122	设施农用地		
20	城镇村及工矿用地	203	村庄		
		204	采矿用地		
合计					

（二）复垦区土地权属状况

（1）说明复垦责任范围内土地所有权、使用权和承包经营权状况。集体所有土地权属应具体到行政村或村民小组。需要征（租）收土地的项目应说明征（租）收前权属状况。

（2）复垦责任范围内土地利用权属表参见表3-50。

表3-50　土地利用权属表

权属		地类							合计
		01 耕地		02 园地	03 林地		04 草地	…·	
		012	013	021	031	032	043	…	
		水浇地	旱地	果园	有林地	灌木林地	其他草地	…	
××省××县	××乡（镇）××村								
	⋮								
	总计								
××省××县	××乡（镇）××村								
合计									

第四章　矿山地质环境治理与土地复垦可行性分析

第一节　矿山地质环境治理可行性分析

根据采矿活动已产生的和预测将来可能产生的矿山地质环境问题的规模、特征、分布、危害等,按照问题类型分别阐述实施预防和治理的可行性和难易程度。

矿山地质环境问题为矿山地质灾害、含水层结构破坏、地形地貌景观破坏,需要针对这些矿山地质环境问题采取预防措施和恢复治理工作。从技术、经济和生态环境协调性三个方面进行可行性分析。

一、技术可行性分析

(一)地质灾害治理的可行性分析

通过前面章节对该矿山地质环境影响分析和治理分区,明确该矿山存在的地质灾害隐患。煤矿主要是采空塌陷;地下开采的内生金属矿山的地质灾害主要是采空塌陷、尾矿库和废渣堆边坡的滑坡和矿渣泥石流;露采矿山地质灾害主要是高陡边坡的崩塌、滑坡,排土场的滑坡和泥石流。

1. 煤矿采空塌陷区预防与治理的可行性分析

煤矿、铝土矿、石膏矿等沉积性矿产采空塌陷区的形成是一个缓慢的变形过程,变形过程中对地表建筑物的损毁是渐进的,采取有效措施可以预防采空塌陷造成危害。

当煤炭开采区上部有村庄时,可以采取搬迁避让的措施;当在建筑物下、铁路下、水体下、承压含水层上开采时,应通过经济和技术分析,采取预留保护矿柱、固体废弃物胶结充填等预防措施。

采空塌陷造成地表有裂缝时,可以随时进行填埋,预防对人畜造成伤害。

煤矿开采采空塌陷区主要治理技术包括:防采空塌陷引发地表变形的措施有粉煤灰充填技术、矸石充填法复垦技术;采空塌陷引发地表变形之后的治理技术有土地平整技术、疏排法复垦技术、挖深垫浅法复垦技术。

2. 地下开采金属矿山采空塌陷区治理的可行性分析

(1)有色金属、贵金属陡倾斜薄脉状的内生金属矿,矿体围岩较为坚硬,采空之后有的采空区几十年不塌陷,但是当塌陷时,又是在瞬间发生,地表变形不是渐进式,而是突发式。

当开采区在村庄下部、临近交通干线和水利电力设施时,一般情况下先采用尾矿砂胶结充填、粉煤灰胶结充填、低强度等级素混凝土充填,该类技术可以有效地控制地表变形,防止突发性地质灾害的发生。目前,已经有成熟的采空区充填方法和工艺,充填法预防采空塌陷效果显著,因此对采空塌陷地质灾害的预防和治理措施从技术上是可行的,能够有效地根除采空塌陷地质灾害隐患。在山区,人类活动较少的地区,也可以采用警示、铁丝网拦挡措施。

(2)缓倾斜大厚度的内生金属矿山,巢状、囊状、柱状的内生金属矿山,塌陷之后将是一个深大的塌陷坑,水位埋藏浅的地区将会积水,使农田失去耕作功能,植被被淹没,变成水域或沼泽地。当水质满足要求时,可以利用塌陷坑进行养殖;塌陷坑不漏失的情况下,可以作为蓄水塘。

3. 露天开采矿山治理的可行性分析

露天开采矿山的地质灾害主要表现在露天采场高陡边坡的崩塌、滑坡,危岩体的崩塌,废渣场的滑坡和矿渣泥石流。露天采场高陡边坡可以采取截排水工程、削坡工程、危岩体清除工程、拦挡和警示工程。山谷废渣堆可以采取底部拦挡工程、坡面修整绿化和固化工程、上部截排水工程等。露天开采矿山地质灾害发生在地表,技术上可行。

（二）含水层防治的可行性分析

矿山开采对含水层的破坏主要表现在含水层结构破坏、水位下降、水量减少和水质污染。地下开采矿山疏干排水是必要的，对含水层结构破坏也是必然的，修复难度大，采矿疏干排水和含水层保护是一对矛盾，需要认真分析。根据绿色矿山建设相关规范，在生态脆弱地区、井下强含水层或地下严重渗漏区，应当采用保水开采技术；有可能与重要河流、水库、民用水源地有联通的开采区，应通过帷幕灌浆、隔水层加固等措施进行有效隔离。

开采对含水层水质的影响，可以通过定期的水质监测，找出污染源，在开采过程中尽量减少污染，通过地表矿坑水的处理达标排放，既能够提高地下水的利用率也可以减少对地下、地表水的污染，技术上可行。

（三）地形地貌景观治理的可行性分析

地下开采塌陷区改变了原有的地形地貌，造成对地形地貌景观的破坏，主要在沉陷稳定后采取工程措施、复绿措施、监测措施等，能够有效预防矿山活动对地形地貌景观的破坏，技术上可行。

工业场地、废石场、尾矿库等引发的矿山地质环境问题较多、规模较大，采取截排水、废弃物清理、填埋、覆盖、平整、生态恢复等措施，能够有效恢复地形地貌景观，技术上可行。

对矿区煤矸石、固体废物采取集中堆放，覆土生态恢复，能够减轻对地形地貌景观的影响。

对于露天开采矿山形成的高陡边坡，采取截排水工程、危岩体清除工程、削坡工程，开采平台上修建挡土保水岸墙、覆土、植树种草等措施，恢复地形地貌景观，技术上可行。

（四）挖损、塌陷、压占对土壤的影响分析

土壤具有供应和协调植物生长发育所必需的水分、养分、空气、热量及其他生长条件的能力，土地自然生产力主要取决于土壤的肥力水平。土壤是土地资源质量的主要影响因素，是农业生产的基本资源。土壤表土层历经了千万年生物积累，有机质含量高，肥力较高，适宜农作物和植物的生长。土壤具有典型的层次性，自然表土层到底层土壤的垂直剖面中，不同的层次剖面具有不同的性质。矿山开采对土壤的破坏主要表现在开挖、堆放、回填过程中人工踩踏、机械设备碾压等物理作用，扰乱和破坏土壤结构，对土壤的层次、结构、性质、肥力等方面均有很大程度的影响，降低了土壤的保耕、育林性能，导致生产力和植被覆盖率下降。

露天开采挖损将使地形地貌发生剧烈变化，不同程度地扰乱土壤结构，破坏表层熟土。挖损扰动、破坏原有的地表形态、土层构型、土壤理化性状，使得土地生产力衰减或丧失。对表土挖、填，使土壤层次扰动，使心土层及底土层出露于地表，心土层和底土层在结构、透气性、保水性、肥力等方面，均无法达到原表土层的状况。采取表土剥离、熟土回覆、生土熟化、施肥等措施，可以修复土壤结构，提高土壤有机质及养分含量，技术上可行。

采空塌陷将引起地表移动、地面塌陷和地裂缝等地表变形，将使部分耕地产生倾斜，改变原有地表形态。耕地起伏不平或支离破碎，水、土、肥流失，耕作难度加大，同时影响地表植被的涵养水源，进而使土地沙化，导致土壤养分的损失。针对地面塌陷的具体情况，通过采取土地平整、削高填低、挖深垫浅等工程治理措施，对塌陷区土地进行复垦治理，技术上可行。

土地压占使土壤更为紧实，相对体积质量及密度增大，土壤原有孔隙系统及结构被破坏，协调水、肥、气、热的能力下降，占压区的植被生产力恢复需要一定的年限。通过翻耕、施肥等措施，对土壤压实区进行治理，技术上可行。

二、经济可行性分析

经济可行性分析包括矿山生产规模、矿产品单价、年度利润、基金占税前利润的比率。

矿山企业在开采过程中，不断提供有用的矿产资源，照章纳税，同时有资金进行矿山地质环境保护和恢复。通过对矿山地质灾害、含水层、地形地貌景观、水土污染等方面的治理和监测，不仅使矿山企业承担了矿山地质环境修复的义务，而且使矿山地质环境得到保护和恢复，减少了矿山地质环境问题所造成的损失。《方案》实施后可将采矿用地、荒地恢复为耕地、林地和建设用地，提高了土地的利用效率，

美化了生态环境,同时可增加当地村民收入,经济效益良好。

三、生态环境协调性可行性分析

(一)有利于改善矿区生态环境

采空塌陷将引起植被、地表形态和地形地貌景观的变化,同时引发水土流失、土地荒漠化、地表沉陷、次生地质灾害和地下水位下降等一系列矿山地质环境问题。对采空区及时回填,可以减少或避免地面塌陷及地裂缝等地质灾害的发生。采空塌陷及地裂缝破坏了土地资源,特别是在村庄下部开采,严重影响企业与村民的关系。实施采空区回填工程,可有效避免塌陷,能较好地保护当地的生态环境,具有社会稳定等方面的意义。

(二)有利于保护生物多样性

矿山开采,特别是露天开采,主要表现在植被破坏和爆破伤害,间接影响到野生动物的生存空间和环境,使其群落组成和数量发生变化。植物为野生动物的生存提供了食物、隐蔽等生存条件,植被减少或质量下降使野生动物的生存空间和生存质量下降,野生动物的种群和个体均受到影响。例如,飞禽种群减少,林地虫害增加;猛禽减少,农田鼠害增加等。

矿山地质环境恢复治理后,植被覆盖率将会提高,能有效遏制项目区及周边环境的恶化,在合理管护的基础上能够最终实现植物生态系统的多样性与稳定性,吸引周边动物群落的回迁,增加动物群落多样性,达到植物群落和动物群落的动态平衡。

(三)有利于水土保持和改善生态环境

采矿活动破坏了植被,改变了地表形态和地表径流等,这些因素均会加剧水土流失。水土流失将降低土地的肥力及可耕性,导致沟渠、河道的淤积。矿山建设期由于平整场地、表土的剥离,生产期土石方转运和堆放等工程改变了原有地貌和植被,扰动了地表土层结构,使施工区内地表裸露,地表抗侵蚀能力降低,在水力、风力的作用下,易产生水土流失。露天开采矿山,特别是剥采比较大的铁矿、铝土矿、煤矿等,均在生态环境比较脆弱的地区,其导致水土流失的程度更为严重。

土地是一个自然、经济、社会的综合体,同时是一个巨大的生态系统。由于矿山开采对地表植被产生严重损毁,使水土流失加重,矿区生态环境产生了严重的损毁,所以对损毁区域进行植被重建是矿区生态环境治理工程的重要组成部分。通过切实有效的措施,改善土壤的理化性质以及土壤圈的生态环境;增加地表植被,促进野生动物繁殖;减少水土流失、美化环境;改善生物圈的生态环境。

(四)美化地貌景观,改善矿区生态环境

恢复与治理工作使矿区的生态结构更趋合理,设计与治理工程都增加了美的元素,美化了矿区地貌景观,促进了整个自然生态系统的融洽与协调;可以更好地调节气候,减少水土流失,改善生态环境。

第二节　矿区土地复垦可行性分析

一、复垦区土地利用现状

统计说明复垦区土地利用现状。采用地下开采方式的,要对地下开采与基本农田保护区重叠区域进行不可避让原因分析和评估分析。

列表说明复垦区及复垦责任范围内土地利用类型、数量、质量、损毁类型与损毁程度,说明基本农田所占比例、农田水利和田间道路等配套设施情况、主要农作物生产水平,必要时插图说明损毁土地情况。根据《土地利用现状分类》(GB/T 21010—2017)和矿山所在地国土资源部门出具的土地利用现状图,对复垦区及复垦责任范围内的土地利用现状进行统计,明确至二级地类。复垦区土地利用现状表见表4-1。

表 4-1　复垦区土地利用现状表

一级地类		二级地类		面积(hm²)	占总面积比例(%)
01	耕地	012	水浇地		
		013	旱地		
02	园地	021	果园		
03	林地	031	有林地		
		032	灌木林地		
04	草地	043	其他草地		
20	城镇村及工矿用地	203	村庄用地		
		204	采矿用地		
合计					

损毁前各类土地基本特征参数见表 4-2。

表 4-2　损毁前各类土地基本特征参数

序号	单元	原地类	原地类的土地基本特征参数			有机质含量(g/kg)	土壤质地	土壤容重(g/cm³)	其他
			坡度(°)	土层厚度(cm)					
				耕层	有效土层				
1	塌陷区	旱地							
		有林地							
		其他草地							
2	工业场地	旱地							
		有林地							
3	矿山道路	有林地							
4	露天采场	其他草地							
⋮	⋮	⋮	⋮	⋮	⋮	⋮	⋮	⋮	⋮

二、土地复垦适宜性评价

土地复垦适宜性评价是一种预测性的土地适宜性评价,是依据土地利用总体规划及相关规划,按照因地制宜的原则,在充分尊重土地权益人意志的前提下,依据原土地利用类型、土地损毁情况、公众参与意见等,在经济可行、技术合理的条件下,确定拟复垦土地的最佳利用方向,划分土地复垦单元;针对不同的评价单元,建立适宜性评价方法体系和评价指标体系,评价各单元的土地适宜性等级,明确其限制因素;通过方案比选,确定各评价单元的最终土地复垦方向,划定土地复垦单元。原则上优先复垦为耕地,耕地数量不能减少,质量不能降低。按照复垦方向、复垦工艺、复垦措施一致性原则划分土地复垦单元。

根据对损毁土地的分析和预测结果,在矿山地质环境防治工程部署的基础上,按照不同土地损毁单元、损毁地类、损毁程度等划分土地复垦评价单元,选择评价方法。明确评价依据及过程,列表说明各评价单元复垦后的初步利用方向、面积、限制性因素。

(一)土地复垦适宜性评价的原则

矿山开采损毁土地复垦适宜性评价是在全面了解复垦责任范围内土地自然属性、社会经济属性和土地损毁情况等的前提下,以土地有效利用为出发点,通过分析不同类型土地的特点,了解土地各因子在土地复垦中相互制约的内在规律,全面衡量复垦前某种用途土地的适宜性及适宜程度,从而为合理复垦利用土地资源提供科学依据,使有限的土地资源得以可持续利用。

土地适宜性评价是矿山开采损毁土地复垦工作的中心环节和决策依据,是土地复垦利用方向决策的基础,目的是评定被损毁土地对于某种用途是否适宜的程度及对拟复垦方向(农、林、牧、渔等)的适宜性、限制性及其程度差异的评定,为科学地制定土地复垦方向提供依据。

土地适宜性评价的基本原理是:以土地的自然要素和社会经济要素相结合作为鉴定指标,在现有的生产力经营水平和特定的土地利用方式条件下,综合分析被损毁土地对各种用途的适宜程度、质量高低及其限制状况等,通过工程和技术措施,对土地的用途和质量进行分类定级。

1. 符合土地利用总体规划,并与其他规划相协调原则

确定矿山损毁土地复垦适宜性评价时,不仅考虑被损毁土地的自然属性和损毁程度,而且应考虑矿山所在县市、乡镇土地利用总体规划、农业规划和城乡发展规划、旅游规划、生态防护规划、主体功能区规划等,对土地开发、利用、保护等方面统筹安排,与地区社会经济和生产发展同步考虑。

2. 因地制宜原则

在土地适宜性评价时,被损毁土地复垦后有效利用受外部环境和内在质量多种因素制约,既要分析研究复垦区土壤、气候、地貌、水土资源等自然因素,又要分析区位优势、种植习惯、社会需求等社会经济因素,同时要考虑被损毁的地类和损毁程度。做到因地制宜、扬长避短,发挥优势,宜农则农、宜林则林、宜牧则牧、易渔则渔,充分挖掘资源潜力,提高土地利用率,实现土地资源的集约、节约利用。交通不便的山区或坡度大于25°的边坡地,优先复垦为有林地,实践习近平总书记提出的"绿水青山就是金山银山"的科学论断。

3. 土地复垦耕地优先和综合效益最佳原则

在确定土地复垦方向时,复垦的土地优先用于农业,既要符合乡镇土地利用状态规划,又要考虑最佳的利用方向和综合效益,以最少的投入取得最佳的经济效益、社会效益和生态环境效益。应根据复垦单元的区域性和差异性等具体条件确定复垦方向,一般情况下,原来为农用地的地类优先考虑复垦为耕地,以贯彻保护耕地的基本国策。

4. 主导性限制因素与综合平衡原则

影响损毁复垦土地利用的主导性因素包括自然环境、塌陷深度、挖掘面积和深度、压占范围、边坡坡度及稳定性,复垦区土源、土壤肥力、排灌条件、区位优势等,根据复垦区自然环境、土地利用和土地损毁情况,分析影响损毁土地复垦利用的主导性限制因素,同时应兼顾其他限制因素。

5. 复垦后土地可持续利用原则

在综合分析自然因素和社会经济因素、区位因素的前提下,尚应考虑当地村民意愿,确定复垦土地的利用方向。复垦后的土地既能满足保护生物多样性和保护生态环境的需要,又能满足复垦区村民对土地的需求,保证土地复垦所选择的土地利用方向具有持续生产能力,防止二次损毁或污染,保持可持续发展。

6. 经济可行、技术合理性原则

矿山损毁土地在进行土地适宜性评价时,不同于一般的土地复垦,在综合分析损毁范围和损毁程度的基础上,结合复垦区的自然、经济和社会条件,既要考虑土地复垦的有效性,又要考虑技术条件的可能性和经济效益的合理性。复垦技术应保证复垦工作的顺利开展,复垦效果达到复垦标准的要求。土地复垦所需的费用应在保证复垦目标完整、复垦效果达到复垦标准的前提下,兼顾土地复垦成本,尽可能减轻企业负担。

7. 社会因素和经济因素相结合原则

在进行矿山损毁土地复垦适宜性评价时,既要考虑土地的质量等自然属性,也要考虑种植习惯、公众意愿、社会需求、生产力水平、生产布局等社会经济属性。考虑经济效益的同时,更应该考虑社会效益、生态效益、环境效益、防灾减灾效益。

(二)土地复垦适宜性评价的依据

1. 法律法规

《中华人民共和国土地管理法》《土地复垦条例》。

2. 地方法规

《县土地利用总体规划》《乡土地利用总体规划》。

3. 规程规范和标准依据

《土地复垦方案编制规程》(TD/T 1031.1~1031.7—2011)、《土地复垦质量控制标准》(TD/T 1036—2013)、《水土保持工程设计规范》(GB 51018—2014)、《耕地后备资源调查与评价技术规程》(TD/T 1007—2003)、《土地整治项目规划设计规范》(TD/T 1012—2016)、《土壤环境质量　农用地土壤污染风险管控标准(试行)》(GB 15618—2018)、《生产项目土地复垦验收规程》(TD/T 1044—2014)、《河南省土地开发整理项目工程建设标准》(豫国土资发〔2010〕105号)。

4. 矿区基础资料

矿区基础资料包括矿区自然条件、矿区土地利用现状、土地损毁预测分析资料、公众参与意见。

(三)评价范围

评价范围为复垦责任范围内全部损毁土地,见表4-3。

表4-3　土地适宜性评价范围

序号	开采矿山	评价范围
1	露天开采矿山	露天采场、矿山道路、废渣堆、排土场和表土堆场
2	地下开采金属矿山	拟采空塌陷区、废渣堆、选矿厂、尾矿库和管线、工业场地、矿山道路、表土堆场、取土场等
3	井工开采煤矿	塌陷区、矸石山、工业场地、矿山道路、塌陷区搬迁村庄遗址、表土堆场、取土场等

(四)评价单元划分

评价单元是土地的自然属性和社会经济属性基本一致的空间客体,是进行土地适宜性评价的基本空间单位。土地适宜性评价结果是通过对评价单元的土地构成因素质量的评价得出,因此评价单元划分对土地评价工作的实施至关重要,直接决定土地评价工作量的大小、评价结果的精度和成果的可应用性。在划分评价单元时,以土地破坏类型和人工复垦整治措施等来作为划分依据。

划分的评价单元应体现单元内部性质相对均一或相近;单元之间具有差异,能客观地反映出土地在一定时期和空间上的差异。评价单元宜依据复垦区土地的损毁类型、程度、限制因素和土壤类型等来划分。

1. 评价单元划分原则

土地复垦评价单元是能在图上加以区分的、具有特定土地特性和土地质量的土地复垦评价的基本单元,合理地划分影响到复垦后土地的利用方向。

矿山开采损毁土地评价单元宜依据复垦区土地的损毁类型和损毁程度、土地利用类型、限制因素和土壤类型等来划分。

(1)以损毁类型和损毁程度作为评价单元。露天采矿挖损损毁土地,地形发生剧烈变化,土壤剖面严重损毁,损毁程度为重度,每一个挖损区易单独作为一个评价单元(细分为3个评价单元)。塌陷区地表形态发生变化,但是土壤剖面结构未受到较大破坏,可结合塌陷区土地利用类型和损毁程度划分评价单元。压占区在复垦时,当压占物全部清除时,以原土地利用类型划分评价单元;当压占物保留在原地时,综合考虑堆积物的高度、坡度、平整度划分评价单元。

(2)以土地利用类型作为评价单元,以土壤、地形地貌、植被与土地利用现状的相对一致性作为划分依据,该划分方法适用于塌陷损毁土地评价单元的划分。在同一种土地利用类型中,以损毁程度和地块作为评价单元。

(3)以限制因素和土壤类型作为评价单元。

矿山损毁土地评价单元一般以损毁类型扣损毁程度来划分。

2. 评价单元的划分

根据矿山生产建设工艺流程、损毁类型、土地损毁环节与时序、损毁程度,结合复垦区土壤、气候、地形地貌、水文等条件以及植被状况、损毁土地特征等,将损毁土地划分为若干个预测单元。

划分评价单元是开展土地适宜性评价的基础,同一评价单元内土地特征及复垦利用方向和改良途径应基本一致。针对矿山生产活动损毁的土地和基础设施(含民用建筑、道路等)的情况,以复垦区土地利用现状图为底图,将塌陷区预测图和地形图进行叠加后,形成不同性质的图斑,将部分面积较小且性质相近的图斑进行合并;露天采场、工业场地、排土场、废渣堆、取土场、矿山道路等压占、挖损的区域,以损毁面积和损毁程度确定评价单元。

1)露天开采矿山复垦区评价单元划分

根据上述原则,露天开采矿山复垦区评价单元划分为 6 大类,作为露天开采矿山的评价单元,细分后见表4-4。

表4-4　露天开采矿山复垦区评价单元划分

序号	评价单元	损毁类型	损毁程度	面积(hm²)	序号	评价单元	损毁类型	损毁程度	面积(hm²)
1	A采场底部平台	挖损	重度		7	排土场顶部平台	压占	重度	
2	A采场开采平台	挖损	重度		8	排土场坡面	压占	重度	
3	A采场坡面	挖损	重度		9	排土场马道	压占	重度	
4	B采场坡面	挖损			10	表土堆场	压占	重度	
5	工业场地	压占			11	取土场	挖损	重度	
6	矿山道路	压占			合计				

注:露天开采矿山评价单元划分时一般不考虑原来土地利用类型。

(1)露天采场评价单元(细分有采场底部平台、采场开采平台、采场坡面);

(2)排土场评价单元(细分有顶部平台、马道、坡面、坡底部);

(3)工业场地(含碎石场、矿石堆放场)评价单元;

(4)矿山道路评价单元;

(5)表土堆场评价单元;

(6)有必要时,尚有取土场评价单元(细分有取土场底部、边坡)。

2)地下开采煤矿复垦区评价单元划分

煤矿损毁土地评价单元划分,按照损毁类型、土地利用类型、损毁程度细分,见表4-5。

表4-5　地下开采煤矿复垦区评价单元划分

序号	评价单元	损毁类型	损毁程度	面积(hm²)	序号	评价单元	损毁类型	损毁程度	面积(hm²)
1	A采区旱地	塌陷			6	村庄用地	压占	重度	
2	A采区有林地	塌陷			7	矸石场区	压占	重度	
3	B采区旱地	塌陷			8	取土场	挖损	重度	
4	⋮	塌陷			9	矿区道路			
5	工业场地	压占			10	合计			

注:按照不同的采区、损毁土地类型、损毁程度确定评价单元。

(1)塌陷区评价单元(细分有重度区、中度区、轻度区,按照土地类型细分旱地、有林地等);

(2)矸石场区评价单元(细分有废渣堆顶部平台、马道、坡面、渣堆底部);

(3)工业场地评价单元;

(4)矿山道路评价单元;

(5)塌陷区搬迁村庄遗址评价单元;

(6)表土堆场评价单元;

(7)有必要时,尚有取土场评价单元(细分有取土场底部、边坡)。

3)地下开采金属矿山评价单元划分

采空塌陷区评价单元;废渣堆评价单元(废渣堆顶部平台、马道、坡面、渣堆底部);选矿厂评价单元;尾矿库评价单元(细分有库区,尾矿坝坡面、安全平台等);工业场地评价单元;矿山道路评价单元;表土堆场评价单元;有必要时,尚有取土场评价单元。

4)按时序对损毁单元进行统计

根据已损毁土地、拟损毁土地和重复损毁的结果,对复垦责任范围内划分的评价单元进行列表统计(见表4-6)。

表4-6　土地适宜性评价单元划分结果表(以井工开采煤矿为例)

单元编号	损毁时序	评价单元	土地利用类型	面积(hm²)	损毁类型	损毁程度	备注
1	已损毁	塌陷区	旱地		塌陷		
2			有林地		塌陷		
3			⋮				
4		工业场地	旱地		压占		
5		矸石山			压占		
6	拟损毁	塌陷区					
合计							

(五)初步确定复垦方向

根据土地利用总体规划,并与生态环境保护规划相衔接,从该矿区实际出发,通过对矿区自然因素、社会经济因素、政策因素和公众意愿的分析,初步确定复垦责任范围内各复垦单元的土地复垦方向。

(六)指标法土地复垦适宜性评价体系和方法

根据对损毁土地的分析结果、划分评价单元,选择评价方法。通过适宜性评价,列表说明各评价单元复垦后的利用方向、面积、限制性因素。

依据土地利用总体规划及相关规划,按照因地制宜的原则,在充分尊重土地权益人意愿的前提下,根据原土地利用类型、土地损毁情况、公众参与意见等,在经济可行、技术合理的条件下,确定拟复垦土地的最佳利用方向(应明确至二级地类),划分土地复垦单元。

1.评价体系的确定

矿山损毁土地的复垦不同于新开垦土地,有许多局限性。比如,露天开采矿山的采场底部平台、安全平台、边坡均是完整坚硬的岩石,要复垦为农用地需要较为系统的工程措施和生物措施,否则不能取得良好的生态环境效益。矿山损毁土地复垦是在采取工程措施的前提下进行的,土地适宜性评价过程中,一般选择二级评价体系,即土地适宜类和土地质量等,土地质量等级分一等地、二等地和三等地,农用地复垦适宜性评价体系见表4-7。

表4-7　农用地复垦适宜性评价体系

土地适宜性	土地质量等级		
	宜耕	宜林	宜草
适宜类(A)	一等地(A1)	一等地(A1)	一等地(A1)
	二等地(A2)	二等地(A2)	二等地(A2)
	三等地(A3)	三等地(A3)	三等地(A3)
不适宜类(N)	不续分(N)	不续分(N)	不续分(N)

土地适宜性:反映土地对该种土地用途和利用方式有一定产出和效益,并不会产生土地退化和给临近土地造成不良后果。

不适宜类(N):反映土地对该种土地用途和利用方式不能利用或不能持续利用。

适宜类(A)土地质量等级分成一等地、二等地和三等地,暂不适宜类和不适宜类不续分。在土地适宜类(A)范围内,按土地适宜程度等级用阿拉伯数字表示。

一等地(A1):高度适宜,即土地对该种土地用途和利用方式没有限制性或只有轻微限制,经济效益好,能持续利用。

二等地（A2）：中度适宜，即土地对该种土地用途和利用方式的持续利用有中等程度的限制，经济效益一般，利用不当会引起土地退化。

三等地（A3）：勉强适宜，即土地对该种土地用途和利用方式的持续利用有较大的限制，经济效益差，利用不当容易产生土地退化。

2. 评价方法的选择

评价方法分为定性评价法和定量评价法两类。

1）定性评价法

定性评价法是对评价单元的原土地利用状况、土地损毁、公众参与、当地社会经济等情况进行综合定性分析，确定土地复垦方向和适宜性等级。

2）定量评价法

定量评价法包括极限条件法、综合指数法与多因素综合模糊法等，具体评价时可以采用其中一种方法，也可以将多种方法结合起来用。

（1）极限条件法。

极限条件法是对矿山开采损毁土地复垦适宜性评价时常用的方法，土地复垦在一定程度上就是对限制因素的改进，使其更适宜作物的生长。极限条件法是基于系统工程中"木桶原理"，即分类单元的最终质量取决于条件最差的因子的质量。极限条件法的计算公式如下：

$$Y_i = \min(Y_{ij}) \tag{4-1}$$

式中：Y_i 为第 i 个评价单元的最终分值；Y_{ij} 为第 i 个评价单元中第 j 参评因子的分值。

利用极限条件法只需确定复垦方向的限制性因子及相应参考标准，不同的复垦方向应根据影响该复垦方向的因素选择相应的评价因子。按照优先复垦为耕地的原则，首先将复垦土地对耕地适宜性进行评价，如果不适宜耕地复垦方向，在继续对林地复垦方向或其他地类复垦方向进行评价。

（2）综合指数法。

综合指数法的基本思路则是利用层次分析法计算的权重和模糊评判法取得的数值进行累乘，然后相加，最后计算出经济效益指标的综合评价指数。在确定一套合理的适宜性评价指标体系的基础上，对各项评价指标个体指数加权平均，计算出评价指标综合值，用以综合评价适宜程度的一种方法。综合指数法的计算公式如下：

$$R(j) = \sum_{i=1}^{n} F_i \times W_i \tag{4-2}$$

式中：$R(j)$ 为第 j 单元的综合得分；F_i 为第 i 个参评因子的等级指数；W_i 为第 i 个参评因子的权重值；n 为参评因子的个数。

（七）评价因子的确定与分级

矿山开采损毁土地适宜性评价是建立在损毁类型、损毁土地利用类型、损毁程度的基础上，采用适当的工程和生物措施对引发的地质灾害隐患进行防治，在对矿山地质环境恢复治理的基础上，选择相关的评价因子进行复垦责任范围内土地适宜性评价。矿山开采损毁土地适宜性评价不同于一般的土地整治项目，也不同于耕地后备资源调查与评价，有其自身的特殊性。应根据开采方式、损毁土地利用类型、损毁程度、采取的工程和生物措施，结合自然属性、社会和区位因素选择评价因子。

1. 按照损毁类型选择的评价因子

根据《耕地后备资源调查与评价技术规程》（TD/T 1007—2003），对于矿山开采塌陷、挖损、压占等损毁类型，进行土地复垦方向评价时，评价因子的选择见表4-8。

对于地下已经停止采矿或已采取防治体系的技术措施，地面已经呈稳定状态的稳定塌陷区采用塌陷地面坡度、塌陷深度、积水深度、盐分含量、土源保证率、地下水位、塌陷地面物质毒性等7项因子，必要时增加土壤质地、地表稳定性、灌溉条件、排水条件等评价因子。

挖损损毁土地采用挖损地面坡度、挖掘深度、积水深度、土源保证率、地下水位、排水条件、挖损地面物质毒性等7项因子评价待复垦挖损土地，必要时增加土壤质地、边坡稳定性等评价因子。

表 4-8　不同损毁类型的土地适宜性评价因子

损毁类型	评价因子	备注
塌陷	塌陷地面坡度	塌陷区地面的主导坡度。对拟采取覆土或其他工程措施恢复或平整地面的,按照治理后的地面坡度评价。地面坡度影响到复垦工程的难易程度
	塌陷深度	塌陷区地面相对于周围地面的平均深度(m)
	积水深度	塌陷区地面常年或作物生长期间积水的平均深度(m)
	盐分含量	表层易溶性盐分含量
	土源保证率	对达到拟种植作物一等地要求的有效土层厚度所需土方量的满足程度(%)
	地下水位	复垦后的地下水位,对拟种植水生作物的土地不做此项评价
	塌陷地面物质毒性	以污染物质对拟种植作物产量和品质的影响来衡量。对于采取覆土措施复垦的,覆土深度达 1 m 或对作物产量和品质不产生危害的不做此项评价
	土壤质地	塌陷区土地复垦方向为耕地应考虑
	地表稳定性	塌陷区土地用于建设用地或复垦为基本农田时应着重考虑
	灌溉条件	对拟复垦为水浇地要求的水源满足程度
	排水条件	对于地下水位较浅的地区,若复垦为耕地或园地,应考虑该因子
挖损	挖损地面坡度	挖损地面的主导坡度,对拟采取覆土(下部覆渣、顶部覆土)或其他工程措施恢复或整平地面的,按照整治后的地面评价
	挖掘深度	挖掘地面相对于周围地面的平均深度(m)
	积水深度	常年或作物生长期间积水的平均深度(m)
	土源保证率	对达到拟种植作物一等地要求的有效土层厚度所需土方量的满足程度(%)
	地下水位	复垦后的地下水位,对拟种植水生作物的土地不做此项评价
	排水条件	对于地下水位较浅的复垦区需要选择该因子
	挖损地面物质毒性	以污染物质对拟种植作物产量和品质的影响来衡量。对于采取覆土措施复垦的,覆土深度达 1 m 或对作物产量和品质不产生危害的不做此项评价
	土壤质地	塌陷区土地复垦方向为耕地应考虑
	边坡稳定性	复垦方向为建设用地、耕地、林地时应考虑该因子
压占	堆积物平整量	单位面积上需经工程平整的堆积物数量
	堆积物毒性	堆积物中有害物质残留在土壤中的含量及深度对拟种植作物的产量和质量的毒害程度
	堆积物坡度	堆积物的主导坡度;对拟采取覆土或其他工程措施复垦或整平地面的,按照整治后的地面坡度评价
	土源保证率	对达到一等地要求的有效土层厚度所需土方量的满足程度(%)
污染	污染物质毒性	以污染物质对拟种植作物产量和品质的影响来衡量
	土壤污染程度	用土壤污染指数(P)定量衡量,表达式为$(P) = \Sigma P_i$。式中,P_i为土壤中污染物 i 的污染指数,等于污染物质实测值与背景值的比值
	有效土层厚度	指地表到障碍土层或石质接触面的深度
	污染源治理率	用以衡量造成土地污染废弃的污染源的治理程度

压占损毁土地采用堆积物平整量、堆积物毒性、堆积物坡度、土源保证率等 4 项因子评价待复垦挖损土地。

污染损毁土地采用污染物质毒性、土壤污染程度、有效土层厚度、污染源治理率等 4 项因子评价待复垦挖损土地。

2.按照复垦方向选择的评价因子

1）复垦方向为耕地的评价因子

煤矿塌陷区土地复垦受到土地利用共性因素（地面坡度、土壤质地、有效土层厚度及排灌条件等）影响，一般选取的评价因子包括地表整形后的地面坡度、土壤质地、有效土层厚度、损毁程度、排灌条件、潜水位、土壤污染程度和区位优势。露天开采矿山底部平台复垦为耕地时评价因子主要为有效土层厚度，其次为排灌条件、周边边坡稳定性、底部平台面积等。排土场复垦为耕地时评价因子有沉降稳定性、土层厚度、边坡稳定性等。

2）复垦方向为有林地的评价因子

在露天开采的石灰岩、花岗岩等矿山，开采台阶上一般采取植树种草进行复垦，达到复绿效果。在开采台阶上覆盖一定厚度的土层，采取保土、保水措施。在开采台阶治理时应结合实际情况在平台边缘处修筑挡土墙，防止水土流失。一般选取的评价因子有地表整形后的地面坡度、土层厚度、边坡稳定性、土壤污染程度等。

3）复垦方向为草地的评价因子

一般选取的评价因子有地表整形后的土层厚度、地面坡度等。

4）复垦方向为建设用地的评价因子

对于城市、城镇周边的矿山，应结合地区中长期发展规划和城镇发展规划、旅游发展规划等，当复垦区用作建设场地时，评价因子和主要限制因子包括地面坡度、高陡边坡稳定性、地基稳定性、自然排水条件、填埋废渣的污染程度等。一般选取的评价因子有地面坡度、边坡稳定性、地基稳定性、土壤污染程度、排水条件、交通条件等。

3.构建评价体系

在《土地复垦质量控制标准》（TD/T 1036—2013）和《耕地地力调查与质量评价技术规程》（NY/T 1634—2008）等规程指导下，合理选择评价因子和评价标准，构建完整的指标分级标准和评价指标体系。指标体系和相应的指标分级标准建立应兼顾复垦标准及后期的复垦验收。

1）地下开采煤矿土地适宜性评价指标体系

农用地适宜性评价因子分自然因素因子和经济区位因素因子，自然因素因子包括地面坡度、土壤质地、有效土层厚度、土体构型、土壤母质、pH、有机质含量、土壤侵蚀、地下水位等；经济区位因素因子包括土地利用类型、灌溉条件、排水条件、交通条件、污染程度、经营规模等。共选出8项评价因子，分别为地面坡度、土壤质地、有效土层厚度、灌溉条件、排水条件、损毁程度、污染程度、交通条件。土地适宜性评价因子、主要限制因子及复垦方向见表4-9。

表4-9　复垦区农用地适宜性评价体系

评价因子及分级指标		宜农评价	宜林评价	宜草评价	适用范围
地面坡度（°）	<6	A1	A1	A1	塌陷损毁、压占损毁（堆积物地面坡度）、挖损损毁
	6~15	A2	A2	A1	
	15~25	A3	A2	A2	
	>25	N	A3	A3	
土壤质地	壤土	A1	A1	A1	塌陷损毁、压占损毁、挖损损毁
	黏土、砂壤土	A2	A1	A1	
	重黏土、砂土	A3	A2	A2	
	砾土、石质土	N	A3	A3	
有效土层厚度（cm）	>100	A1	A1	A1	塌陷损毁、压占损毁、挖损损毁
	80~100	A2	A1	A1	
	30~80	A3	A2	A1	
	<30	N	A3	A2	

续表 4-9

评价因子及分级指标		宜农评价	宜林评价	宜草评价	适用范围
灌溉条件	特定阶段有灌溉水源	A1	A1	A1	塌陷损毁、挖损损毁
	灌溉水源保证差	A2	A2	A2	
	无灌溉水源	A3	A3	A2	
排水条件	不淹没或偶然淹没、排水好	A1	A1	A1	塌陷损毁、挖损损毁
	季节性短期淹没、排水较好	A2	A2	A2	
	季节性较长期淹没、排水差	A3	A3	A3	
	常年积水	N	A3	A3	
损毁程度	轻度	A1	A1	A1	塌陷损毁
	中度	A2	A2	A1	
	重度	A3	A3	A2	
污染程度	较轻	A3	A1	A1	塌陷损毁、压占损毁、挖损损毁
	较严重	N	A2	A2	
	严重	N	A3	A3	
交通条件	交通便利,便于攀爬	A1	A1	A1	塌陷损毁、压占损毁、挖损损毁
	交通较便利,不便攀爬	A3	A2	A1	
	交通不便,不便攀爬	N	A2	A2	

注:1. 土地适宜性评价过程中 A1、A2、A3 代表适宜、基本适宜和勉强适宜,N 代表暂不适宜。

2. 本体系为通用指标,对于不同的矿山和地区,评价指标可以调整。

表 4-9 是建立在地貌重塑、土壤重构的基础上,是采取工程技术措施后再进行适宜性评价的。损毁程度在对塌陷损毁土地适宜性评价中有一定的指导作用,但是对重度挖损、长期压占损毁区基本没有意义。根据研究区社会经济发展和村民对土地资源的需求力度,在确定土地复垦方向时,主要对耕地、林地和草地的土地复垦适宜性进行评价。

分析时应说明类比区的复垦土地利用方向、复垦时间、复垦工艺、污染防治措施、土壤重构、复垦植被类型、配置模式、监测和管护措施等。

2)露天开采矿山土地适宜性评价指标体系

明确评价依据及过程,列表说明各评价单元复垦后的利用方向、面积、限制性因素。

依据土地利用总体规划及相关规划,按照因地制宜的原则,在充分尊重土地权益人意愿的前提下,根据原土地利用类型、土地损毁情况、公众参与意见等,在经济可行、技术合理的条件下,针对排土场台阶坡面、排土场平盘、台阶坡面、采场平盘、表土堆放场等划分土地复垦评价单元。

选择岩土污染程度、重塑地面坡度、地表物质组成、非均匀沉降、有效覆盖土厚度、有机质含量、土壤容重等评价指标,宜选用极限条件或类比分析等方法确定复垦土地的最佳利用方向。

露天开采挖损土地复垦农用地的评价因子有挖损地面坡度、挖掘深度、积水深度、土源保证率、地下水位、挖损地面物质毒性等。

有类比区的,应说明类比区的复垦时间、复垦工艺、土壤重构措施、复垦土地利用方向、复垦植被类型、植被配置模式、管护措施等,附类比区复垦效果图。

例如,豫西某铝土矿矿山,露天开采,695 m 标高以下为下部废石、上部黏壤土回填;695 m 标高以上黄土边坡和岩石边坡进行坡面整形,岩石平台进行外缘浆砌石拦挡、内部覆土处理,黄土平台进行平整,废石场顶部、坡面、工业场地和矿山道路在地面整形后覆土。该矿山土地适宜性评价因子、主要限制因子及复垦方向见表 4-10。根据表 4-9,评价单元农用地适宜性评价等级见表 4-11。

表 4-10　评价单元评价因子和主要限制因子

序号	评价单元	地面坡度(°)	土壤质地	有效土层厚度(cm)	灌溉条件	排水条件	损毁程度
1	695 m 标高以下回填区	<6	回填黏壤土	100			重度
2	695 m 标高以上黄土平台	<6	黏壤土	80~100			重度
3	45°黄土边坡	45	黏壤土	80~100			重度
4	695 m 标高以上岩石平台	<6	回填黏壤土	50	水源保证差	排水好	重度
5	65°岩石边坡	65	石质	0			重度
6	废石场顶部平台	<3	覆盖黏壤土	200			重度
7	废石场(L4)坡面	30	回填黏壤土	80~100			重度
8	工业场地	<6	回填黏壤土	50~80			重度
9	矿山道路	6~15	回填黏壤土	50~80			重度

注:表中地面坡度、土壤质地、有效土层厚度、灌溉条件、排水条件等是建立在采区复垦工程措施的基础上。

表 4-11　评价单元农用地适宜性评价等级

序号	评价单元	工程措施	宜耕评价	宜林评价	宜草评价
1	695 m 标高以下回填区	地表整形、覆土	A2	A1	A1
2	695 m 标高以上黄土平台	坡面整形	N	A2	A1
3	45°黄土边坡	坡面整形	N	A3	A3
4	695 m 标高以上岩石平台	地表整形、覆土	N	A3	A1
5	65°岩石边坡	地表整形	N	N	N
6	废石场顶部平台	地表整形、覆土	A2	A1	A1
7	废石场(L4)坡面	地表整形、覆土	N	A3	A2
8	工业场地	地表整形、覆土	A3	A1	A1
9	矿山道路	地表整形、覆土	N	A2	A3

3)地下开采金属矿山土地适宜性评价指标体系

应对各类场地划分土地复垦评价单元。评价单元划分依据包括地面坡度、地表物质组成、有效覆土厚度、潜在污染物等指标。

采用类比分析法应说明类比区的复垦土地利用方向、复垦时间、复垦工艺、污染防治措施、土壤重构、复垦植被类型、配置模式、监测和管护措施等。

无客土覆盖的尾矿库等废弃场地的复垦,应进行无覆土复垦的可行性论证分析。

依据适宜性评价结果,应列表说明各复垦单元土地利用方向的适宜性。

考虑到选厂、尾矿库点多、面广、线长、分散性和不确定性的特点,确定土地复垦方向应首先考虑与原(或周边)土地利用类型或土地利用总体规划尽可能地保持一致。

(八)权重法土地复垦适宜性评价体系和方法

权重法土地复垦适宜性评价体系的确定、评价因子的选择等与前相同。

煤矿采空塌陷区土地复垦适宜性评价选取 7 个评价因子:塌陷深度、地面坡度、土壤质量及砾石含量、灌溉条件、土地稳定性、排水条件、损毁程度,根据不同的复垦方向选取不同的权重值。对于井下采煤形成的塌陷区宜采用指数和法进行适宜性评价,指标的权重和等级标准见表 4-12~表 4-15。

表 4-12　塌陷损毁土地评价因素、等级标准和权重

评价因素	权重	因素特征分级标准	分值
塌陷深度(m)	0.15	<2	90
		2~5	60
		>5	30
地面坡度(°)	0.14	≤6	100
		6~15	80
		15~25	60
		≥25	40
土壤质地及砾石含量	0.16	壤土	100
		砂壤土	80
		砂土或石砾含量15%~50%	60
		石质或石砾含量>50%	40
灌溉条件	0.15	有稳定灌溉条件	100
		特定阶段有稳定灌溉条件(50%~60%)	80
		灌溉水源保证差(40%~50%)	60
		无灌溉水源(<40%)	40
土地稳定性	0.16	稳定	100
		中等稳定	80
		较稳定	60
		不稳定	40
排水条件	0.11	良好	100
		中等	80
		一般	60
		差	40
损毁程度	0.13	轻度	90
		中度	60
		重度	30

表 4-13　待复垦区适宜性评价参评单元土地性质

	评价单元		塌陷深度(mm)	地面坡度(°)	土壤质地及砾石含量	灌溉条件	土地稳定性	排水条件	损毁程度
1	工业场地								
2	矸石场								
3	××采区预测塌陷区	旱地轻度损毁							
4		旱地中度损毁							
5		旱地重度损毁							
6		村庄用地							
7	××预测塌陷区	旱地轻度损毁							
8		旱地中度损毁							
9		村庄用地							
合计									

表4-14　待复垦区适宜性评价参评单元打分表

单元序号	评价单元		评价指标及权重							打分结果
			塌陷深度（mm）	地面坡度（°）	土壤质地及砾石含量	灌溉条件	土地稳定性	排水条件	损毁程度	
			0.15	0.14	0.16	0.15	0.16	0.11	0.13	
1	工业场地									
2	矸石场									
3	××采区预测塌陷区	旱地轻度损毁								
4		旱地中度损毁								
5		旱地重度损毁								
6		村庄用地								
7	××采区预测塌陷区	旱地轻度损毁								
8		旱地中度损毁								
9		村庄用地								
合计										

表4-15　评价等级分值

分值	适宜性评价等级		
	宜耕	宜林	宜草
80～100	一等地（A1）	一等地（A1）	一等地（A1）
70～80	二等地（A2）	一等地（A1）	一等地（A1）
60～70	三等地（A3）	二等地（A2）	二等地（A2）
<60	三等地（A3）或不适宜	三等地（A3）	三等地（A3）

根据各参评因子的权重及适宜性评价等级，经过综合打分，最终得出待复垦区土地适宜性综合评价结果，见表4-16。

表4-16　土地适宜性综合评价结果

评价单元		单元面积（hm²）	综合打分	土地质量等		
				宜耕	宜林	宜草
1	工业场地					
2	矸石场					
3	××12采区预测塌陷区	旱地轻度损毁				
4		旱地中度损毁				
5		旱地重度损毁				
6		村庄用地				
7	××13采区预测塌陷区	旱地轻度损毁				
8		林地轻度损毁				
9		村庄用地				
合计						

（九）确定最终复垦方向和划分复垦单元

依据适宜性等级评价结果，对于多宜性的评价单元，需综合分析当地自然条件、社会条件、土地复垦类比分析和工程施工难易程度等情况，确定最终复垦方向并简单阐述方案比选的过程。依据土地复垦适宜性评价结果，保证耕地面积不减少；考虑到自然植被为长期自然选择的结果，拟将林地仍恢复为原有的利用类型。

根据评价单元的最终复垦方向，从工程施工角度将采取的复垦标准和措施一致的评价单元合并为一类复垦单元。土地复垦适宜性评价结果要汇总列表（见表4-17），要在土地复垦规划图上标出土地复垦单元。

表4-17　土地复垦适宜性评价结果表

评价单元	复垦前地类（二级地类）	复垦利用方向	复垦面积（hm²）	复垦单元	备注

三、水土资源平衡分析

（一）水资源供需平衡分析

水浇地（水田）、植树种草等需要灌溉供水的，应进行水资源平衡分析。明确水源地、供水方法和措施，定量分析水量供需及水质情况。

1. 需水量分析

1）复垦方向为水浇地的需水量分析

根据复垦区气候条件，复垦方向为旱地的，一般不进行需水量分析。当气候条件适合、水源充足，复垦方向为水浇地时需要对水浇地进行需水量分析。河南省平原和丘陵地区，多为一年两熟的轮作制，按照《农业用水定额》（DB 41/T 958—2014），确定作物在相应灌溉设计保证率的灌溉用水定额，计算水浇地灌溉需水量。

2）复垦方向为林地的需水量分析

以栽种树木的株数，每年浇灌次数、每次每株浇水量，确定需水量。

平均一株树一次浇水70~100 L，年降水量800 mm以上的地区，一年浇水4~5次；年降水量低于800 mm的地区，每年浇水6~7次，计算年度养护期内的需水量。

3）复垦方向为草地的需水量分析

河南省基本没有天然牧草地，复垦方向确定为草地时，多为其他草地。对于露天采坑、采矿平台、排土场边坡，废渣堆，尾矿库等覆土后播撒的草籽一般不养护，依靠大气降水即可生长。

4）土地复垦需水量统计

复垦区位于豫西灌溉分区，一年两熟的轮作制（小麦、玉米），复垦责任范围内拟复垦水浇地100亩❶、旱地500亩、有林地60亩（株行距2 m×2 m，10 000株），该复垦责任范围内年需水量14 000~15 500 m³，见表4-18。

表4-18　复垦责任区需水量统计汇总

作物名称	定额单位	灌溉定额	复垦数量	需水量（m³）	说明
小麦	m³/亩	40~45	100亩	4 000~4 500	豫西区
玉米	m³/亩	30~40	100亩	3 000~4 000	豫西区
有林地	L/株	100	10 000株	7 000	豫西区，一年浇水7次
合计				14 000~15 500	

---

❶　1亩=1/15 hm²，下同。

2. 供水量分析

山区可利用水量主要为大气降水在矿山内及周边形成的溪流、矿山开采过程中排除的矿坑水;丘陵地区可利用水量主要为大气降水、坑道排水、水塘、地下井水等;平原地区灌区可利用水量主要为大气降水、坑道排水、水渠、地下井水等。

1)大气降水分析

河南省各地区降水量不同,年内分配不均,多集中在每年的 5~9 月,占全年的 60% 以上。大气降水是项目区地下水补给的主要来源。项目区土壤平均年降水入渗系数按照地区经验选取,大气降水汇集到水塘、水库中的水可以利用,一般不能作为复垦用水源。

2)矿井(坑道)排水量分析

对于地下开采矿山,采矿过程也是对含水层结构破坏的过程,疏干排水是安全生产的首要条件。排出的地下水可通过净化处理用于农田灌溉,作为矿山开采期灌溉水源之一。煤矿开采过程中,疏干排水量较大,一般能满足开采期间复垦灌溉的需要,水质应符合《农田灌溉水质标准》(GB 5084—2005)的指标要求。金属矿山疏干排水量较小,但多位于山区,复垦方向为林地,其需水量较小,一般能满足林木浇灌需求。

对于露天开采矿山,开采层位一般位于侵蚀基准面以上,开采中一般不抽排地下水。

3)地下井水分析

当大气降水、矿坑水、水塘等不能满足灌溉需求时,采用打井抽水灌溉方式,考虑到经济性,农用井井深一般不大于 200 m。

3. 水资源供需平衡分析

将需水量与可供水量进行对比分析,判断供水是否满足需水要求。

(二)土资源平衡分析

对矿山生产弃土、废渣堆放处理进行平衡分析,重点结合复垦区表土情况、复垦方向、标准和措施,进行表土量供求平衡分析。

1. 土壤耕层厚度与有效土层厚度

为使农作物正常生长,获得应有的复垦效果,必须保证复垦后土地在不同立地条件下有一定的的土壤耕层厚度和有效土层厚度。《土地复垦质量控制标准》(TD/T 1036—2013)已经规定了不同作物品种需要不同的土层厚度。主要作物适宜的土层厚度参考标准见表4-19。

表4-19　主要作物适宜的土层厚度参考标准

作物种类	土层厚度(cm)	
	最佳厚度	临界厚度
小麦、大麦、高粱、玉米、大豆	>50	25~50
棉花、甜菜、薯类、土豆	>75	50~75
水稻	>100	50~100
花生	>100	75~100
橡胶、茶树、柑橘	>150	75~150

露天开采的石灰岩矿山、花岗岩矿山,矿山闭坑后开采台阶、边坡、底部平台等基本是裸露的完整基岩,若在此岩石上进行复垦,必须有一定的土层厚度,否则农作物、林草等基本无法成活。《土地复垦质量控制标准》(TD/T 1036—2013)要求的土层厚度是建立在原始的自然状态下,有效土层下部有一定的土壤层,即使是岩石层,其经历千万年的风化和生物化学作用,岩石内部有大量的节理、裂隙,植物根系能够深深扎入裂隙中吸收营养与水分。如果是完整的岩石,植物根系无法深入,仅靠覆盖的0.3~0.5 m厚的土层,基本无法成活,因此应增加覆土厚度。

2.不同复垦单元需土量分析

1)塌陷区复垦单元需土量分析

塌陷区复垦的需土量,应结合地表重塑、土壤重构等工程合理确定。当塌陷形成较大规模的宽缓盆地时,盆地中央基本不需要覆土;特别是煤矿采空塌陷区,由于煤层连续、产状较缓,复垦区仅需剥土、平整、回覆等工程措施,一般不需要外部土源。但是在丘陵地区、塌陷盆地的边缘,则根据塌陷后地形高差,沿地形等高线修筑成梯田,复垦工程采取表土剥离、挖高填低、表土回覆的工程措施。金属矿山矿脉产状较陡,塌陷时间和塌陷规模较难确定。根据以往金属矿山塌陷资料,矿脉较薄、埋藏较深时一般不塌陷,土地复垦时不需要外来土源;而斑岩型矿床,采厚大,若塌陷将形成巨大的塌陷坑,必须采用剥离的废石回填后方可覆土复垦。根据复垦方向、面积、覆土厚度等计算需土量。

2)地裂缝回填需土量分析

根据采深采厚比、地形条件和采空塌陷形成地裂缝的面积、密度、宽度、长度、深度,估算需土量,地裂缝回填一般采取"表土剥离—裂缝回填—表土回覆"的措施,裂缝回填一般不需要外部土源,特殊情况下也可用客土回填裂缝。

3)露天开采平台复垦需土量分析

露天开采平台的复垦方向一般为植树和种草,恢复植被和生态环境。在土源缺乏地区,采用在基岩上凿坑换土植树。根据树种、株行距、树坑直径和深度确定需土量。当土源充足时,可在开采台阶边缘砌筑挡土保水岸墙,内部填充土壤(下部渣土40 cm、上部土壤层40 cm),植树种草。

4)采场底部平台复垦需土量分析

采石场闭坑时,采场底部基本为一个面积较大的宽缓平台,当采矿剥离的风化岩石量较大而未加利用时,可在闭坑后用于填充采场,回填高度为0.5～0.8 m(根据物源适当确定),其上部覆土0.5 m左右,复垦方向为耕地;当回填物源欠缺时,在基岩上凿坑换土植树,恢复成林地,林间撒播草籽。

5)凹陷式露天采坑复垦需土量分析

当采矿形成的采坑低于周边地形时,回填剥离的废弃物料,然后覆土复耕。当缺少回填物料时,预留积水坑作为鱼塘或蓄水塘,周边基岩上凿坑换土植树,恢复成林地。

6)废渣堆复垦需土量分析

当金属矿山废石场堆存的废石块度大小不一、空隙度较大、覆土较薄时,在雨水作用下短期内渗入到空隙中,废石仍处于裸露状态,应增加覆土厚度。煤矸石、含硫化物、氟化物的废石、废渣在堆放过程中,受日晒雨淋的物理和化学作用,在大气降水作用下,有毒有害废水、固体废物淋滤液渗入地下或流入河道,为防止对地下水和土壤构成污染,在有害元素含量较大的废渣堆上覆土厚度应增加。矿山排土场覆土厚度标准参见表4-20。

表4-20　矿山排土场覆土厚度标准

废弃地种类	露天矿排土场	黑色金属矿山	建筑垃圾	有毒物废渣	无毒物质回填矿坑	含硫高的酸性废石	粉煤灰	煤矿新排矸石
覆土厚度(m)	0.4～0.8	0.4～0.6	>0.6	>0.5	>0.5	>0.5	>0.3	>0.3

7)尾矿库复垦需土量分析

有色金属尾矿库堆存的尾矿砂内含有一定量的重金属元素、选矿药剂、有毒有害元素,覆土厚度较小时,植被不易生长,当尾矿库关闭时,可覆盖厚度0.5～0.8 m的废石或碎石土,平整后再覆盖土壤50 cm。对于酸碱性较强的尾矿砂(赤泥),可直接挖坑、换土植树,选择耐酸或耐碱的物种,也可综合采取物理、化学与生物改良措施,不允许种植农作物和栽种果树。无毒、无害的尾矿库,可直接覆土,覆土厚度大于50 cm,预防风蚀或水土流失构成环境破坏。

8）工业场地复垦需土量分析

工业场地地形平坦，复垦方向一般为耕地。当矿山关闭、建筑物拆除、建筑基础挖掘后，进行平整处理，覆土厚度 50 cm，并采取施肥等措施，提高土壤有机质含量。

9）废弃村庄复垦需土量分析

受采空塌陷的影响，部分村庄将搬迁，搬迁后的村庄用地一般恢复成耕地。一般将地表建筑垃圾清运，老房屋地基清除清运后，在房基处覆土，然后平整、松土翻耕。覆土量为老房基础的清运量。

10）复垦区需土量分析

复垦区需土量汇总见表 4-21。

表 4-21　复垦区需土量汇总

序号	复垦单元	复垦方向	复垦面积（hm²）	覆土厚度（cm）	需土量（m³）	备注
1	塌陷区	旱地				
2	工业场地	旱地				
3	废弃村庄	旱地				
4	废渣堆	有林地				
5	尾矿库	有林地				
6	开采台阶	有林地				
7	⋮					
8	取土场					
合计						

3. 供土量分析

（1）表土剥离。根据《耕作层土壤剥离利用技术规范》（TD/T 1048—2016），露天采场、工业场地、排土场、废渣场等在进行基本建设之前，应视土壤类型必须对表土进行剥离，一般剥离表土厚度 30 cm，单独堆放在表土存放场，用于土地复垦，表土堆放时应有良好的保护措施。对矿区耕作土壤的剥离，应对耕作层和心土层单独剥离与回填。

（2）土壤剥离。对于土壤比较缺乏的露天开采矿山（饰面用花岗岩、建筑石料），表土剥离之后，其下部的土壤应全部剥离，单独存放，用于后期土地复垦。当对工业场地进行平整，下部有较大厚度的土层时，为了后期复垦的需要，可以多剥离一定厚度。

（3）矿证范围内及周边有土源时，对提供的土源地、土壤的母质、质地、pH、有机质含量、全氮含量、有效磷含量、速效钾含量等进行综合评价分析。需外购土源的，应说明外购土源的土源位置、可采量、运距，并提供相关证明材料。

（4）在黄土覆盖的丘陵地区，取土场选择在土层厚度较大、土壤质地较好的地区，取土厚度 3～5 m，并保持与周边地形相协调，避免取土厚度过薄、损毁面积过大，又构成新的破坏。

（5）项目区内各复垦评价单元剥离表土与土源提供土量列表说明。

无土源情况下，可综合采取物理、化学与生物等改良措施。

4. 土资源综合平衡分析表

复垦单元较多时，列表说明，见表 4-22。土源不足的地区，自然沉实后的覆土厚度 <0.3 m 或进行无覆土复垦的，仅限种植灌草类物种。

表 4-22　复垦区土量供需平衡分析表

编号	复垦单元	原地类	可利用量(m³)	复垦地类	面积(hm²)	需土量(m³)	差额(m³)
1	塌陷区						
2	露天采场						
3	工业场地						
4	废石场						
5	尾矿库						
⋮							

注:"复垦地类"一栏,根据复垦方向确定。

四、土地复垦质量要求

依据土地复垦相关技术标准,结合复垦区实际情况,针对不同复垦方向提出不同土地复垦单元的土地复垦质量要求。

(一)土地复垦技术质量控制基本原则

1.总则

按照"统一规划,源头控制,防复结合"的原则,以土地复垦目标为准则,以规划用地红线图为限度,加强预防控制措施。要严格控制用地规模,防止规划外的土地占压和损毁;预防项目区的水土流失,防止对外造成污染;使生产建设方案与土地复垦方案措施相协调。

2.制定依据

土地复垦质量标准是根据复垦区内土地损毁状况、土地复垦方向、地区经验,参照《土地复垦质量控制标准》(TD/T 1036—2013)等相关标准和《高标准基本农田建设规范(试行)》(国土资发〔2011〕144号)、《河南省土地开发整理工程建设标准》(豫国土资发〔2010〕105 号),确定复垦区的土地复垦质量标准。

(二)土地复垦质量指标体系

《土地复垦质量控制标准》(TD/T 1036—2013)对复垦为耕地、园地、林地、草地、建设用地等土地复垦利用方向的土地复垦质量控制参数提出了具体要求,见表 4-23。

表 4-23　土地复垦质量控制参数

地类	土地复垦质量控制参数			
	地形	土壤质量	配套设施	生产力水平
耕地	地面坡度、平整度	有效土层厚度、土壤容重、土壤质地、砾石含量、pH、有机质、电导率	灌溉、排水、道路、林网	单位面积产量
园地	地面坡度	有效土层厚度、土壤容重、土壤质地、砾石含量、pH、有机质、电导率	灌溉、排水、道路	单位面积产量
林地	地面坡度	有效土层厚度、土壤容重、土壤质地、砾石含量、pH、有机质	道路	定植密度、郁闭度
草地	地面坡度、平整度	有效土层厚度、土壤容重、土壤质地、砾石含量、pH、有机质	灌溉、道路	单位面积产量、覆盖度
建设用地	景观协调程度、地面平整度、地基稳定性与地基承载力、边坡稳定性、防洪配套设施等			

根据《土地复垦质量控制标准》(TD/T 1036—2013)和河南省自然地理,在全国范围内河南省分黄淮海平原区、黄土高原区两大分类,耕地、园地、林地、草地等复垦土地的质量控制标准见表 4-24。

表 4-24 土地复垦质量控制标准

复垦方向		指标类型	基本指标	黄淮海平原区	黄土高原区
耕地	旱地	地形	地面坡度(°)	≤15	≤25
		土壤质量	有效土层厚度(cm)	≥60	≥80,土石山区≥30
			土壤容重(g/cm³)	≤1.40	≤1.45
			土壤质地	壤土至壤质黏土	壤土至黏壤土
			砾石含量(%)	≤5	≤10
			pH	6.0~8.5	6.0~8.5
			有机质(%)	≥1	≥0.5
			电导率(dS/m)	≤2	≤2
		配套设施	排水、道路、林网	达到当地各行业工程建设标准要求	
		生产力水平	产量(kg/hm²)	3年后达到周边地区同等土地利用类型水平	5年后达到周边地区同等土地利用类型水平
	水浇地	地形	地面坡度(°)	≤6	≤15
			平整度(cm)	田面高差±5之内	田面高差±5之内
		土壤质量	有效土层厚度(cm)	≥80	≥80
			土壤容重(g/cm³)	≤1.35	≤1.4
			土壤质地	壤土至壤质黏土	壤土至黏壤土
			砾石含量(%)	≤5	≤5
			pH	6.5~8.5	6.5~8.5
			有机质(%)	≥1.5	≥0.8
			电导率(dS/m)	≤3	≤2
		配套设施	灌溉、排水、道路、林网	达到当地各行业工程建设标准要求	
		生产力水平	产量(kg/hm²)	3年后达到周边地区同等土地利用类型水平	5年后达到周边地区同等土地利用类型水平
	水田	地形	地面坡度(°)	≤6	—
			平整度(cm)	田面高差±3之内	—
		土壤质量	有效土层厚度(cm)	≥80	—
			土壤容重(g/cm³)	≤1.35	—
			土壤质地	壤土至壤质黏土	—
			砾石含量(%)	≤5	—
			pH	6.5~8.0	—
			有机质(%)	≥1.5	—
			电导率(dS/m)	≤3	—
		配套设施	灌溉、排水、道路、林网	达到当地各行业工程建设标准要求	
		生产力水平	产量(kg/hm²)	3年后达到周边地区同等土地利用类型水平	
园地	园地	地形	地面坡度(°)	≤20	≤20
		土壤质量	有效土层厚度(cm)	≥40	≥30
			土壤容重(g/cm³)	≤1.45	≤1.5
			土壤质地	砂土至壤质黏土	砂土至黏壤土
			砾石含量(%)	≤10	≤15
			pH	6.0~8.5	6.0~8.5

续表 4-24

复垦方向		指标类型	基本指标	黄淮海平原区	黄土高原区
园地	园地	土壤质量	有机质(%)	≥1	≥0.5
			电导率(dS/m)	≥1	≥0.5
		配套设施	灌溉、排水、道路	达到当地各行业工程建设标准要求	
		生产力水平	产量(kg/hm²)	3年后达到周边地区同等土地利用类型水平	5年后达到周边地区同等土地利用类型水平
林地	有林地	土壤质量	有效土层厚度(cm)	≥30	≥30
			土壤容重(g/cm³)	≤1.5	≤1.5
			土壤质地	砂土至壤质黏土	砂土至砂质黏土
			砾石含量(%)	≤20	≤25
			pH	6.0~8.5	6.0~8.5
			有机质(%)	≥1	≥0.5
		配套设施	道路	达到当地本行业工程建设标准要求	
		生产力水平	定植密度(株/hm²)	满足《造林作业设计规程》(LY/T 1607—2003)要求	
			郁闭度	≥0.35	≥0.30
	灌木林地	土壤质量	有效土层厚度(cm)	≥30	≥30
			土壤容重(g/cm³)	≤1.5	≤1.5
			土壤质地	砂土至壤质黏土	砂土至砂质黏土
			砾石含量(%)	≤20	≤25
			pH	6.0~8.5	6.0~8.5
			有机质(%)	≥1	≥0.5
		配套设施	道路	达到当地本行业工程建设标准要求	
		生产力水平	定植密度(株/hm²)	满足《造林作业设计规程》(LY/T 1607—2003)要求	
			郁闭度	≥0.40	≥0.30
	其他林地	土壤质量	有效土层厚度(cm)	≥30	≥30
			土壤容重(g/cm³)	≤1.5	≤1.5
			土壤质地	砂土至壤质黏土	砂土至砂质黏土
			砾石含量(%)	≤25	≤25
			pH	6.0~8.5	6.0~8.5
			有机质(%)	≥1	≥0.3
		配套设施	道路	达到当地本行业工程建设标准要求	
		生产力水平	定植密度(株/hm²)	满足《造林作业设计规程》(LY/T 1607—2003)要求	
			郁闭度(%)	≥0.3	≥0.20
草地	其他草地	土壤质量	有效土层厚度(cm)	≥40	≥30
			土壤容重(g/cm³)	≤1.45	≤1.45
			土壤质地	砂土至壤质黏土	砂土至壤黏土
			砾石含量(%)	≤10	≤15
			pH	6.0~8.5	6.5~8.5
			有机质(%)	≥1	≥0.3
		配套设施	灌溉、道路	达到当地各行业工程建设标准要求	
		生产力水平	覆盖度(%)	≥40	≥30
			产量(kg/hm²)	3年后达到周边地区同等土地利用类型水平	5年后达到周边地区同等土地利用类型水平

（三）土地复垦质量控制标准

1. 基本要求

（1）复垦利用类型应与地形、地貌及周围环境和物种相协调；

（2）复垦场地的稳定性和安全性应有可靠保证；

（3）地表整形应规范、平整，地表形态、坡度符合标准要求；

（4）充分利用原有表层土作为顶部覆盖层，覆盖后的表土层土壤质地、耕土层土壤理化性状、容重应满足复垦利用要求；

（5）配套设施（包括灌溉、排水、道路、林网等）和防洪标准符合当地要求，复垦场地的道路、交通干线布置合理；

（6）复垦场地有控制水土流失措施，有防止地表水体、地下水、土壤污染的具体措施；

（7）用于覆盖的材料应当无毒无害，必要时应对废石堆设置隔离层后再复垦。

2. 控制标准

根据《土地复垦质量控制标准》（TD/T 1036—2013），土地复垦质量指标体系包括耕地、园地、林地、草地、渔业（含养殖业）、人工水域和公园、建设用地等不同复垦方向的指标类型和基本指标。不同复垦方向的土地复垦质量指标类型包括地形、土壤质量、生产力水平和配套设施等四个方面。

1）耕地复垦质量控制标准

平原区旱地田面，坡度不宜超过6°，其他区坡度不宜超过25°。复垦为水浇地、水田时，地面坡度不宜超过15°（整治为梯田）。

有效土层厚度大于40 cm，土壤具有较好的肥力，土壤中镉、汞、砷、铅、铬的含量不得超过《土壤环境质量　农用地土壤污染风险管控标准（试行）》（GB 15618—2018）规定的风险管控值（复垦区下部若为完整的岩石，在覆盖渣土100 cm后，再覆土60 cm）。

配套设施（包括灌溉、排水、道路、林网等）应满足《灌溉与排水工程设计规范》（GB 50288—1999）、《高标准基本农田建设标准》（TD/T 1033—2012）等标准，以及当地同行业工程建设标准要求。

3~5年后复垦区单位面积产量达到周边地区同土地利用类型中等产量水平，粮食及作物中有害成分含量符合《粮食卫生标准的分析方法》（GB/T 5009.36—2003）。

2）园地复垦质量控制标准

地面坡度宜小于25°。

有效土层厚度大于40 cm，土壤具有较好的肥力，土壤环境质量符合《土壤环境质量　农用地土壤污染风险管控标准（试行）》（GB 15618—2018）规定的风险管控值。

配套设施（包括灌溉、排水、道路等）应满足《灌溉与排水工程设计规范》（GB 50288—1999）等标准以及当地同行业工程建设标准要求。有控制水土流失措施，边坡宜植被保护，满足《水土保持综合治理技术规范》（GB/T 16453.1~16453.6—2008）的要求。

3~5年后复垦区单位面积产量达到周边地区同土地利用类型中等产量水平，果实中有害成分含量符合《粮食卫生标准的分析方法》（GB/T 5009.36—2003）。

3）林地复垦质量控制标准

有效土层厚度大于20 cm（开采台阶上，在挡土保水岸墙内填渣土50 cm，覆土30 cm，有条件时覆土80 cm；矿渣堆坡面复垦为有林地时，覆土厚度不小于50 cm）。

道路等配套设施应满足当地同行业工程建设标准的要求，林地建设满足《生态公益林建设　规划设计通则》（GB/T 18337.2—2001）和《生态公益林建设　检查验收规程》（GB/T 18337.4—2008）的要求。

3~5年后，有林地、灌木林地和其他林地郁闭度应分别高于0.3、0.3和0.2；定植密度满足《造林作业设计规程》（LY/T 1607—2003）的要求。

4）草地复垦质量控制标准

复垦为人工牧草地时地面坡度应小于25°。

有效土层厚度大于 20 cm,土壤具有较好的肥力,土壤环境质量符合《土壤环境质量 农用地土壤污染风险管控标准(试行)》(GB 15618—2018)规定的风险管控值。配套设施(灌溉、道路)应满足《灌溉与排水工程设计规范》(GB 50288—1999)、《人工草地建设技术规程》(NY/T 1342—2007)等当地同行业工程建设标准的要求。

3~5 年后复垦区单位面积产量达到周边地区同土地利用类型中等产量水平,牧草有害成分含量符合《粮食卫生标准的分析方法》(GB/T 5009.36—2003)。

5)用于渔业(含养殖业)时的复垦质量控制标准

露采场、沉陷土地等用于渔业时水源应充足,塘(池)面积以 0.5~1.0 hm² 为宜,深度以 2.5~3 m 为宜,食用鱼放养面积占总养殖水面 85% 以上。有排水设施,防洪标准满足当地要求。

保持塘(池)清洁,定期清塘消毒,淤泥厚度不超过 20 cm;有防止含病源体和病毒等污染塘水的措施;有防止农药、盐渍污染措施。水质符合《渔业水质标准》(GB 11607—1989)的要求。

6)用于人工水域与公园时的复垦质量控制标准

露采场、沉陷地等损毁土地用作人工湖、公园、水域观赏区时应与区域自然环境协调,有景观效果。水质符合《地表水环境质量标准》(GB 3838—2002)中Ⅳ、Ⅴ类水域标准。

排水、防洪等设施满足当地标准。沿水域布置树草种植区,控制水土流失。

7)用于建设用地时的复垦质量控制标准

场地地基承载力、变性指标和稳性指标应满足《建筑地基基础设计规范》(GB 50007—2011)的要求;地基抗震性能应满足《建筑抗震设计规范》(GB 50011—2010)的要求。场地基本平整,建筑地基标高满足防洪要求。场地污染物水平降低至人体可接受的污染风险范围内。

8)田间道路复垦质量控制标准

田间道路路面宽度以 3~6 m 为宜,具有农产品运输和生产生活功能的田间道路路面宜硬化;田间道路路基高度以 20~30 cm 为宜,常年积水区可适当提高;在暴雨集中区域,田间道路应采用硬化路肩,路肩宽以 25~50 cm 为宜。

生产路路面宽度宜在 3 m 以下,路面宜高出地面 30 cm,生产路宜采用砂石、泥结石类路面、素土路面。

3. 技术要求

1)土地平整

土地平整应实现田块集中、耕作田面平整,耕作层土壤理化指标满足作物高产稳产要求。

平原区以修建水平条田(方田)为主,条田长度以 200~1 000 m 为宜,条田宽度取决于机械作业宽度的倍数,以 50~300 m 为宜。梯田田面长边宜平行等高线布置,长度以 100~200 m 为宜,田面宽度便于中小型机械作业和田间管理。

对于复垦方向为水浇地的土地复垦项目,为了取得良好的灌溉效果,根据供水渠道、畦田长度、土壤透水性能,确定复垦后耕地的平整度。

应因地制宜进行田块布置,田块长边方向以南北方向为宜;在水蚀较强的地区,田块长边宜与等高线平行布置;在风蚀地区,田块长边与主害风向交角应大于 60°。

水田区耕作田块内部宜布置格田。格田长度以 30~120 m 为宜,宽度以 20~40 m 为宜;格田之间以田埂为界,埂高 20~40 cm,埂顶宽以 15~30 cm 为宜;水田区格田内田面高差应小于 ±3 cm;旱地区畦田内田面高差小于 ±5 cm;当采用喷、微灌时,畦、格田内田面高差应不大于 15 cm。

丘陵区以修建水平梯田为主,并配套坡面防护设施。梯田区土坎高度不宜超过 2 m,石坎高度不宜超过 3 m。在土质黏性较好的区域,宜采用土质埂坎;在土质稳定性较差、易造成水土流失的地区,宜采用石质或土石混合埂坎;在易造成冲刷的土石山区,应结合石块清理,就地取材修筑石坎。

2)灌溉与排水工程

根据不同地形条件、水源特点等,合理配置各种水源;水资源利用应以地表水为主、地下水为辅,做到蓄、引、提、集相结合,中、小、微型工程并举;大力发展节水灌溉,提高水资源利用效率;灌溉水质应符合现行《农田灌溉水质标准》(GB 5084—2005)的规定。

按照复垦规模、地形条件、交通与耕作要求,合理布局各级输配水渠道。各级渠道应配套完善的渠系建筑物,做到引水有门、分水有闸、过路有桥、运行安全、管理方便。

灌溉设计保证率应根据水文气象、水土资源、作物类型、灌溉规模、灌水方法及经济效益等因素,采取多种节水措施减少输水损失。采用灌排合一渠沟时,宜采取全断面硬化;排水沟位于山地丘陵区及土质松软地区时,应根据土质、受力和地下水作用等进行基础处理。

旱作区农田排水宜采用10年一遇1~3 d暴雨从作物受淹起1~3 d排至田面无积水;水稻区农田排水宜采用10年一遇1~3 d暴雨从作物受淹起3~5 d排至作物耐淹水深。在干旱、半干旱地区,农田防洪采用20年一遇3~6 h最大暴雨。

在水源地势低无自流灌溉条件或采用自流灌溉不经济时,可修建泵站。泵站、机井等工程宜采用专用直配输电线路供电。

灌排渠系建筑物布置应选在地形条件适宜和地质条件良好的地区,满足灌排系统水位、流量、泥沙处理、运行、管理的要求,适应交通和群众生产、生活的需要。

3)田间道路工程

田间道路工程的布局应力求使居民点、生产经营中心、各轮作区和田块之间保持便捷的交通联系,力求线路笔直且往返路程最短,道路面积与路网密度达到合理的水平,确保农机具到达每一个耕作田块,促进田间生产作业效率的提高和耕作成本的降低。

田间道路在确定合理田间道路面积与田间道路密度的情况下,尽量减少道路占地面积,与沟渠、林带结合布置,避免或者减少道路跨越沟渠,减少桥涵闸等交叉工程,提高土地集约化利用率。

道路设计指标:复垦区道路路面、路肩和路基宽度应符合表4-25的规定。

表4-25 复垦区道路路面、路肩和路基宽度

道路等级	一级道路	二级道路	生产路
路面宽度(m)	5.00~6.00	3.00~4.00	1.00~2.00
路肩宽度(m)	0.50	0.50	—
路基宽度(m)	6.00~7.00	4.00~5.00	1.00~2.00

4)农田防护与生态环境保持工程

结合整治区实际情况,应采取必要的农田防洪、防风、防沙、水土流失控制等农田防护措施,优化农田生态景观,配置生态廊道,维护农田生态系统安全。

根据因害设防原则,合理设置农田防护林。农田防护林走向应与田、路、渠、沟有机结合,采取以渠、路定林,渠、路、林平行;树种的选择和配置应选择表现良好的乡土品种和适合当地条件的配置方式。坡面防护工程布局要根据"高水、高蓄、高用"和"蓄、引、用、排"相结合原则。合理布设截水沟、排水沟、沉沙池等坡面工程,系统拦蓄和排泄坡面径流,构成完整的坡面灌排体系。

以小流域为单元,采取谷坊、淤地坝、沟头防护等工程措施,进行全面规划、综合治理。

(四)生产建设活动损毁土地复垦标准

1.塌陷土地复垦技术要求

1)积水性塌陷地

浅积水露天采场也可进一步深挖、筑塘坝复垦为渔业(养殖业)用地;浅积水露天采场若位于城镇附近,可复垦为人工水域和公园;积水在3 m以上,复垦为渔业(含水产养殖)或人工水域和公园。渔业(含水产养殖)水质符合《渔业水质标准》(GB 11607—89),见表4-26。

表 4-26　渔业水质标准　　　　　　　　　　　　（单位:mg/L）

项目序号	项目	标准值
1	色、臭、味	不得使鱼、虾、贝、藻类带有异色、异臭、异味
2	漂浮物质	水面不得出现明显油膜或浮沫
3	悬浮物质	人为增加的量不得超过10,而且悬浮物质沉积于底部后,不得对鱼、虾、贝类产生有害的影响
4	pH	淡水6.5～8.5,海水7.0～8.5
5	溶解氧	连续24 h中,16 h以上必须大于5,其余任何时候不得低于3,对于鲑科鱼类栖息水域冰封期其余任何时候不得低于4
6	生化需氧量(5 d,20 ℃)	不超过5,冰封期不超过3
7	总大肠菌群	不超过5 000个/L(贝类养殖水质不超过500个/L)
8	汞	≤0.000 5
9	镉	≤0.005
10	铅	≤0.05
11	铬	≤0.1
12	铜	≤0.01
13	锌	≤0.1
14	镍	≤0.05
15	砷	≤0.05
16	氰化物	≤0.005
17	硫化物	≤0.2
18	氟化物(以F⁻计)	≤1
19	非离子氨	≤0.02

依据当地条件,因地制宜,保留水面,集中开挖水库、蓄水池或人工湖等,采用挖深垫浅和充填等工艺综合实施塌陷土地复垦与生态环境治理。复垦水域水质应符合《地表水环境质量标准》(GB 3838—2002)中Ⅳ、Ⅴ类水域标准。

2)季节性积水塌陷地

局部积水或季节性积水地带,应依据当地条件,适当整形后复垦为耕地、林地、草地等。

3)非积水性塌陷地

基本不积水或干旱地带形成丘陵地貌,可对局部沉陷地填平补齐,进行土地平整。沉陷后形成坡地时,根据坡度情况小于25°的可修整为水平梯田,局部小面积积水可改造为水田等。

用矿山废弃物充填时,应参照国家有关环境标准,进行卫生安全土地填筑处置,充填后场地稳定。视其填充物性质、种类,除采取压实等加固措施外,应做不同程度防渗、防污染处置,防止填充物中有害成分污染地下水和土壤。

土壤环境质量应达到《土壤环境质量农用地土壤污染风险管控标准(试行)》(GB 15618—2018)。

2.露天采场、露天采坑复垦技术要求

依据当地自然环境、采掘坑面积和深度、坑底岩性和地形、表层风化程度、表土资源及灌溉条件,合理确定耕地、林地、草地、建设用地等土地复垦方向。

深度小于1.0 m的不积水浅采场,在天然状态下或人工修复后可满足地表水、地下水径流条件时,经过削高垫洼,可复垦成耕地。覆土厚度视坑底岩体土风化程度而定,岩体风化程度较高时,自然沉实土壤覆土厚度在 30 cm 以上；岩体较完整,风化程度较低时,自然沉实土壤覆土厚度在 50 cm 以上。覆土层的土壤质地以壤土最佳,确保土壤涵养水分的供给能力。

不积水露天开采矿深挖损地,含薄覆盖层的深采场、厚覆盖层的浅采场和厚覆盖层的深采场三种,适宜于复垦为林地。根据坑底地形、岩体风化程度,确定覆土厚度和物种配置模式及种植方式。当坑底地势较平坦、岩体风化严重时,易采用整体覆土,自然沉实土壤覆土厚度在 30 cm 以上；当坑底地势起伏较大、岩体较完整时,应采用客土穴植方式。土壤环境质量应达到 GB 15618—2018标准。

露天采场用于建设用地时,应进行场地地质环境调查,查明场地内崩塌、滑坡、断层、岩溶等不良地质条件的发育程度,确定地基承载力、变形及稳定性指标。

3. 排土场复垦技术要求

依据当地自然环境、排土场地形、水资源及表土资源,合理确定耕地、林地、草地、建设用地等土地复垦方向。

排土场最终坡度应与土地利用方式相适应,永久坡度应小于或等于岩土的自然安息角(36°)。

合理安排岩土排弃次序,尽量将含不良成分的岩土堆放在深部,品质适宜的土层包括易风化性岩层可安排在上部,富含养分的表土层宜安排在排土场顶部或表层。充分利用工程前收集的表土覆盖于表层。在无适宜表土覆盖时,可采用经过试验确证,不致造成污染的其他物料覆盖。覆盖土层厚度应根据场地用途确定(见表4-20)。

当采矿剥离物含有毒有害成分时,在填埋场应设计防渗措施,用碎石覆盖,不得裸露,覆盖土层后,方可复垦为有林地。

当园地、林地坡度在 10°～25°时,应沿等高线修筑梯地、水平沟或鱼鳞坑。有水土保持措施,防洪标准满足当地要求,有机械化作业通道,果树种植区有排灌设施。

4. 废石场复垦技术要求

依据当地自然环境、废石场地形、水资源及表土资源,合理确定耕地、林地、草地、建设用地等土地复垦方向。

新排弃废石应立即进行压实整治,形成面积大、边坡稳定的复垦场地。

已有风化层,层厚在 10 cm 以上,颗粒细,pH 适中,可进行无覆土复垦,直接恢复植被。风化层薄、含盐量高或具有酸性污染时,应经调节 pH 至适中后,用不易风化废石覆盖 50 cm 以上,然后覆土 30 cm。具有重金属等污染时,一般不复垦为农用地。若复垦为农用地,应铺设隔离层,再覆土 50 cm 以上。

排土场、废石场的配套设施应有合理的道路布置,排水设施应满足场地要求,设计和施工中有控制水土流失措施,特别是控制边坡水土流失措施,应有防止滑坡、泥石流的具体措施。

5. 矸石山复垦技术要求

依据当地自然环境、矸石山地形、水资源及表土资源,合理确定耕地、林地、草地等土地复垦方向。矸石山原则上复垦为林草地,对立地条件较好、覆土较厚且无污染的,可复垦为耕地。

对新排的矸石山,应尽量减少硫铁矿混入,层层压实,每排 10 m 再铺覆一层 50 cm 的黏土层,阻隔空气进入,预防自燃。山区、丘陵区应选择填沟造地。

矸石山整形需要保障边坡的稳定,一般斜坡的坡度小于岩土的自然安息角(36°)。修建水土保持和排水工程,有合理的道路布置,宜在坡脚修建挡土墙。土源缺乏的非酸性矸石山,保留地表风化物。常绿乔木需带土球移植,其他乔灌木应穴植并换土。对景观和环境要求较高的地区需要覆盖 10～30 cm 的表土。

酸性矸石山须采取控酸和防灭火措施,可覆盖由碱性材料和土壤构成的惰性材料,并辅以碾压,其厚度依据覆盖材料不同而形成 20 cm 以上的隔离层,阻隔空气进入矸石山。在隔离层之上再覆盖植物生长的土壤,厚度宜在 30 cm 以上,具体覆土厚度根据土壤特性和复垦方向确定。

对有自燃的矸石山应先进行灭火。酸性自燃的矸石山宜采用草灌为主,尽量少用乔木。有挡土墙的坡脚需要加强密闭措施,阻隔空气进入矸石山。

6. 尾矿库、赤泥库复垦技术要求

依据当地自然环境、尾矿库或赤泥堆地形、水资源及表土资源,合理确定耕地、林地、草地、建设用地等土地复垦方向。无相应工程设施或工程设施不能满足防渗、防洪等要求的,应采取适当的工程技术措施,使其满足当地要求。

依据各类废弃物性状,确定覆土的必要性、覆土层厚度等,一般覆土厚度应在 50 cm 以上。覆土区有控制水土流失的措施。具有酸性、碱性或有毒有害物质污染时,应视其含量水平,确定隔离层设置的必要性、层厚、材质等,尽可能深度覆盖。具有放射性物质污染时,工程措施及标准应符合《放射性废物管理规定》(GB 14500—2002)。

赤泥堆边坡复垦应充分考虑边坡的坡度大、碱性高、植被困难等特点,选择适宜的植被基质、施工工艺及植物品种等。

7. 污染土地复垦治理技术要求

可根据污染物性质及污染程度,采取物理、化学或生物措施去除或钝化土壤污染物。对于通过上述措施仍无法将污染物消除或抑制其活性至目标水平的污染严重的土壤,可通过采取工程措施铺设隔离层,再行覆土,覆土厚度一般在 50 cm 以上。铺设隔离层时应对隔离材料有毒有害成分进行分析,避免隔离材料引进污染。

对于污染严重的土壤也可采取深埋措施,埋深依据污染程度确定。填埋场地需采取防渗措施,防止对地下水、相邻土层及其上部土层的二次污染,必须实行安全土地填筑处理或其他适宜方法处理,应符合《危险废物填埋污染控制标准》(GB 18598—2001)。

污染土地复垦后,土壤中镉、汞、砷、铅、铬的含量不得超过《土壤环境质量　农用地土壤污染风险管控标准(试行)》(GB 15618—2018)规定的风险管控值。

复垦为水域时,应有防污染隔离层或防渗漏工程设施。水域面积、水深、水质、清污、供排水、防洪等场地条件应符合相关行业的执行标准。复垦为建设用地时,应有相应的防污染隔离层或防渗工程措施,处置复垦区内对人体有害的污染源。

8. 取土场复垦技术要求

依据当地自然环境、取土场面积、深度和地形、表层风化程度及表土资源,合理确定耕地、园地、林地、草地、建设用地等土地复垦方向。复垦技术要求参考露天采场。

第五章　矿山地质环境治理与土地复垦工程

第一节　矿山地质环境保护与土地复垦预防工程

一、目标任务

本节主要阐明矿山地质环境保护预防工程的目标和主要任务,提出预防措施,确保矿山和周边居民点及重要设施、生态敏感区等不受采矿活动引发地质灾害的影响;周边村民生产生活用水得到保障,不改变地表水、地下水、土壤环境质量指标。

(一)矿山地质环境保护目标任务

在矿山地质环境现状分析、预测分析的基础上,根据矿山存在的主要地质环境问题和土地损毁情况及土地适宜性评价结果,矿山地质环境保护与土地复垦的总体目标是通过方案的实施,采取永久性防治措施消除采矿引发的地质灾害隐患,确保场地安全稳定,保证对人类和动植物不造成威胁;最大限度地避免或减轻因矿山工程建设和采矿活动对矿山地质环境的破坏,闭坑后实现矿山生态环境的有效恢复,与周边自然环境和景观相协调;对水、土及周边环境不构成污染,因地制宜,实现土地可持续利用,恢复土地基本功能;区域整体生态功能得到保护和恢复。

具体保护目标任务如下:

(1)建立矿山地质环境监测体系,在矿业活动范围内设置预防警示工程,对地质灾害采取预防治理措施,消除地质灾害隐患,避免灾害对采矿人员与附近居民的生命财产造成危害。

(2)按照开发利用方案,规范采矿行为,设计对采空充填的应及时充填;未设计充填的,在采空区周围树立警示牌,从而避免采空塌陷及伴生地裂缝等地质灾害;同时应避免采空塌陷引发的崩塌、滑坡灾害。采场边坡按照永久边坡进行治理,矿山闭坑后开采引发的矿山地质灾害得到有效防治,工程治理率达到100%,避免地质灾害引发的人员伤亡。

(3)通过地下水动态监测、提前探水、注浆加固等措施,减轻矿山生产活动对含水层破坏;通过污染处理和井下排水处理减轻对水环境污染。

(4)受破坏的土地资源及植被得到有效恢复,3年后恢复率达100%。矿山闭坑后矿山地质环境与周边生态环境相协调,达到与区位条件相适应的环境功能。

(5)矿山闭坑后废弃物得到充分利用和填埋,不能填埋的将采用拦挡、稳定和生物工程固化处理,边坡稳定率达到100%。重视矿区环境,综合利用废渣,使破坏的土地资源与植被得到有效恢复,矿山生态环境与周边生态环境相协调,防治生态环境恶化。

(6)矿山闭坑后,对含有有毒有害或重金属元素超标的废弃矿渣、煤矸石等,采取工程措施进行防渗处理,按照相应规范进行填埋,防止因风化、淋滤作用引发水土污染。

(二)土地复垦目标任务

根据土地适宜性评价结果,在充分考虑复垦区自然条件、社会条件和村民意愿的基础上,确定土地复垦目标。通过采取工程和生物措施,对损毁的土地进行复垦,使复垦后的土地质量和利用水平不低于损毁前的水平,保护土地资源和生态环境,促进矿业经济和当地深灰经济协调发展。

在复垦责任范围内,通过工程和生物措施,使复垦率达到100%,附复垦前后土地利用结构调整表。

二、主要技术措施

(一)地质灾害预防技术与措施

1. 地面塌陷、地裂缝的预防措施

(1)地下开采的固体矿山,有条件的应尽量采用充填法开采,及时回填采空区,避免或减少采空塌陷和地裂缝的发生;对矿区内不能进行拆迁或异地补偿的基础设施、道路、河流、湖泊、林木等,矿山开采中应设保安矿柱,确保地面塌陷变形值在允许范围内。

(2)地下液体矿产开采,严禁过量开采,并采取回灌措施,避免或减轻地面沉降、岩溶塌陷。

(3)岩溶充水矿区,采取充填及排供结合等措施控制疏排水,防止岩溶塌陷。

(4)矿山建设之前,对情况不明的采空区,可开展必要的物探工作,查明评估区周边的老采空区分布,评价其稳定性对矿山建设的危害性。

(5)对于地下开采的煤矿、铝土矿等产状较为平缓的沉积型矿产资源的矿山,为避免工业场地、村庄、重要交通干道、重点水利和电力设施遭受因采矿引发的地面塌陷、地裂缝、崩塌、滑坡等灾害的危害,应预留相应的保护煤柱(矿柱),减少受保护区地表的沉陷与变形,降低矿山开采的危害。

(6)地下开采的金属矿山在预留保护矿柱的基础上,必要时利用尾矿充填技术,降低采空塌陷对地表重要基础设施的破坏程度。

2. 滑坡、崩塌的预防措施

(1)露天开采矿山,开采台阶高度、平台宽度应符合设计要求,根据岩层产状和岩石质量特征,必要时对危岩体进行清理或削坡处理,减少采矿引发的滑坡、崩塌等地质灾害的危害。在存在滑坡、崩塌隐患的区域采矿,要消除隐患后方可开展采矿活动。

(2)露天矿山开采应根据岩土层结构、构造条件,选择合理的坡角范围,必要时应采取加固措施或修筑拦挡、排水、防水工程。

(3)对排土场、废石场、井口、工业场地等建设形成的不稳定斜坡、陡坎,应采取挡墙、锚固、削坡、护坡、截排水等工程措施,防止滑坡、崩塌等地质灾害。固体废弃物有序、合理堆放,设计稳定的边坡角,必要时应采取加固措施或修筑拦挡工程。

(4)对排土场、矸石山、山坡废石场等堆积物,必要时进行削坡处理,预留安全平台,并对变形、淋滤水等进行监测,预防滑坡、崩塌等地质灾害和水污染。

3. 泥石流的预防措施

(1)对采矿活动所产生的废石、矸石等固体废弃物,应设置或建设专用场所堆放,不得乱堆乱放。废石场、矸石场等固体废物堆放场应注意选址的合理性,避让已有地质灾害,避免引发泥石流。

(2)分区堆放废渣、弃土,废渣堆边坡小于废石自然安息角,分台阶堆放、分层压实;下部渣堆坡面整形后及时采用乔灌草相结合的方式进行植被护坡,消除或固化泥石流物源。

(3)修筑拦挡工程、疏浚矿区排水系统,消除诱发泥石流的水源条件。废石场底部应建拦渣坝、挡渣墙、截排水(包括上游截洪、两侧排洪和场地内排水)等防护设施,防止引发滑坡、泥石流等地质灾害。

(4)顺山坡设置的废渣堆,下部修拦挡工程,上部修截排水系统,消除引发泥石流的水源条件。

(二)含水层保护技术与措施

(1)严禁向废矿井、渗坑排放废水,修筑排水沟、引流渠、防渗漏处理等防止有毒有害废水、固废淋滤液污染地下水。有毒有害废水、固废淋滤液应排放到污水处理厂,水质达标后方可外排。

(2)揭穿含水层的井巷工程,应采取止水措施,防止地下水串层污染。

(3)对涉及重要水源地的矿区,应采取提高开采水平等措施优化开采方案(如分层开采、充填开采、部分开采),必要时可采取帷幕注浆隔水、灌浆堵漏、防渗墙等工程措施,最大限度地阻止地下水进入矿坑,减少矿坑排水量,防止含水层破坏,保护地下水资源。

(4)为防止因矿山开采可能造成对周围地下水环境的不利影响,在矿山开采过程中,应建立完善的环境监测制度,掌握各类废水的排放情况,定期监测各类污染物是否达标。

（5）加强地下水动态监测工作,在矿区内设立地下水监测点,定期取样进行分析测试,一旦影响,则可能引起居民生产生活用水问题,矿山应积极采取工程措施,解决居民用水问题。

（三）地形地貌景观保护技术与措施

（1）合理规划、优化开采方案,尽量避免或少占用耕地,采取内排土和剥离—排土—造地—复垦一体化技术,减少土地占用。露天矿山设置表土堆场,通过有序剥离、安全储存、合理利用,使表土资源化。

（2）合理堆放固体废弃物,选用合适的综合利用技术,加大综合利用量,减少对地形地貌的破坏。

（3）对于开采矿体较多的露天开采矿山,应根据开发利用方案和工程设计,将前期开采形成的采坑（或民采坑）作为后期开采区的废石填埋场,达到边开采、边恢复治理的目的。

（4）边开采、边治理,及时恢复植被;保护植被,禁止采伐非工程区范围内的树木,尽量减少对原生态环境的破坏。

（5）采取围栏、警示牌、避让、加固等措施保护具有重大科学文化价值的地质遗迹和人文景观。

（四）水土环境污染预防技术与措施

（1）提高矿山废水综合利用率,减少有毒有害废水排放,防止水土环境污染;采取污染源阻断隔离工程,防止固体废物淋滤液污染地表水、地下水和土壤;采取堵漏、隔水、止水等措施防止地下水串层污染。

（2）矿山闭坑后废弃物得到充分利用和填埋,不能填埋的将采取拦挡、稳定和生物工程固化处理,边坡稳定率达到100%。开采过程中产生的各类污染物、生活垃圾等,要进行统一集中处理,不得随意弃置。

（3）矿山闭坑后,对含有有毒有害或重金属元素超标的废弃矿渣、煤矸石等,采取工程措施进行防渗处理,按照相应规范进行填埋,防止因风化、淋滤作用引发水土污染。

（4）生活污水经污水处理厂处理后再利用;矿坑水经处理达标后可进行生物工程或抑尘,也可进行农田灌溉。尽可能实现矿区水资源综合利用最大化,减少对地下水的开采。矿区外排水水质必须符合国家《污水综合排放标准》（GB 8978—1996）所规定的限值,以免对周围土壤、地表水和地下水环境造成污染。

（5）严格按照开发利用方案实施,矿山在运输矿石的过程中对矿石进行有效覆盖,防止散落和雨水对矿石的淋滤造成土壤污染,定期对矿区洒水,防止扬尘造成土壤污染。

（6）有色金属选矿的尾矿库应采取防渗措施,闭坑后表面应进行整形、压实整治、采取隔离措施。尾矿库复垦后,不得用于与食物链有关的作物生产用地。

（五）土地资源破坏预防技术与措施

（1）按照“统一规划、源头控制、防复结合”的原则,在开采规划建设与过程中采取可行措施,以减小和控制土地损毁面积和损毁程度,为土地复垦创造条件。根据矿山开发利用方案和土地损毁的时序,结合工程实际,提出建设与生产中预防土地损毁控制措施。

（2）合理规划生产布局,减小损毁范围。建设和生产过程中应加强规划和施工管理,尽量缩小对土地的影响范围,各种生产建设活动应严格控制在规划区域内,将临时占地面积控制在最低限度,尽可能地避免造成土壤与植被大面积损毁,而使脆弱的生态系统受到威胁。采矿废石的运输及利用,应尽量减少对原地表植被的损毁,道路规划布置应因地制宜,尽量减少压占土地。

（3）对于挖损、压占的施工场地,施工前应进行表土剥离,合理堆放,用于后期复垦。

（4）表层土壤是经过多年耕作和植物光合作用而形成的熟化土壤,对于植物种子的萌发和幼苗的生长有促进作用。矿山建设阶段,首先将预测的复垦责任区内的表土层剥离,单独堆存,并加以养护以保持其肥力,待复垦单元具备复垦条件时,再用于复垦土地。表土层下部仍需剥离的土壤,挖掘后单独堆存,用于地裂缝、塌陷区回填和生物工程的换土、坡面覆土,以减小取土场的面积及减少其对土地的破坏。

三、主要工程量

(一)地质灾害预防工程

(1)地面塌陷使原本平缓的土地发生较大幅度的变形,影响地表人类活动,应做好预防工作,尽量减少地面塌陷的发生。在采矿过程中,预留安全矿柱,利用矿渣回填采空区等措施,减少地面塌陷和地裂缝的发生,减轻对土地的破坏。

(2)在危岩体、开采形成的高陡边坡、采石场开采警戒线边界、地面塌陷区设置警示牌。在采场上部修建防护铁丝网,保护过往行人及车辆安全,铁丝网距边坡顶部3~5 m,为水泥桩加铁丝刺绳式,栏高1.5 m,水泥桩桩距4~5 m,缠绕铁丝刺绳7行,竖桩入稳定岩土0.5 m,或采用混凝土基础。

(3)危岩体清除工程。采空塌陷区回填工程。

设计工作量:警示牌××个,警示柱××个,铁丝网××m²,危岩体清除量××m³,注砂浆××m³。

(二)含水层保护工程

(1)揭穿含水层的井巷工程,应采取帷幕注浆隔水、灌浆堵漏、防渗墙等工程措施,最大限度地阻止地下水进入矿坑,减少矿坑排水量,保护地下水资源。

(2)当采矿破坏含水层结构,造成周边村民没有水吃时,采取打井供水的村民用水保障工程。

设计工作量:供水井×眼,井深××m,供水管道××m,注水泥浆××m³。

(三)地形地貌景观保护工程

(1)合理堆放固体废弃物,选用综合利用技术,加大综合利用量,减少对地形地貌的破坏;边开采、边治理,及时恢复地形地貌景观和植被。废弃采坑回填工程。

(2)采取围栏、警示牌、避让、加固等措施保护具有重大科学文化价值的地质遗迹和人文景观。

(四)水土环境污染保护工程

赤泥库、尾矿库、废石场在修建前采区防渗漏措施,在上游修建截排水沟,防止有毒有害废水、固废淋滤液渗透、贯通、污染地下水。

设计工作量:止水用黏土××m³,基础开挖××m³,基础回填××m³,浆砌石××m³,砂浆抹面××m²。

(五)土地资源保护工程

(1)优化开采方案尽量避免或少破坏耕地。

(2)合理堆放固体废弃物,选用合适的综合利用技术,加大综合利用量,减少对地形地貌的破坏;边开采、边治理,及时恢复植被。

(3)表土剥离、表土堆存、表土覆盖。

(六)矿山地质环境保护与土地复垦预防工作量汇总

矿山地质环境保护与土地复垦预防工作量汇总表见表5-1。

表5-1 矿山地质环境保护与土地复垦预防工作量汇总表

预防保护区域	编号	预防保护项目名称	单位	数量	备注
采空塌陷区	一				
	(一)	地质灾害预防工程			
	1	警示牌	个		
	(二)	含水层保护工程			
	1	供水井井深/井径	m/mm		
	2	供水管道长度/直径	m/mm		
	3	供水管道挖土方/填土方	m³/m³		
	4	帷幕注浆隔水钻孔孔深/孔径	m/mm		

续表5-1

预防保护区域	编号	预防保护项目名称	单位	数量	备注
	5	帷幕注浆	m^3		材料
	（四）	水土环境污染保护工程			
	（五）	土地资源保护工程			
露天开采区	二				
	（一）	地质灾害预防工程			
	1	警示牌	个		
	2	拦挡网水泥柱	个		
	3	刺绳式铁丝网	m^2		
	4	坡面危岩体清除/废渣清运	m^3 / m^3		
	5	浆砌石截排水沟	m^3		
	6	排水沟挖方/填方	m^3 / m^3		
	（三）	地形地貌景观保护工程			
	1	挖方/填方	m^3 / m^3		
矸石山、废石场、尾矿库	三				
	（一）	地质灾害预防工程			
	1	浆砌石挡土墙长度/方量	m / m^3		
	2	基础开挖/回填	m^3 / m^3		
	（四）	水土环境污染保护工程			
	1	铺黏土	m^3		
	2	浆砌石截排水沟	m^3		
	3	排水沟挖方/填方	m^3 / m^3		
矿山道路、工业场地	四				
	（一）	地质灾害预防工程			
	（五）	土地资源保护工程			

第二节　矿山地质环境治理

本节包括矿山地质灾害治理和地形地貌景观治理。按照《矿山地质环境保护与土地复垦方案编制指南》要求的目标任务、工程设计、技术措施和主要工程量的格式进行编写。

由于矿山地质环境保护与治理实行矿山地质环境治理恢复基金制度、土地复垦实行保证金制度，在编制矿山地质环境保护与土地复垦方案时，首先应明确哪些工程属于矿山地质环境保护治理工程，哪些工程属于土地复垦工程。根据河南省矿山地质环境保护与土地复垦方案编制工作中的相关经验，对矿山地质环境保护治理工程、土地复垦工程进行了简单分类，以免重复计算或漏项，见表5-2。

表 5-2　矿山地质环境保护治理与土地复垦工程分类

矿山	治理亚区	矿山地质环境治理工程	土地复垦工程
露天开采矿山	开采台阶	截排水沟、危岩清理、挡土保水岸墙、覆土、生物工程	养护
	采场底部	消能池、排水、渣土回填、平整	覆土、生物工程、养护、道路
	排土场	挖填废渣、清运、削坡、坡面整形	覆土、生物工程、养护、道路
煤矿	采空塌陷区	警示牌、采空区充填、地质灾害监测	地裂缝回填、表土剥覆、田面平整、土壤培肥、排水灌溉、道路、监测
	矸石山	削坡、拦挡	覆土、换土植树、道路、养护
	废弃矿井	回填、封堵、标识牌	覆土、生物工程、养护
地下开采金属矿山	采空区	充填、注浆、警示、地质灾害监测	覆土、生物工程、养护
	坑道、斜井	废渣回填、封堵洞口、标识牌	覆土、生物工程、养护
	废渣堆	截排水、削坡、清运、挡土墙、抗滑桩、监测	坡面整形、覆土、换土植树
	尾矿库	截排水	覆土、生物工程、养护
工业场地、废弃村庄		建筑物拆除、建筑垃圾清运、填埋	平整、覆土或翻耕、土壤培肥、排水灌溉、道路、监测
矿山道路		挖填方、地质灾害监测	生物工程、养护

矿山地质环境保护治理工程部署应与土地复垦相结合,工程治理措施和设计的工作量不能重复。原则上露天矿山开采过程中形成的开采台阶,当开采下部时,若采场上部不受爆破影响,在开采过程中应及时治理,边坡整形,开采台阶上的挡土保水岸墙、覆土、生物工程等计入矿山地质环境保护与治理工作量,而采场底部应结合土地适宜性评价,进行综合治理和土地复垦,存在地质灾害隐患的,治理工作量计入矿山地质环境保护与治理,其他工程涉及的工作量计入土地复垦。

地下开采的煤矿、铝土矿等结合土地适宜性评价,进行综合治理和土地复垦,存在地质灾害隐患的,治理工作量计入矿山地质环境保护与治理;其他工程涉及的工作量,计入土地复垦。

排土场、废渣堆、矸石山等,为防止滑坡、泥石流等矿山地质灾害,所设计的挡土墙、废渣清运、回填、坡面整形等工程,计入矿山地质环境保护与治理;覆土、植树或复垦为农用地等涉及的工作量,计入土地复垦。

修建矿山道路、工业场地开挖、平整所涉及的地质灾害治理工程,计入矿山地质环境保护与治理;矿山闭坑后复垦为农用地的,回填、平整、覆土、植树等涉及的工作量计入土地复垦。

矿山地质环境治理工程要阐述工程部署的具体位置、平面布置范围、治理条件与技术手段、平面尺寸及典型断面、建筑材料等,以及稳定性验算、排水渠通过流量验算所选取的计算参数,设计的工程量可列表统计。附单体工程设计图。

一、矿山地质环境保护治理工程分区

以恢复治理分区和工程编号,针对存在的矿山地质环境问题,分别进行工程设计,并统计治理工作量。治理工程分区如下:

（1）露天采场恢复治理工程;

（2）矸石山、排土场、废渣堆治理工程;

（3）工业场地恢复治理工程(含井筒封堵、建筑基础清理、垃圾清运等);

（4）矿山道路恢复治理工程(路基、路面、植树);

(5)引发的地质灾害点治理工程；

(6)废弃村庄恢复治理工程。

每一个治理亚区单位工程、分部工程的划分见表5-3。采空塌陷区复垦、土地翻耕、土壤培肥、废渣堆坡面整形、换土植树等工程及工作量计入土地复垦工程设计。

表5-3 矿山地质环境治理单位工程、分部工程划分

治理亚区编号	单位工程	分部工程
排土场治理工程	削方与压脚工程	削方工程、压脚工程
	排(截、导)水工程	排(截)水沟、排导槽
	支(拦)挡工程	挡土墙、拦渣坝、格栅坝、抗滑桩
	加固工程	预应力杆、格构锚固
	护坡工程	锚喷支护、砌石、格构和植被护坡
	护底、护岸工程	浆砌石

二、露天采场岩质高陡边坡治理工程设计

(一)适用范围

露天采场岩质高陡边坡治理工程设计适用于露天开采的石灰岩、片麻岩、安山岩、砂岩、泥页岩等建筑石料，露天开采的花岗岩矿、大理岩等饰面用建筑材料，露天开采的铝土矿、黏土矿、铁矿等矿种。

(二)工程治理措施

根据开采深度、开采台阶(含安全平台、清扫平台)宽度和高度、岩石台阶坡面角，在开采的同时，对已经形成的开采台阶进行危岩清理、坡面整形、截排水、修筑挡土保水岸墙、覆土和植被恢复。当矿山闭坑时，根据各个台阶的高度、高陡边坡最终坡面角，进行总体设计并对采场底部进行综合治理。

(1)岩石边坡高差较大、坡面较陡，在采场高陡边坡顶部外围设置防护栏，保护山坡上部农牧人员和牲畜的安全。

(2)当采场位于山体的半腰时，在采场上部修筑截排水沟，将坡面上部汇水通过排导槽直接引向采场外部低洼处；当排导槽出口与周边地形相差较大时，在低洼处增加消能池，防治流水冲蚀作用破坏土壤和植被。

(3)当每个台阶高度达到设计标高时，清除坡面上的危岩。对于顺层的高陡边坡，应防止滑坡，必要时进行锚固处理，或放缓边坡坡角。

(4)岩石台阶边缘设计挡土保水岸墙，墙内覆土(覆土时拌入耐旱的乡土树籽和草籽)，覆土后栽树或种草；在平台覆土后的内外两侧栽攀爬植物，成活之后上爬下挂对裸露的岩石坡面进行覆盖。

(5)当采场高差较大、开采台阶较多时，在清扫台阶坡脚处修筑横向截水沟，并每隔250～300 m修一条纵向排导槽，将坡面汇水引向采场底部的排水沟(消能池)。

(6)采场底部坡脚处修筑排水沟，将汇水引出采场；当采场低于周边地形时，根据实际情况挖排水沟，将采场内的汇水排出界外。当采场内形成的深大采坑低于周边地形时，在采场内挖蓄水池，储存雨季的降水用于浇灌，蓄水池进行防渗处理，周边增加防护栏和警示标识。

(7)当采场底部面积较小、排水不畅时，利用排土场内的废石回填部分，采用穴栽方式换土植树，树种采用既耐旱又耐涝的树种。未回填部分作为蓄水池，用于植物养护。当采场底部面积较大、有较好的排水条件时，利用排土场内的渣土回填0.8～0.1 m，上部覆土0.5 m，恢复成耕地。

(三)露天采场治理工程设计

1. 危岩清理与削坡、降坡

开采过程中，对边坡上的危岩体应及时清理，防止危岩在爆破、机械振动的作用下松动、坠落后伤害边坡下工作人员和设备。

按照开采设计，预留安全平台、清扫平台。当岩体开挖后岩石质量指标与设计指标有差异时，根据

岩土体类型、岩石坚硬程度、完整性、风化程度、岩体基本质量、边坡高度、岩层产状,确定最终的坡面角。由于矿山闭坑后高陡边坡为永久性边坡,对高陡边坡采取削坡、降坡措施,保证边坡的稳定性。岩石质量级别为Ⅲ类以上的微风化、中等风化岩石,当逆层时,岩石边坡最终边坡角应小于55°;顺层时,岩石边坡应考虑滑坡的可能性,适当降低最终边坡角,一般不大于45°,必要时进行注浆、锚固等工程措施加固处理。

2. 高陡边坡治理工程设计

露天开采形成的高陡边坡高差较大,根据相对高差,安全平台和清扫平台的宽度,最终台阶坡面角、采场最终边坡角及剖面图,合理规划并设计坡面治理方案。采取修建截水沟、排水沟、台阶边缘挡墙、覆土恢复植被等进行综合治理,石灰岩矿山边坡治理工程设计图见图5-1。

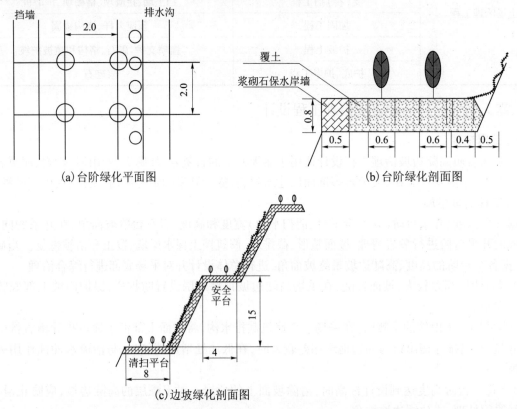

(a)台阶绿化平面图　　　　　　(b)台阶绿化剖面图

(c)边坡绿化剖面图

图 5-1　石灰岩矿山边坡治理工程设计图　(单位:m)

1)坡面截排水工程设计

为防止山坡上的雨水汇流后冲蚀坡面和开采台阶,在采场顶部半山腰上(距边坡上边缘10 m 处)修建截水沟以拦截汇水并旁引到采场以外,按照汇水面积、降雨强度,对截排水沟断面进行设计。

(1)坡面汇水量。

采用设计坡面最大径流量公式计算,即

$$Q_p = 0.278\varphi S_p F \tag{5-1}$$

式中:Q_p 为最大汇水量,m^3/s;φ 为径流系数,按照当地经验取值,见表5-4,一般情况下取0.68;S_p 为 10 年一遇的降雨强度,mm/h,由《河南省暴雨参数图集》查询;F 为汇水面积,此处为排水沟上部坡面汇水面积,km^2。

表 5-4　地表径流系数

地表类型	径流系数	地表类型	径流系数	地表类型	径流系数
针叶林地	0.25 ~ 0.5	起伏的草地	0.45 ~ 0.65	软质岩石坡面	0.5 ~ 0.75
落叶林地	0.35 ~ 0.65	起伏的山地	0.6 ~ 0.8	硬质岩石坡面	0.7 ~ 0.85
平坦的耕地	0.45 ~ 0.6	混凝土路面	0.9	陡峻的山地	0.75 ~ 0.9

（2）沟谷汇水量。

可根据中国水利科学院水文研究所提出的小流域汇水面积设计流量公式计算，即

$$Q_p = 0.278\varphi S_p F/\tau n \tag{5-2}$$

式中：Q_p 为设计频率地表水汇流量，m³/s；S_p 为设计降雨强度，mm/h，由《河南省暴雨参数图集》查询；τ 为流域汇流时间，h；φ 为径流系数；n 为降雨强度衰减系数；F 为汇水面积，km²，此处为沟谷上游汇水面积。

当缺乏必要的流域资料时，可按中国公路科学研究所提出的经验公式计算，即

当 $F \geq 3$ km² 时 $\qquad Q_p = \varphi S_p F^{2/3} \tag{5-3}$

当 $F < 3$ km² 时 $\qquad Q_p = \varphi S_p F \tag{5-4}$

（3）岩石坡面直接凿岩成沟，截水沟断面形状可为矩形、梯形、复合型及 U 形等。

（4）截水沟断面设计。

截水沟断面根据设计频率暴雨坡面最大径流量，按明渠均匀流公式计算，即

$$A = Q_p/(C \times R_i^{0.5}) \tag{5-5}$$

$$C = (R^{1/6})/n \tag{5-6}$$

$$R = A/\chi \tag{5-7}$$

对于矩形截面 $\chi = (b + 2h)$；

对于梯形截面 $\chi = [b + 2h(1 + m^2)^{0.5}] = b + kh$。

式中：A 为排水沟断面面积，m²；Q_p 为设计坡面最大径流量，m³/s；C 为谢才系数；R 为水力半径，m，此处为截排水渠过水断面面积（A）与截排水渠湿润边长度（χ）比值（见图 5-2）；i 为截（排）水沟比降；χ 为排水沟断面湿周，m；m 为截排水渠截面坡度值，$m = 1:p$，对于梯形截面，$m = (上口宽 - b)/(2 \times 渠深)$，对于矩形截面，由于上口宽与底宽相同，故 $m = 0$；k 为计算系数，$k = 2 \times (1 + m^2)^{0.5}$；$n$ 为粗糙系数，见表 5-5。

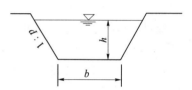

图 5-2　明渠式截排水渠断面示意图

表 5-5　截排水沟最大容许流速和粗糙系数

排水沟构造	最大容许流速（m/s）	粗糙系数	排水沟构造	最大容许流速（m/s）	粗糙系数
中砂、粉土	0.5 ~ 0.6	0.030	干砌毛石	2.0 ~ 3.0	0.020
黏土、粉黏土	1.0 ~ 1.5	0.030	浆砌毛石	3.0 ~ 4.0	0.017
有草皮护面黏土	1.6	0.025	混凝土	4.0	0.013
灰岩、砂岩、页岩	4.0	0.017	浆砌砖	4.0	0.017

2）岩石坡面台阶上横向截水沟与纵向排水沟

距离坡脚0.3 ~ 0.4 m，砌筑一道宽0.3 m、高0.6 m 的干砌石挡土墙，与岩石坡脚构成截水沟，减缓坡面汇水对覆土的冲刷。

当露天采场相对高差较大，降水相对集中时，为使台阶上截流的雨水有效输送到采场底部，在坡面上设计纵向排水沟，直接凿岩形成，根据汇水量设计宽度和深度。

3）开采平台与开采坡面的面积

按照《现代采矿手册》《采矿工程师手册》，设计院在编制矿山开发利用方案时，结合地形地貌、矿体特征、围岩物理力学性质、覆盖层厚度等，设计了露天采场参数表。从中可以计算出开采平台与开采坡面的面积比，见表 5-6。

表 5-6　不同设计参数下开采平台与开采坡面的面积比统计结果

露天采场设计参数	开采石英岩矿,台阶高度 12 m,岩石台阶坡面角 70°,黄土台阶坡面角 45°,安全平台宽度 4 m,清扫平台宽度 6 m(隔 2 设 1),最终边坡角 55°				
黄土边坡开采平台/开采坡面(面积比)	台阶数(个)	面积比	岩石边坡(没有黄土覆盖层)开采平台/开采坡面(面积比)	台阶数(个)	面积比
	1	0.182		1	0.458
	2	0.222		2	0.611
	3	0.292		3	0.801
	4	0.3		4	0.824
	5	0.306		5	0.84
	6	0.333		6	0.916
	7	0.333		7	0.916
	8	0.333		8	0.916
	9	0.35		9	0.962

4)平台上修筑挡土保水岸墙与覆土

对于岩石台阶,在开采平台边缘设计浆砌石挡土保水岸墙,宽 0.5 m、高 0.8 m,内部覆土,外侧高、内侧低,坡度 1% ~3% 。每隔 15 ~20 m,增加一道垂直于坡面走向的浆砌石挡土墙,防止平台上的汇水横向流动。根据开采平台宽度、挡土墙高度和厚度,计算开采平台每延米的覆土量。

5)开采平台与坡面的植被恢复工程

矿山开采平台立地条件差,林灌草成活率较低,覆土时应拌入适应环境能力强、耐旱、适合当地生长的乡土树籽(松树籽、侧柏树籽、椿树籽、楝树籽、榆树籽等),在岩石平台上挖坑植树。开采台阶覆土后的内、外两侧,挖坑栽植攀爬植物,每穴 1 ~2 株,间距 1 m。为防止水土流失、提高绿化效果,在植树的同时,平台上撒播狗牙根等草籽。

三、排土场(废渣堆)治理工程设计

(一)一般规定

(1)对排土场、废渣堆、矸石山等弃渣形成的边坡,以及取土场、修路形成的斜坡,应根据地形地貌、岩土类别、水文工程条件等因素,采取削坡、拦挡、支护等坡面稳定措施和生物工程治理措施。

(2)对松散堆积物高度较大的边坡,在地表水和地下水作用下易出现崩塌、滑坡、边坡失稳等现象,在边坡防护与复垦时,采取削坡、增加台阶、生物工程固坡等防治措施。

(3)采矿时地面塌陷,坡面出现裂缝而引发崩塌、滑坡,应根据岩性、构造、滑动层、地表和地下水分布状况,采取削坡反压、截排水、拦挡、生物工程等治理工程。

(4)排土场、废渣堆设计参数。

①根据《有色金属矿山排土场设计规范》(GB 50421—2007),排土场剥离废弃物堆置台阶高度见表 5-7。

表 5-7　排土场剥离废弃物堆置台阶高度

岩石类别	坚硬块石	混合土石	松散硬质黏土	松散软质黏土	沙质土
台阶高度(m)	40 ~60(30 ~40)	30 ~40(20 ~30)	15 ~20(10 ~15)	12 ~15(10 ~12)	7 ~10

注:1. 工程地质、气象条件较差时,选用括号内数值。

2. 地基土壤(黏土类、淤泥质软土)含水量较大,排土堆置后可能不稳定的排土场,初始台阶高度可适当减小;排土场地基(原地面)坡度平缓,剥离物为坚硬岩石或利用狭窄山沟、谷地堆置的排土场,可不受此表限制。

3. 剥离物的土、石类别十分明显的,排土台阶高度可根据土石类别,分别采用各自不同的台阶高度。当基底稳定,堆置坚硬岩石时台阶高度宜为 30 ~50 m(山坡型排土场高度不限),堆置砂土时宜为 15 ~20 m,堆置松软岩土时宜为 10 ~20 m。

4. 多台阶排土的总高度可经过验算确定,在相邻台阶之间应留安全平台,基底第一台阶的高度宜为 10 ~25 m。

②多台阶排土场剥离物堆置的总边坡角应小于剥离物堆存自然安息角(见表5-8)。

表5-8 剥离物(岩堆)堆置自然安息角

岩土类别	砂质片岩(角砾、碎石)	砂岩(块石、碎石、角砾)	砂岩(砾石、碎石)	片岩(角砾、碎石)与砂黏土	各种块度的坚硬岩石	石灰岩(碎石)与砂黏土
安息角(°)	25~42	26~40	27~39	36~43	25~42	27~45
平均(°)	35	32	33	38	40	34
岩土类别	花岗岩	钙质砂岩	致密石灰岩	片麻岩	云母片岩	页岩、片岩
安息角(°)	—	—	32~36.5	—	—	29~43
平均(°)	37	34.5	35	34	30	38

③剥离物的松散系数见表5-9,排土场堆置废弃物的沉降系数见表5-10,排土场土的安息角和坡比见表5-11。

表5-9 剥离物的松散系数

岩土类别	砂	带夹石的黏土岩	砂质黏土	小块度岩石	大块岩石	黏土
松散系数	1.01~1.03	1.10~1.20	1.03~1.04	1.20~1.30	1.04~1.07	1.25~1.35

表5-10 排土场堆置废弃物的沉降系数

岩土类别	硬岩	软岩	砂和砾石	粉质黏土	泥加沙	砂黏土
沉降系数	1.05~1.07	1.10~1.12	1.09~1.13	1.18~1.21	1.21~1.25	1.24~1.28
岩石类别	砂质岩石	砂质黏土	黏土	黏土加石	小块岩石	大块岩石
沉降系数	1.07~1.09	1.11~1.15	1.13~1.19	1.16~1.19	1.17~1.18	1.10~1.20

表5-11 排土场土的安息角和坡比

土的名称	干土		湿润土		潮湿土	
	安息角(°)	坡比	安息角(°)	坡比	安息角(°)	坡比
砾石	40	1:1.25	40	1:1.25	35	1:1.50
卵石	35	1:1.50	45	1:1.00	25	1:2.75
粗砂	30	1:1.75	35	1:1.50	27	1:2.00
中砂	28	1:2.00	35	1:1.50	25	1:2.25
细砂	25	1:2.25	30	1:1.75	20	1:2.75
重黏土	45	1:1.00	35	1:1.50	15	1:3.75
粉质黏土	50	1:1.75	40	1:1.25	30	1:1.75
粉土	40	1:1.25	30	1:1.75	20	1:2.75
腐殖土	40	1:1.25	35	1:1.50	25	1:2.25
填土	35	1:1.50	45	1:1.00	27	1:2.00

(5)边坡治理工程应根据与地形坡度、堆存高度、地层岩性、水文工程、筑墙材料等条件,综合分析确定挡墙形式。一般选用浆砌石挡墙;当位于河道边缘处,应采用混凝土挡墙。

(6)排土场、废渣堆、矸石山边坡整形和稳定后,采取植被恢复工程。

(7)对存在崩塌、滑坡、泥石流等地质灾害隐患的地段,应按照《滑坡防治工程设计与施工技术规范》(DZ 0219—2006)采取综合治理工程。

(8)排土场位置选择的原则如下:

①排土场应靠近采场,尽可能利用荒山、沟谷及贫瘠荒地,不占或少占农田。就近排土,缩短运输距离,但要避免在远期开采境界内进行二次倒运废石。

②有条件的山坡露天矿,排土场的布置应根据地形条件,实行高土高排、低土低排,尽可能避免上坡运输。做到充分利用空间,扩大排土场容积。

③选择排土场应充分勘察其基底岩层的工程地质和水文地质条件,如果必须在软弱基底上(软土、河滩、水塘、沼泽地等)设置排土场,则必须采取适当的工程处理措施,以保证排土场基底的稳定性。

④排土场不宜设在汇水面积大、沟谷纵坡陡、出口又不易拦截的山谷中,不宜设在工业厂房和其他构筑物及交通干线的上游方向,以避免发生泥石流和滑坡,危害生命财产,污染环境。排土场应设在居民点的下风向地区,以防止粉尘污染居民区。

⑤对于易氧化分解出有毒有害的废石,应采取有效的填埋措施,防止有害气体逸出和废液流失,对环境造成二次污染。

⑥排土场的选择应考虑废弃物料的综合利用和有用伴生矿产(铝土矿开采中的铁矾土、熔剂灰岩等)的回收,对于暂不利用的有用矿物,应分别堆置保存。

⑦排土场的建设和排土,应满足水土保持规划、土地复垦规划、矿山地质环境保护与恢复治理的要求。

(9)排土场治理措施如下:

①建设排土场之前,首先剥离表土层,另行存放,用于坡面治理用土。

②若基底属于软土,可在排土之前开挖掉,保证基底的承载压力。为稳固坡脚,防止排土场滑坡,可采用不同形式的护坡挡墙、坚硬块石构筑成的重力挡土墙。

③合理控制排土顺序,将坚硬大块岩石堆置在底层以稳固基底,或大块岩石堆置在最低一个台阶反压坡脚。将含不良成分的岩土堆放在深部,品质适宜的土层包括易风化性岩层堆在上部,富含养分的土层堆在顶部或表层。

④为防止基底含水浸润排土场下部岩石而导致滑动,在排土场边坡顶部内侧 3～5 m 处修筑截水沟,沿排土场两侧排出。截水沟设计标准按5%的洪水频率计算采场上游洪峰流量,洪峰流量根据《河南省暴雨参数图集》推荐的推理公式计算,采用明渠均匀流公式设计截水沟断面。

⑤设计和施工中应有效控制边坡水土流失,在排土场平台上修成4%左右的反向坡,靠近坡脚处修筑排水沟,使坡面和平台汇水流向排水沟而排出界外,防治平台本身的汇水侵蚀和冲刷边坡。

⑥对于山区沟谷内堆放的废渣,在排土场下游沟谷的收口部位修筑拦挡坝,防止其成为泥石流物源。拦挡坝的宽度一般为 3～5 m,高 3～6 m。顺山坡堆放矿渣时,在沟谷底部修建浆砌石挡渣墙。

⑦若整条沟作为排土场,应先在沟底铺设排水管涵,将上游汇水从挡渣墙下部引出。排水管的过水断面应根据上游的汇水面积、瞬时降雨强度、地形坡度、植被发育情况进行设计。为防止坡面冲蚀而导致滑坡,对于边坡坡度1:1的土质边坡或易风化的岩质边坡,可采用浆砌片石防护。浆砌片石护坡的厚度一般为0.3～0.5 m,护坡底面应设置0.1～0.2 m厚的碎石或砂砾垫层。

⑧在已结束施工的排土场平台和斜坡上进行生物治理并恢复植被(植树和种草),可以起到固坡和防止雨水对排土场表面浸蚀和冲刷影响,植被的根系可固结排土场表面的岩土,阻止坡面汇流,植物本身也吸收大量的水分。

⑨排土场植被要结合排土作业计划统一规划,确定适宜种植的植物种类,根据排土台阶的形成顺序,进行场地平整、播种或栽植,并施肥、浇水和维护,以获得较高的成活率。

⑩经过治理的排土场平台和边坡,利用剥离的表土覆盖于坡面和平台。在无适宜表土覆盖时,也可经过试验确证,不致造成污染的其他物料覆盖。覆盖土层厚度应根据场地用途确定。

(10)排土场治理后的综合利用。

①排土场顶部平台面积较大时优先恢复成耕地,覆土厚度为自然沉实土壤0.5 m以上,覆土后场地平整,地面坡度一般不超过5°。覆土土壤 pH 一般为5.5～8.5,含盐量不大于0.3%。

②排土场坡面植树种草,坡度不超过 25°。植树采用鱼鳞坑,坑深约0.6 m,土埂中间部位填高0.1～0.2 m,内坡 1:0.5,外坡 1:1,坑埂半圆内径0.3～0.6 m,取值0.5 m。

③排水设施满足场地要求,防洪满足当地标准。

(二)露天矿山排土场治理工程设计

露天开采的铝土矿、黏土矿、大理岩等矿山,剥采比大,剥离的土石方工程量大。其治理工程设计不同于其他的废渣堆。

坡面整形是废渣堆治理的主要内容。废弃的废渣堆一般占地面积较大、高度较大,具有较长的斜坡,如果截排水系统不健全,极易引发边坡滑坡,导致并加剧排土场坡面水土流失。具体的坡面整形设计应根据地形、堆积量、降水量、侵蚀模数、岩土比例及植被特点,整治后的废渣堆坡面坡度应低于废土石的自然安息角,根据堆存高度设置台阶;上部有截排水系统,马道有截排水沟;坡面的植物与周边地区物种协调一致,选择当地耐旱、耐贫瘠的物种。整形后平台之间高差10~12 m,坡面坡度30°,最终形成不同标高的圆弧形平台和台阶坡面(见图5-3)。在每一个平台的内侧(坡面坡角之下)修建排水沟,在沟的外侧修建田间道路,平台平整后覆土,复垦为耕地,靠近平台边缘处高、内侧低,地表坡度不大于3°。

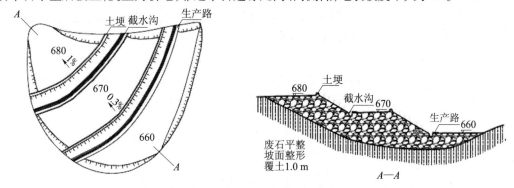

图5-3 排土场治理工程示意图

根据平台面积、土地适宜性评价和水土平衡分析结果,平台上复垦为耕地或林地,坡面上复垦为有林地,树种选择侧柏等低矮的乔木。

治理工程涉及坡底拦挡、挖填、坡面整形、截排水、道路、覆土、植树等。

(三)花岗岩矿山废渣堆治理工程设计

锯片切割开采花岗岩荒料成品率高、资源利用率高,但是废石块度大,在废渣堆内堆存的废石孔隙率达20%~60%,废石坡面覆土后在雨水冲刷作用下,表层覆土易沿块间的缝隙进入下部孔隙,导致坡面植被难以生长,故在废渣堆堆存废石时,应用废石渣、土充填孔隙。

为防止雨水冲刷废石,形成地质灾害,在废渣堆废石外围修建截排水沟,底部修建挡渣墙。

1. 截排水沟

在废渣堆废石外围修建截排水沟,截排水沟采用干挖沟,断面采用梯形,上口宽0.9 m、下口宽0.5 m、深0.5 m,边坡1:0.4。

2. 挡渣墙

在废渣堆底部修建挡渣墙,挡渣墙采用干砌石结构(见图5-4),一般底宽5 m、顶宽2.5 m、高4 m,基础开挖到较完整岩石。

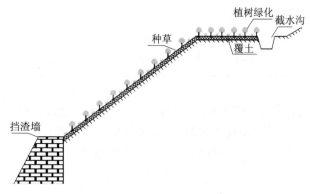

图5-4 废渣堆治理工程设计示意图

3. 植被恢复（土地复垦内容）

对废渣堆区域覆土时要拌入椿树籽、楝树籽、适应当地生长条件的草籽，覆土厚度1.0 m。覆土平整后，采取灌、乔套种混播方式进行生态修复，即以乔木形成林网，林网内混合种植灌类植物。乔木选择马尾松，灌木选择紫穗槐，马尾松坑穴规格为径宽0.8 m，坑深0.6 m，株行距为3 m×2 m（种植密度1 667株／hm²）；紫穗槐种植方式为扦插，株行距为1 m×1.5 m（种植密度6 667株／hm²）。

4. 废渣堆治理内容

废渣堆治理内容主要为坡面治理，修建浆砌石挡渣墙、排水沟和植树绿化。

（四）山区金属矿山废渣堆治理工程设计

河南省金属矿山多位于山区，地下开采，废石往往顺沟堆放在坑口附近。废弃矿渣不仅压占大量的土地、造成植被和地形地貌景观的破坏，而且挤占行洪通道，成为矿渣泥石流的物源，加之河道狭窄、降雨集中，在雨季易引发泥石流，对下游居民、农田和基础设施构成严重威胁。在治理工程设计时，一般沿着山谷一侧修建浆砌石挡渣墙，防止废渣堵塞河道。

1. 挡渣墙的结构形式

浆砌石挡渣墙一般采用重力式挡土墙。墙后填料为矿山废石，参照《国家建筑标准设计图集》04J008，常用挡渣墙的形式有俯斜式、直立式、仰斜式和衡重式挡土墙（见图5-5）。

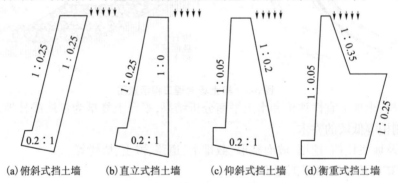

(a)俯斜式挡土墙　(b)直立式挡土墙　(c)仰斜式挡土墙　(d)衡重式挡土墙

图 5-5　重力式挡土墙断面图

2. 挡土墙的截面尺寸

矿区抗震设防烈度为6度、7度时，拦挡废渣、废石（附加荷载30 kPa）的挡土墙的截面尺寸见表5-12。当挡土墙高度大于6 m时，应进行稳定性验算，否则变动截面尺寸。

表 5-12　直立式挡土墙的截面尺寸

墙高 H(m)	墙顶宽度 b(m)	基底宽度 B_d(m)	台阶宽度 b_j(m)	台阶高度 h_j(m)	基底逆坡高度 h_n(m)
2	0.86	1.37	0.17	0.4	0.274
3	0.95	1.67	0.19	0.45	0.334
4	1.05	1.98	0.21	0.5	0.396
5	1.32	2.45	0.23	0.55	0.490
6	1.44	2.78	0.25	0.6	0.556

3. 挡渣墙的稳定性验算

采用《国家建筑标准设计图集》04J008设计的挡渣墙一般不需要进行稳定性验算，但是在山区地形条件、降水条件、岩土力学性质相对变化较大时，尚需进行稳定性验算。

（1）重力式挡土墙的抗滑稳定性（见图5-6）应按式（5-8）验算。

$$K_s = \frac{(G_n + E_{an})\mu}{E_{at} + G_t} \tag{5-8}$$

$$G_n = G\cos\alpha_0$$

$$G_t = G\sin\alpha_0$$
$$E_{at} = E_a\sin(\alpha - \alpha_0 - \delta)$$
$$E_{an} = E_a\cos(\alpha - \alpha_0 - \delta)$$

式中:K_s为抗滑稳定性;G为挡墙每延米自重,kN/m;E_a为每延米主动岩土压力合力,kN/m;α_0为挡土墙基底倾角,(°);α为挡土墙墙背倾角,(°);δ为岩土对挡渣墙墙背的摩擦角,(°),可按表5-13选用;μ为岩土对挡渣墙基底的摩擦系数,参照表5-14选用。

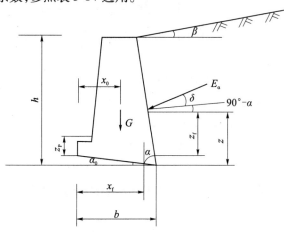

图5-6　重力式挡土墙抗滑稳定性验算示意图

表5-13　岩土对挡渣墙墙背的摩擦角

挡土墙情况	摩擦角 δ	挡土墙情况	摩擦角 δ
墙背平滑,排水不良	$(0 \sim 0.33)\varphi$	墙背很粗糙,排水良好	$(0.5 \sim 0.67)\varphi$
墙背粗糙,排水良好	$(0.33 \sim 0.5)\varphi$	墙背与填土之间不可能滑动	$(0.67 \sim 1.0)\varphi$

注:φ为土的内摩擦角。

表5-14　岩土对挡渣墙基底的摩擦系数

岩土类别	摩擦系数 μ	岩土类别	摩擦系数 μ
可塑黏性土	$0.20 \sim 0.25$	中砂、粗砂、砾砂	$0.35 \sim 0.45$
硬塑黏性土	$0.25 \sim 0.30$	碎石土	$0.40 \sim 0.50$
坚硬黏性土	$0.30 \sim 0.40$	极软岩、软岩、较软岩	$0.40 \sim 0.60$
粉土	$0.25 \sim 0.35$	表面粗糙的坚硬岩、较硬岩	$0.65 \sim 0.75$

（2）重力式挡土墙的抗倾覆稳定性（见图5-7）应按式（5-9）验算。

$$K_t = \frac{Gx_0 + E_{az}x_f}{E_{ax}z_f} \tag{5-9}$$
$$E_{ax} = E_a\sin(\alpha - \delta)$$
$$E_{az} = E_a\cos(\alpha - \delta)$$
$$x_f = b - z\cot\alpha$$
$$z_f = z - b\tan\alpha_0$$

式中:K_t为抗倾覆稳定性;E_{ax}为主动岩土压力在水平方向上的分力,kN/m;E_{az}为主动岩土压力在垂直方向上的分力,kN/m;x_0为挡土墙重心至墙趾的距离,m;x_f为挡土墙压力作用点至墙趾的水平距离,m;z_f为挡土墙压力作用点至墙趾的垂直距离,m。

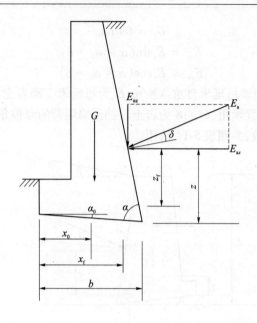

图 5-7   重力式挡土墙抗倾覆稳定性验算示意图

4. 挡渣墙的工作量计算

挡渣墙的工作量计算包括:削坡、坡面修筑、干砌石护坡、格构护坡、坡面整形与植被恢复等。挡渣墙防排水施工设计图见图 5-8。

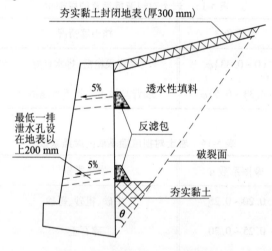

图 5-8   挡渣墙防排水施工设计图

(1)基础开挖深度为墙趾顶部的覆土厚度不小于 0.2 m + 台阶高度 + 逆坡高度 + 垫层厚度。

(2)基坑开挖宽度以挡土墙内墙壁为基准,宽度 = 基底宽度 + 预留工作面(0.3 m)。基坑深度小于 0.5 m,可直立开挖;大于 0.5 m,按照 1:1 放坡开挖。基础出地面标高后,及时回填夯实。

(3)垫层厚度一般为 0.1 m,并考虑基底逆坡高度工作量。

(4)挡土墙每隔 10 ~ 20 m 设置一道变形缝,变形缝宽 20 ~ 30 mm,缝内沿墙的内、顶、外三边填塞沥青麻筋或涂沥青模板,塞入深度不小于 0.2 m。

(5)挡土墙每延米工作量,按照截面面积计算。

(6)按照挡土墙高度 4 m 以下设置 1 排泄水管,高度超过 4 ~ 6 m 设置 2 排泄水管,泄水管间距 2 m。

(7)反滤包砂石、止水黏土、土工布设计见图 5-9。

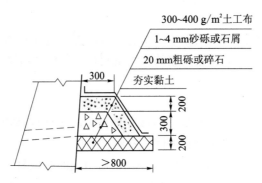

图 5-9　反滤包施工大样图　（单位:mm）

（8）挡土墙墙顶用水泥砂浆压顶,厚度 20 ~ 30 mm。挡土墙外露面用 M10 水泥砂浆勾缝。

（9）挡土墙施工完成后,应及时回填,自然安息角按30°计。

（10）每延米直立式挡土墙工作量汇总见表5-15。

表 5-15　每延米直立式挡土墙工作量汇总

墙高 （m）	基础开挖 （m³）	砂石垫层 （m³）	PVC 排水管 （m）	反滤包砂砾石 （m³）	止水黏土 （m³）	土工布 （m²）	深沉缝 （m²）	浆砌石 （m³）	基坑和墙背 回填（m³）
2	1.55	0.33	0.6	0.3	0.60	1.4	2.03	2.03	1.16
3	2.16	0.46	0.7	0.3	0.75	1.4	3.60	3.60	2.60
4	2.88	0.60	0.8	0.3	0.90	1.4	5.58	5.58	4.62
5	3.75	0.86	1.7	0.6	1.25	2.8	8.71	8.71	7.22
6	4.67	1.06	1.9	0.6	1.50	2.8	11.73	11.73	10.40

四、充填工程

（一）采空区充填工程

地下开采矿山的开采塌陷影响范围内有村庄、基本农田和重要基础设施时,为免遭地面塌陷的破坏,可采用采矿废石或尾矿充填防止塌陷和地表变形。

1. 充填材料与充填方法

1）干式充填材料及充填方法

干式充填法的充填材料可利用井下巷道掘进时的废石（如河南发恩德矿业有限公司洛宁月亮沟铅锌银矿的削壁采矿充填法）充填废弃巷道；当废石来源有限时,可开辟专用采石场。采用重力充填时,填料块度一般为 20 ~ 30 cm,风力输送充填时,块度小于 5 cm。

2）水砂充填材料及充填方法

采用尾矿砂、河砂、破碎砂作为充填料,用泵送法。拌和砂浆的溢流水及澄清水进入充填站沉淀池后可循环使用。

3）胶结充填材料及充填方法

填充料为尾矿砂、河砂、炉渣等,胶结材料选用低强度等级普通硅酸盐水泥,并掺入适量的粉煤灰,灰砂比为 1:8 ~ 1:10,采用泵送法。胶结强度可达到 2 ~ 5 MPa。

2. 采空区充填工作量计算

（1）利用井下巷道掘进时的废石时,采用干式充填法充填采空区可不计算工作量。

（2）利用尾矿砂、河砂、破碎砂作为充填料,采用泵送法充填采空区时,计算材料用量和设备台班费。

（3）固相材料采用尾矿砂、河砂、炉渣等,胶结材料选用低强度等级普通硅酸盐水泥和粉煤灰,采用泵送法充填采空区时,计算材料用量和设备台班费。

（二）竖井回填封堵

闭坑矿山遗留的竖井应进行封闭,消除危险隐患。对废弃的地下矿井,应该周密地做出适当处理,以免发生地面沉降或塌陷。同时,应保存完整的技术资料(如井上、井下对应位置图,巷道布置,采空区大小及位置等)。

1. 竖井回填封堵工艺措施

（1）回填材料可采用废石、建筑垃圾、煤矸石或其他无毒的工业固体废料。井筒底部先用建筑垃圾回填,然后填3～5 m厚的黏土,再填充碎石等固体材料。

（2）为提高填充物的密实性,可采取边回填边灌水,使回填的松散材料自然密实。

（3）距井筒顶部5～10 m处,用黏土回填并夯实。

（4）距井口地表3 m处,加工混凝土盖。在井口外围修建钢筋混凝土井座(井座下部宽度不得小于1.0 m,上部圈梁宽度不得小于0.5 m,埋深不小于1.5 m),上覆钢筋混凝土井盖进行封闭(井盖采用双层网格状钢筋骨架,钢筋间距不得大于20 cm,混凝土厚度不小于0.5 m,井盖应大于井座平面尺寸0.5 m,混凝土强度等级不小于C30,钢筋直径不小于φ14,见图5-10)。

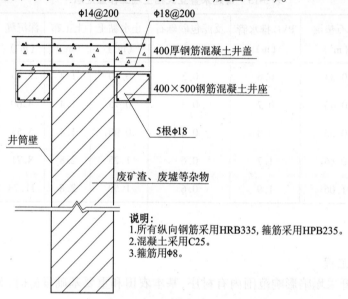

图5-10　竖井回填封堵示意图　(单位:mm)

（5）井盖上部2.5 m处用黄土回填,恢复植被。

（6）矿井井筒回填封堵后,应在中心位置设置标识牌,牌上注明废弃井筒的相关信息。

2. 井筒回填封堵工作量计算

井筒回填封堵工作量包括废渣清运回填工作量,黏土、混凝土、钢筋及水用量。

（三）斜井回填封堵

（1）距斜井井口20 m处,顺坡倾倒废石、建筑垃圾等固体材料,回填至斜井井口,砌筑挡墙(见图5-11);挡墙上部距井口段,采用黏土回填;井口用浆砌石封堵2～3 m,采用坚硬块石,砂浆采用M10。

（2）斜井井筒中心位置设置标识牌,牌上注明废弃斜井的相关信息。

（3）井筒回填封堵工作量计算:废渣清运回填工作量,黏土、浆砌块石用量。

（四）平硐回填封堵

（1）应根据硐口上覆岩层的厚度、岩石风化程度和完整性,合理选择封堵的长度,一般用废石充填10～15 m。硐口用浆砌石封堵2～3 m,采用坚硬块石,砂浆采用M10(见图5-12)。

（2）平硐封堵后在浆砌石上镶嵌标识牌,牌上注明平硐的相关信息。

（3）井筒回填封堵工作量计算:废渣清运回填工作量,黏土、浆砌块石用量。

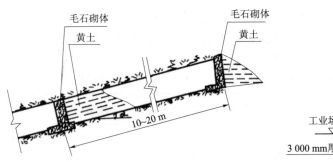

图 5-11　斜井充填封堵示意图

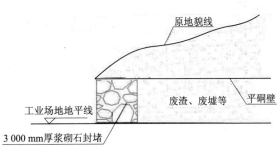

图 5-12　平硐回填封堵示意图

五、边坡工程

(一)坡面设计要求

(1)当采场位于山体的半腰时,在采场上部修筑截水沟和排水沟,将坡面上部汇水直接引向采场外部低洼处;若排水沟出口与周边地形相差较大时,在低洼处增加消能池,防止流水冲蚀作用破坏截排水沟结构。

(2)在每个台阶高度达到设计标高时,清除坡面上的危岩;对于顺层的高陡边坡,应放缓边坡,防止滑坡。

(3)当采场高差较大、开采台阶较多时,在清扫台阶坡脚处修筑横向截水沟,并每隔 250～300 m 修一条纵向排水沟,将坡面汇水引向采场底部的排水沟。

(4)采场底部坡脚处修筑排水沟,将汇水引出采场;当采场低于周边地形时,根据实际情况挖排水渠,将采场内的汇水排出界外;或修筑集水池,预防淹渍。

(5)岩石台阶边缘设计挡土墙,墙内覆土,覆土后种草或栽树;在平台覆土后的内外两侧栽爬藤植物。

(二)土质填方边坡

大型排土场的土质边坡,边坡高度不大于 8 m 时,采用 1:1.5 坡比;边坡高度 8～12 m 时,采用 1:1.75 坡比;高度超过 12 m 的边坡,一般应设计台阶,台阶宽度不小于 2 m,台阶上设计截排水沟。

对于浸水填方边坡(尾矿库),设计水位以下部分视填料情况,边坡坡比宜采用 1:1.75～1:2.00;在常水位以下部分,边坡坡比宜采用 1:2.00～1:3.00,并采取加固措施。具体设计按照《尾矿设施设计规范》(GB 50863—2013)进行。

(三)土质挖方边坡

土质挖方边坡坡比应根据边坡高度、土的密实程度、地下水和地表水情况、土的成因及生成时代等因素确定。一般情况下,具有一定黏性土质的挖方边坡坡比为 1:0.50～1:1.50,个别情况下可放缓至1:1.75。不同高度、不同密实度的土质挖方边坡坡比允许值可参考表 5-16。

表 5-16　土质挖方边坡坡比允许值

土的类别	密实度或状态	坡比允许值(高宽比)	
		坡高在 5 m 以内	坡高为 5～10 m
碎石土	密实	1:0.35～1:0.50	1:0.50～1:0.75
	中密	1:0.50～1:0.75	1:0.75～1:1.00
	稍密	1:0.75～1:1.00	1:1.00～1:1.25
黏性土	坚硬	1:0.75～1:1.00	1:1.00～1:1.25
	硬塑	1:1.00～1:1.25	1:1.25～1:1.50

注:1.碎石土的充填物为坚硬或硬塑状态的黏性土。

2.对于砂土或充填物为砂土的碎石土,其边坡坡比允许值均按自然安息角确定。

（四）砌石边坡

砌石应采用当地坚硬的块石、片石砌筑,基底以1:5的坡比向内侧倾斜,砌石高度一般不大于15 m,墙的内外坡坡比依砌石高度按表5-17选定。

表5-17　砌石边坡坡比允许值

序号	高度(m)	内坡坡比	外坡坡比
1	≤5	1:0.30	1:0.50
2	≤10	1:0.50	1:0.67
3	≤15	1:0.60	1:0.75

（五）岩质挖方边坡

岩质边坡形式及坡比应根据工程地质与水文地质条件、边坡高度、施工方法,结合自然稳定边坡和人工边坡的调查综合确定。岩石的分类、风化和破坏程度及边坡的高度是决定坡比的主要因素。

边坡高度大于20 m的露采坡面,宜采取分层开采、分层防护和护脚与加固等技术措施。当开采边坡较高时,可根据不同的岩石性质和稳定要求,开采成折线式或台阶式,台阶式边坡的中部应设置边坡平台(护坡道),边坡平台的宽度不宜小于2 m,并可根据工程施工机械作业需要适当放宽。

整治后使用要求为建筑边坡时,应依据《建筑边坡工程技术规范》(GB 50330—2013)的相关规定,在边坡保持整体稳定的条件下,岩质边坡开挖坡比允许值应根据实际经验,按工程类比的原则并结合已有边坡的坡比值分析确定。对于无外倾软弱结构面的边坡,可按表5-18确定。

表5-18　岩质边坡坡率允许值

边坡岩体类型	风化程度	边坡坡比允许值		
		$H < 8$ m	8 m≤H<15 m	15 m≤H<25 m
Ⅰ类	微风化	1:0.00~1:0.10	1:0.10~1:0.15	1:0.15~1:0.25
	中等风化	1:0.10~1:0.15	1:0.15~1:0.25	1:0.25~1:0.35
Ⅱ类	微风化	1:0.10~1:0.15	1:0.15~1:0.25	1:0.25~1:0.35
	中等风化	1:0.15~1:0.25	1:0.25~1:0.35	1:0.35~1:0.50
Ⅲ类	微风化	1:0.25~1:0.35	1:0.35~1:0.50	
	中等风化	1:0.35~1:0.50	1:0.50~1:0.75	
Ⅳ类	微风化	1:0.50~1:0.75	1:0.75~1:1.00	
	中等风化	1:0.75~1:1.00		

注:H为边坡高度。

（六）废石场、排土场边坡拦挡设计

为防止排土场、表土堆场、废石堆场土石方滑坡造成危害,将排土场、废石堆场的土石方拦截停留在设计堆存区内,以保护下方农田、道路和其他构筑物的安全,在排土场、废石堆场坡脚处砌筑挡土墙,挡土墙采用重力式浆砌毛石挡土墙或干砌石挡土墙,并在排土场周边修筑截排水沟,防止其冲刷排土场而造成水土流失;在表土堆场坡脚布置装土编制袋做围堰,并在表土堆场周围设置临时排水沟。

金属矿山位于山区,地形地貌复杂,废石场、排土场等可选择余地较小,一般采用挡土墙工程对底部进行拦挡。挡土墙断面及结构设计根据沟谷地形、废渣量、堆积高度、河流侵蚀基准面等确定。

六、主要工程量

汇总统计工程量,形成工程量汇总统计表。

第三节　矿区土地复垦

一、目标任务

依据土地复垦适宜性评价结果,确定复垦区各复垦单元的复垦方向、复垦面积、复垦区土地利用现状结构调整表,阐明土地复垦的目标任务、主要工程措施和工程量。平原、丘陵地区的塌陷稳定区治理工程设计主要以恢复耕地为目标。

通过对矿山开采损毁土地的复垦,总体目标为实现田、水、路、林、村综合整治,增加有效耕地面积,提高农业基础设施配套水平,改善农业生产条件和生态环境,全面提升基本农田建设质量和农业综合生产能力,提高粮食生产保障水平,促进土地资源可持续发展利用和社会主义新农村建设。在田(耕地)、水、路、林等方面达到如下具体目标:

(1)增加有效耕地面积,田块集中连片、规则成形,田面平整,耕作土壤深厚,埂坎稳固,耕作方便。农田灌溉水源条件好,保证程度较高,灌排设施及坡面水系布局合理、配套完善。采用节水型输配水和灌溉方式,提高水资源利用率,工程经济、安全。

(2)路网与项目区外主干公路衔接,路面平整,布局合理,配套完善,满足机耕、农业生产运输和农民生活的需要。

(3)林地满足农田防护需要和环境景观协调要求,起到保持水土、促进生态环境良性循环的作用。

(4)稳妥有序地推进农村居民点整治,合理划定生活区、生产区和服务区等功能区,配套完善的基础设施、公共服务设施。因地制宜,保留地方特色和农居特色。

二、工程设计

根据确定的土地复垦方向和质量要求,针对不同土地复垦单元采取不同措施进行复垦工程设计,确定各种措施的主要工程形式及其主要技术参数,主要工程设计应附平面布置图、剖面图、典型工程设计图。

(一)设计原则

(1)因地制宜原则:土地复垦工程设计是针对特定的损毁土地区域进行的,地域性特点很强,因此进行工程设计之前,必须充分认识到矿区土地的特性和经济条件以及土地损毁规律,从而因地制宜地确定土地复垦方案。

(2)生态效益优先原则:本项目所处的地区居民点多,雨量较为充沛,因此对于损毁区域,主要以生态恢复为最终目标,以生态恢复和生态涵养为主要原则,对于树种、草种的选择,要充分考虑其生态适宜性。

(3)以生态学中的生态演替原理为指导,因地制宜,因害设防,合理地选择物种,优化配置复垦土地,保护和改善生态环境,形成林草相结合的植物生态结构。

(二)设计内容

根据《土地复垦方案编制规程　第1部分:通则》(TD/T 1031.1—2011)附录D,土地复垦工程分一级项目、二级项目和三级项目。

三级项目的划分可参照 TD/T 1031.1—2011 附录D,同时结合《河南省土地开发整理项目预算定额标准》(豫财综〔2014〕80 号文,2014 年7月)等文件的预算子目进行确定,见表5-19。

表5-19　土地复垦工程项目划分

序号	一级项目	二级项目	三级项目
一	土壤重构工程	1.充填工程	地裂缝充填、塌陷地充填、井筒回填、坑口封堵、其他
		2.土壤剥覆工程	表土剥离、表土堆存、表土处置、客土、其他
		3.平整工程	挖方、填方、田面平整、田埂修筑、场地平整、其他
		4.坡面工程	削坡、危岩清理、护坡、坡面整形、平台梯田、其他
		5.生物化学工程	土壤培肥、污染防治、土壤改良、其他
		6.清理工程	废弃建筑物拆除、基础清理、建筑垃圾清理、其他
二	植被重建工程	1.林草恢复工程	植树、种树籽、植草、种草籽、其他
		2.农田防护工程	种树、种草、其他
三	配套工程	1.灌排工程	支渠、支沟、斗渠、斗沟、农渠、毛渠、其他
		2.喷灌、微灌工程	管道工程、设备安装
		3.机井工程	成孔工程、井管安装、填封工程、洗井工程、设备安装、管网工程、其他
		4.水工建筑物工程	渡槽、蓄水池、跌水、陡坡、水闸、涵洞、泵站等
		5.集雨工程	沉沙池、集水池、水窖、其他
		6.疏排水工程	截流沟、排水沟、排洪沟
		7.输电线路工程	线路架设工程、线路移设工程、配电设备安装、其他
		8.道路工程	田间道、生产路、其他道路
四	监测与管护工程	1.监测工程	地面沉陷监测、地下水监测、地质环境质量监测、土壤质量检测、其他监测
		2.管护工程	农田基本设施管护、林网管护、树木管护、其他管护

三、技术措施

（一）土壤重构工程

1.充填工程

1）采空区、矿井和巷道充填

采空区、矿井和巷道充填工程详见地质灾害治理技术措施，治理工作量计入矿山地质环境保护与治理工程内。

2）煤矿地裂缝充填

受采空区地面塌陷影响，地裂缝常出现在塌陷盆地边缘，对道路、农田及地面建（构）筑物产生破坏，在对地面塌陷、地裂缝进行监测的同时，发现地裂缝应及时进行回填处理。填充材料选用矸石或黏土，充填后压实、覆土。

填充式复垦主要是用经鉴别为非危险固体废物，浸出试验表明不会对地下水造成污染的煤矸石、粉煤灰、淤泥、建筑垃圾以及石料等作为填充材料对塌陷区低洼处进行填充，上覆一定厚度的土壤，恢复地表到可利用状态。根据裂缝宽度和延伸长度，对小裂缝采取充填、平整措施，使其恢复原状；中等裂缝可直接用土填充；较大规模裂缝区，先沿着裂缝剥离表土，剥离宽度为裂缝两侧各0.3～0.5 m，厚度为30 cm，剥离的表土层就近堆放在裂缝两侧，然后填入煤矸石、黏土等，再将裂缝两侧表土回覆。

（1）表土剥离填充整平模式：适用于塌陷稍深、地表无积水、塌陷范围不大的地块。先将表土剥离，再以煤矸石等材料填充凹陷处，覆盖表土，使地表恢复至塌陷前的高度，同时修复水利配套设施，使塌陷地恢复耕种。

（2）煤矸石等材料直接填充复垦模式：适用于塌陷深度大、范围大，表土剥离困难，无水源条件但交通便利的地块，可直接将煤矸石等材料填充塌陷处。复垦为农用地可加盖客土至原地面高度，复垦为建设用地可直接填充至原地面高度。

非填充式复垦是根据不同的土地塌陷情况而采用的复垦方法，常用的有划方整平、挖沟排水、削高

填洼、挖深筑高等方法,具体复垦模式为:

(1)就地整平复垦模式:适用于轻度塌陷、地表凸凹不平、起伏较小且面积较大的地块,采取划方整平、削高填洼的方法平整土地,修复水利设施。

(2)挖深筑高复垦模式:适用于中度塌陷的季节性积水区或面积较小的重度塌陷常年积水区。复垦时通过挖深筑高的方法,深挖鱼塘修筑台田,形成上粮下渔、水田相间的景观。

(3)综合利用模式:对于积水面积较大的塌陷区,根据实际地形、地貌等自然条件,复垦为人工湖面、钓鱼池及旅游景观用地等。

地裂缝回填后,使地表平整度与周边地形相一致,不降低土地的使用功能。

3)金属矿山地裂缝充填

对于陡倾斜的脉状矿体,距埋藏较浅时,开采形成的塌陷区为长条状、深度较大的裂缝。当矿山位于人口密集的丘陵、平原区时,采取回填措施,恢复成林地;对于地形坡度山区,回填难度大、恢复原状地貌的成本相当高,鉴于人类活动不强烈,可以设置警示标识,防治人畜掉入裂缝。

当矿体埋藏较深,地裂缝的分布没有规律时,发现裂缝随时回填,并增设警示标识。

2.表土剥覆工程

1)表土剥离与堆存处置

表土是土地复垦中熟化土壤的重要来源,表土的剥离与保存关系到将来土地复垦的质量与土地复垦的成本,是土地复垦工程中非常重要的环节之一。

耕作层土壤和表层土壤是经过多年耕作和植物作用而形成的熟化土壤,土层深厚,有机质含量高,土壤结构良好,水、肥、气、热诸肥力因素协调,微生物活动旺盛,供给作物水分养分的能力强,是深层生土所不能替代的。因此,在进行土地复垦时,要保护和利用好表层的熟化土壤。

首先要把表层的熟化土壤剥离后堆存在表土场储存,并加以养护和管理以保持其肥力;待复垦单元土地平整后,再平铺于其表面,使其得到充分、有效、科学的利用。表土堆场平整并覆盖,防止碾压、退化。

表土剥离可以使用推土机等机械设备,剥离的表土可用汽车、拖拉机等运输;较大面积的塌陷区表土剥离可以进行"条带式"剥离—堆存—回覆工艺,即复垦区域采用剥一条留一条的方法,条带宽度视剥离工具而定,先将剥离的表土堆放于相邻条带表面,回覆后再将受压覆的条带剥离,依次进行。

对于复垦后的土地,为使其恢复土地功能,需要对其进行表土回填,覆土厚度不低于 30 cm,可以使用机械覆盖,也可以选用人工覆盖,覆盖时应对覆土层进行整平。当采用机械整平时,尽量采用对地压力小的机械设备,并在整平后对覆土层进行翻耕。

2)客土

矿山建设和生产周期较长,剥离堆存的表土当存放 3 年之后,其有机质含量降低,复垦时表土难以保证,必须有客土代替。客土与剥离的表土质量相差较大,可根据客土存在的各种障碍因子,进行相应的改良,提高客土的利用率。

金属矿山多位于山区,植被覆盖率较高,植被下腐殖土较厚,条件允许的情况下,可挖腐殖土用于耕地平整后的覆土。当客土用于回填地裂缝或采坑时,可直接利用。

3.平整工程

1)塌陷区挖填平整工程

对于煤矿开采的大面积塌陷区,沉降稳定之后,在平原地区地下水埋藏较深时,采取削高填低、回填整平、挖沟排水的措施,使地形保持平整,恢复土地功能;地下水埋藏较浅时,采取挖深垫高的措施,一部分恢复成耕地,一部分变成水产养殖的水塘,提高土地资源的利用率和产出率。

对于丘陵地区,采取削高填低、回填整平、挖沟排水的措施。当塌陷区地面坡度大于 6°时,按照《水土保持工程设计规范》(GB 51018—2014)中的治理措施,分区修建成水平梯田,恢复土地功能。对于采空塌陷区,地面坡度大于 25°的坡地,不适宜恢复成耕地时,采取稍加修整、植被重建等综合治理措施,保持地形的原貌,并防止水土流失。

塌陷区坡度小于 6°的耕地,通过就地平整法进行挖补平整,保证整个塌陷区高程基本一致,平整后的土地标高要高于洪水位标高,以利于耕种和植物的生长。

(1)土地平整的挖、填土方。

对沉陷区进行土地平整时,先确定土地平整后的高程,进行挖、填方平衡计算(见图5-13)。根据地表形态,采用方格网法进行计算。

方格网采用50 m×50 m、100 m×100 m、100 m×200 m的间距,或按地形起伏情况确定长度和宽度,设定四角 C_1、C_2、C_3、C_4 值,计算一个方格网内的挖、填方量,计算公式如下:

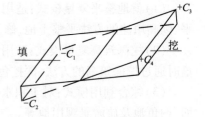

图5-13 土地平整示意图

$$V_{挖} = V_{填} = \frac{a^2}{4}\left(\frac{C_1^2}{C_1 + C_4} + \frac{C_2^2}{C_2 + C_3}\right) \qquad (5\text{-}10)$$

式中:C_1、C_2、C_3、C_4 为角点挖、填高度,m。

在土方的施工标高、挖填区面积、挖填区土方量算出后,应考虑各种变更因素(如土的松散率、压缩率、沉降量等),对土方进行综合平衡调配。

进行土方平衡调配,必须综合考虑工程和现场情况、有关技术资料、进度要求和土方施工方法以及分期分批施工工程的土方堆放和调运等问题,经过全面分析后,才可着手进行土方平衡调配工作,如划分土方调配区,计算土方的平均运距、单位土方的运价,确定土方的最优调配方案。

(2)土方平衡的调配原则。

挖方与填方基本达到平衡,在挖方的同时进行填方,减少重复倒运;挖、填方量与运距的乘积之和尽可能最小,即运输路线和路程合理,运距最短,总土方运输或运输费用最小;取土或弃土应尽量不占农田或少占农田;分区调配应与全场调配相协调、相结合,避免只顾局部平衡,任意挖填而损毁全局平衡;调配应与地下构筑物的施工相结合,有地下设施需要填土的,应留土后填;选择恰当的调配方向、运输路线,做到施工顺序合理,土方运输无对流和乱流现象,同时便于机械化施工。

2)采坑回填工程

对于露天开采矿山,当采场底部面积较大,复垦方向为耕地时,可将开采剥离的废土石回填到坑底0.5~1.0 m,平整后覆表土30 cm。坡面采场需要增加截排水措施;凹坑采场需要排水措施,或在采场底部设计集水池。

当采场底部恢复成建设用地时,在回填厚度较大时,应对废石块度、碎石粒度、黏土含量进行适当控制,并逐层回填、夯实。

3)坡改梯田工程

根据《河南省土地开发整理工程建设标准》,梯田应规划在25°以下的坡耕地上,对于25°以上的陡坡耕地,原则上应予退耕还林还草,发展多种经营。

采空塌陷区地表坡度大于6°时,适用梯田复垦工艺可以沿地形等高线就地势修建梯田,并略向内倾以拦水保墒。同时修筑适当的排水设施,防止水土流失,从而改善原有的农业生产布局。结合地形特点,以沟、渠、路为骨架,田面长边宜平行等高线布置,长度宜为100~200 m;土坎高度不宜超过2 m,石坎高度不宜超过3 m。田面宽度、田坎高度、田坎坡度具体按表5-20执行。

表5-20 不同地形坡度水平梯田断面适宜参数

地形坡度(°)	田面宽度(m)	田坎高度(m)	田坎坡度(°)
1~5	30~40	1.1~2.3	70~85
5~10	20~30	1.5~4.3	55~75
10~15	15~20	2.6~4.4	50~70
15~20	10~15	2.7~4.5	50~70
20~25	8~10	2.9~4.7	50~70

注:田面宽度与田坎坡度适用于土层较厚地区和土质田坎。土层较薄地区田面宽度应根据土层厚度适当减小;对石质田坎坡度,应结合石坎梯田的施工要求确定。

梯田田面长边应沿等高线布设,梯田形状呈长条形或带形。水平梯田断面设计按照《水土保持工程设计规范》(GB 51018—2014)(见图5-14)设计,应符合下列规定:

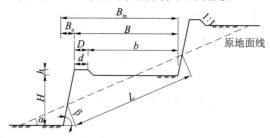

H—田坎高;b—耕地田面宽;B—田面宽;B_m—田面毛宽;α—地面坡度;h—地埂高;

β—田块侧坡坡度;B_n—田坎占地宽;D—地埂底宽;L—田面斜宽;d—地埂顶宽

图5-14 坡改梯工程设计示意图

(1)梯田要素设计。

田面宽:
$$B = H/(\cot\alpha - \cot\beta) \tag{5-11}$$

田面毛宽:
$$B_m = H\cot\alpha \tag{5-12}$$

田坎占地宽:
$$B_n = H\cot\beta \tag{5-13}$$

耕地田面宽:
$$b = B - D \tag{5-14}$$

田面斜宽:
$$L = H/\sin\alpha \tag{5-15}$$

田坎高:
$$H = L\sin\alpha \tag{5-16}$$

(2)梯田规格标准:梯田田面宽度大于8 m;人工梯田田坎高小于3.5 m;田坎侧坡坡度可采用71°~76°;地埂高一般采用0.3 m,顶宽0.3 m,埂内坡1:1,外坡与田坎侧坡一致,与田坎一并夯实修筑;表土剥离厚度30 cm。

在挖、填方相等时,梯田挖、填方的断面面积由下式计算:
$$S = 0.125HB = HB/8 \tag{5-17}$$
式中:H为田坎高度,m;B为田面宽,m。

(3)工程量计算。

每亩田坎长度:
$$L = 666.7/B \tag{5-18}$$

单位面积土方量:
$$V = 0.125HBL \tag{5-19}$$

则可以得出每亩土方量:
$$V = 0.125HBL = 0.125HB \times (666.7/B) = 83.3H$$

不同坡度级别的梯田设计要素及每亩挖、填土方量如表5-21所示。表中各坡度分区每公顷挖、填土方量按相应分区的平均值计算。

表5-21 改建水平梯田土方量计算结果

地面坡度 α(°)	田块侧坡坡度 β(°)	田坎高 H(m)	田面宽 B(m)	田坎占地宽 B_n(m)	每米田坎工作量(m³)	每亩埂长(m)	每亩挖方工程量(m³) 筑埂	每亩挖方工程量(m³) 土方开挖
10	75	2.0	11.3	1.00	0.38	58.78	17.63	166.75
20	75	3.0	8.2	1.37	0.45	80.88	36.40	250.13

(4)修筑田坎材料应从稳定性、适用性、经济性等方面综合考虑,一般选用土料或石料。

4.生物化学工程

1)土壤培肥

土壤肥力是土壤为植物生长提供和协调营养条件及环境条件的能力,是土壤区别于成土母质和其他自然体的最本质的特征,也是土壤作为自然资源和农业生产资料的物质基础。

土壤肥力按成因可分为自然肥力和人为肥力。自然肥力是在气候、生物、母质、地形和年龄等五大成土因素影响下形成的肥力,是土壤的物理、化学和生物特征的综合表现,主要存在于未开垦的自然土壤;人为肥力指通过人类生产活动,如耕作、施肥、灌溉、土壤改良等人为因素作用下形成的土壤肥力。土壤肥力处于动态变化之中,既受自然气候等条件影响,也受栽培作物、耕作管理、灌溉施肥等农业技术措施以及社会经济制度和科学技术水平的制约。

土壤的功能是在植物生长发育的全过程中,不间断地为植物生长供应和协调需要的水分、养分、气、热、扎根条件和其他生活因素的能力。

土壤施肥是提高土壤肥力、改良土壤的重要措施之一。对于复垦单元内损毁土地在采取工程措施后的重构土壤,土壤培肥的作用是为植物提供养分,改善土粒结构,克服肥力消失后的坏境压力。

提高土壤肥力的主要措施是增施有机肥或杂肥。人畜粪便、秸秆、河泥、生活污泥、木屑等都是较好的土壤改良剂,能提供较多的有机质和土壤微生物,并保持较长的养分供应时间。充分利用这些废料不仅可改良土壤,同时为废料处理提供了途径,减少了环境污染。

秸秆包括麦草、稻草、玉米秆等,还田方法有填反压换填、覆盖还田、堆沤还田等。同时可通过种植绿肥和固氮的豆科植物来改善土壤理化性质,也可培养和引入微生物,通过将土壤中有益微生物制成生物肥料的方式提高土壤肥力。

为改善土壤质地,除施肥外还可采用客土法,对过砂、过黏土壤,采用"泥入砂、砂掺泥"的方法,调整耕作层的泥沙比例,达到改良质地、改善耕性、提高土壤肥力的目的。

通过对复垦后土地进行翻耕,能有效解除土壤压实,疏松耕层,从而增加土壤空隙度,以利于接纳和储存雨水,增加透气保墒能力,促进土壤中潜在养分转化为有效养分和促使作物根系的伸展。

2)土壤改良

建设项目所压占、挖损的土地在经过碾压、压占和挖损活动后,其原有的土壤肥力降低、土壤通气性差,影响植物的生长发育,必要时应对损毁土地采取土壤改良措施。

土壤改良是针对土壤的不良性状和障碍因素,采取相应的物理或化学措施,改善土壤性状,提高土壤肥力,增加作物产量,以及改善人类生存土壤环境的过程。土壤改良工作一般根据各地的自然条件、经济条件,因地制宜地制定切实可行的规划,逐步实施,以达到有效改善土壤生产性状和环境条件的目的。

建设项目所占用的临时用地在经过压占和挖损活动后,其原有的土壤肥力势必受到严重破坏,影响植物的生长发育,因此对受破坏的土地必须采取土壤改良措施。

土地复垦过程中,尽管采取表土层剥离、土地平整和表土覆盖措施,但土层构型遭到破坏,往往成为低产田。预期提高作物生产水平,土、肥、水条件与作物的生长发育需要相适应,土壤结构改良是重要措施之一。生物化学措施为土壤改良与培肥、生物改良。

(1)土层改良法。

对于矿山土地复垦项目,有效土层较薄,甚至没有土层。为种植农作物、恢复植被,在废渣堆、排土场等复垦区表面需覆盖一层营养土壤或熟土,其厚度一般为30~50 cm。对于由优良土质组成的复垦区,在种植农作物之前,一般也需采用人工或机械翻挖20 cm土层,有利于植物生长。

(2)土质改良法。

对于开挖生土所组成的边坡,为了种植作物或恢复植被,需要对土质进行改良。所谓土质改良法,是通过在土层加入营养剂、酸碱中和剂、有机质等改良添加剂,经过掺和和搅拌,改良土壤性质,使之适合植物生长的一种方法。根据改良剂的成分,又可将土质改良法分为无机法、有机法及有机—无机复合法,特别是采用泥炭、草炭、堆肥等有机质材料对土壤进行改良的方法,对环境没有污染,长效性好,已在复垦工程中得到比较广泛的应用。

表土缺乏地区,在覆盖土中加入土壤改良剂,将会收到预期的土壤改良效果。在实施前需对原土壤的成分、性质、颗粒大小、酸碱度等进行充分的调查分析,以便合理确定土壤改良方法及使用改良剂的种类。

无机质土壤改良剂主要由珍珠岩、凝灰岩、硅岩等岩石材料烧制而成,是一种孔隙大、保水、通气、排水的轻质化学产品;有机质则是以树皮、泥炭、稻谷壳、秸秆等作为原料分别经过粉碎、堆积、腐烂等工艺制作而成的有机质产品,最大特点是能使土壤松软,从而通过改良土壤、促进土壤保水与排水能力的恢复,以达到使土壤适应植物生长的目的。在使用土壤改良剂之前,应该现场采样,认真对土壤物质成分、化学性质、颗粒组成等进行化验分析,以确定采用何种改良剂及用量。有机质改良剂(见表5-22)由于其原料主要由天然物质或其他废弃物经加工而成,是一种无污染的环保产品,且具有长效性能好、投资合理等优点。

表5-22 常见有机土壤改良剂

序号	分类	原料成分	性能与效果	适用改良的土壤
1	炭化物质	草炭	促进土壤松软、保水	重黏土、生土
		泥炭	促进土壤颗粒化	火山土、红土、矿渣粉
2	植物原料	树皮、木屑、秸秆、稻谷壳	促进土壤松软和微生物活性化	重黏土、黏土、砂土
3	微生物	海藻、细菌物	土壤生物多样化、促进有机质分解	生土、瘠薄土
4	废弃物	污泥、生活垃圾	碳氮比低,促进土壤松软、肥效长	生土、瘠薄土
		动物粪便	促进土壤松软、肥效长	生土、瘠薄土
		纸浆残留物	促进土壤松软	重黏土、黏土

注:2、4类原料充分腐烂成熟后方可使用。

3)土壤改良过程

(1)保土阶段,采取工程或生物措施,使土壤流失量控制在容许流失量范围内。如果土壤流失量得不到控制,土壤改良亦无法进行。对于耕作土壤,首先要进行农田基本建设。

(2)改土阶段,其目的是增加土壤有机质和养分含量,改良土壤性状,提高土壤肥力。改土措施主要是种植豆科绿肥或多施农家肥。当土壤过砂或过黏时,可采用砂黏互掺的办法。

采取相应的农业、水利、生物等措施,改善土壤性状,提高土壤肥力的过程称为土壤物理改良。具体措施包括适时耕作、增施有机肥、改良贫瘠土壤、平整土地等。

4)土壤改良工艺措施

(1)若采用客土改良方法,一般宜就地取材,因地制宜,在进行土地平整、道路与排灌系统建设时,可有计划地搬运土壤,进行客土改良。

(2)土壤结构改良是通过施用天然土壤改良剂(如腐殖酸类、纤维素类、沼渣等)和人工土壤改良剂(如聚乙烯醇、聚丙烯腈等)来促进土壤团粒的形成,改良土壤结构,提高肥力和固定表土,保护土壤耕层,防止水土流失。

(3)有计划地轮作换茬,水旱轮作与合地灌排,改善土壤温度、电导率值。

(4)搞好农田基本建设,采取秸秆还田,适当增施腐熟的有机肥,以增加土壤有机质的含量;采用蓄水聚肥、增施肥料等改良土壤的措施,提高土壤理化性能。

(5)通过对复垦后的土地进行翻耕,能有效解除土壤压实、疏松耕层,从而增大土壤空隙度,以利于接纳和储存雨水,增加透气保墒能力,促进土壤中潜在养分转化为有效养分和促使作物根系的伸展。土地翻耕深度宜为20~50 cm,翻耕后的耕地应松碎、平整均匀。

5.清理工程

清理工程包括工业场地、选矿厂、井口、坑口、供水供电设施、废弃村庄、矿山道路等建筑物、构筑物的拆除、建筑基础清理和建筑垃圾清运及填埋。

平原地区清理深度一般清除到土壤,山区则根据复垦方向因地制宜。

针对不同结构类型,拆除的砖瓦、条石、块石、木材可用于其他处,未污染的土经人工改良后用作复垦土壤,建筑垃圾可用作田间道路路基以及路面材料或回填矿井,将多余的建筑废弃物运到废渣场。

废弃建筑物拆除、基础清理、建筑垃圾清理等计入地形地貌景观恢复治理工程。

(二)植被重建工程

林草复垦工程包括种植类型、树种选择、种子、苗木、种植密度、栽植方法、混交林植物构成比例、养护方法、成活率等。

复垦植物种类要具有优良的水土保持作用,能减少地表径流,涵养水源,阻挡泥沙流失和固持土壤;要具有较强的适应脆弱环境和抗逆境的能力。对干旱、潮湿、瘠薄、盐碱、酸害、毒害、病虫害等不良立地因子有较强的忍耐能力;对粉尘污染、冻害、风害等大气不良因子也有一定的抵抗能力;有固氮能力,植物根系应发达,成活后能形成网状根以固持土壤,地上部分生长迅速,枝叶茂盛,覆盖面积较大,能较快形成枯枝落叶层,提高土壤保水保肥能力;播种栽培较容易,成活率高。

1.一般规定

(1)一般土壤处理:对场地进行平整、清除灰渣、石块、树根等杂物,具备一定的排水条件,对缺乏土壤的露天采场和排土场、废石渣场应覆盖客土。对于乔灌草覆土厚度不小于30 cm,园地不小于40 cm。

(2)土壤改良:对已受污染不适宜农作物、树木或草、灌木生长的土壤,原则上要进行改良,尽量更换肥沃的、pH为6~8的壤土。覆土时利用自然降水、机械压实等方法让土壤沉降,使土壤保持一定的紧实度。

(3)岩质边坡土壤处理:岩质边坡土壤瘠薄,应清除坡面浮土及危岩,结合工程措施沿等高线挖种植槽,在槽内覆客土种植。

(4)应优先采用适应环境能力强的、适合当地生长的乡土树种和草种,或景观设计所需的树种和草种。

(5)有一定厚度土层的坡面植被恢复应与造林护坡和种草护坡结合,宜优先采用人工直接种植灌、乔木和草本植物恢复植被,没有特殊景观要求时,宜乔草、灌草或乔灌草相结合。

(6)在坡比小于1:0.3岩质陡坡面上可采用穴植灌木、藤本植物恢复植被。用工程措施沿边坡等高线挖种植穴(槽),利用常绿灌木的生物学特点和藤本植物的上爬下挂的特性,按照设计的栽培方式在穴(槽)内栽植,从而发挥其生态效益和景观效益。

(7)露采矿山边坡植被恢复工程必须在消除边坡地质灾害隐患、确保边坡稳定的前提下实施;露采矿山边坡植被恢复应使治理后的效果与周边自然环境相协调。

(8)依据矿山现状,结合自然条件、土地利用与环境整治要求,合理确定整治技术方法。

2.植物物种选择原则

(1)因地制宜,根据复垦方向和需要,明确植被恢复工程植物群系,合理建立植物群落。

(2)选择植物生物学、生态学特性与立地条件相适应,适应当地的气候、土壤水分、pH、土壤性质等条件,稳定性好、抗性强的植物。

(3)适地适树(草),以地带性植被、乡土植物为主,适当引进外来植物。需要引进外来树种时,应选择经引种试验并达到《林木引种》(GB/T 14175—1993)标准的树种。

(4)乔、灌、藤、草相结合,丰富生物多样性,构建立体生态防护体系,恢复植被景观。

(5)植物物种选择

植物物种选择的基本原则是,选择适合当地气候、地质条件、具有较强抗旱及抗寒性能的草、灌、乔相结合的多层次、立体配置的植物体系,植物品种可参见表5-23。

表 5-23 部分护坡植物及生长特点

类型	植物名称	生长高度(m)	生长特性
乔木	马尾松	3～6	耐瘠薄,适应于坚硬土壤和软岩生长
	侧柏	3～6	耐瘠薄、耐旱,特别适宜在岩石裂隙生长
	臭椿	6～12	耐瘠薄、耐旱,适应于坚硬土壤和软岩生长,特别适宜在岩石裂隙生长
	刺槐	5～10	耐瘠薄、耐旱,适应于坚硬土壤、岩石裂隙和软岩生长
	白榆	6～15	耐瘠薄、耐旱、耐寒,适应于坚硬土壤和软岩生长
	苦楝树	6～12	在酸性土、中性土与石灰岩地区均能生长
	野皂角	2～4	耐瘠薄、耐旱,适应于坚硬土壤和软岩生长
	构树	5～12	根系浅,侧根分布广,生长快,萌芽力和分蘖力强,抗污染性强,抗逆性强
	酸枣	2～3	耐旱,根系发育,适应于坚硬土壤和软岩生长,固坡效果好
	女贞	3～6	耐阴,根系发育
灌木	紫穗槐	1.5～3	耐阴、耐旱、根系发育、固坡效果好,可穴植、与草混合播种
	沙棘	1～2	抗旱、耐瘠薄、根系发育、固坡效果好
	胡枝子		耐干旱、耐瘠薄,根系发达,适应性强,对土壤要求不严格
	爬山虎		耐寒、耐旱、耐瘠薄,怕积水,适应于坚硬土壤和软岩生长
草本植物	羊茅草	0.4～0.8	耐寒,抗酸性能力强
	狗牙根	0.1～0.3	根系发达、固坡效果好
	早熟禾	0.3～0.4	耐旱、耐瘠薄,固坡效果好
	长芒草	0.3～0.6	耐旱、耐瘠薄,固坡效果好
	野菊	0.3～1	耐瘠薄、耐旱、耐寒,适应于坚硬土壤和软岩生长

3. 设计要求

(1)根据复垦方向做出如下设计:树苗、藤本插条、草籽的规格数量、原产地及其处置与运输要求,造林种草方式方法与作业要求,乔灌木树种与草本、藤本植物的栽植配置(结构、密度、株行距、行带的走向等),整地方式与规格,整地与栽植(直播)的时间。

(2)进行种苗需求量计算,根据树种配置与结构、株行距及造林作业区面积计算各树种的需苗(种)量,落实种苗来源。

(3)立地条件与植物生长的关系,重点考虑坡度、土壤硬度与植物生长的关系,见表5-24、表5-25。

表 5-24 坡度与植物生长的关系

分类	坡度(°)	植物特点
平缓坡	≤30	以恢复栽种乔木为主,易被本地物种演替,如植被覆盖,基本可防治土壤侵蚀
缓坡	30～35	受周围植被入侵影响,尽量采用群落植物方案
斜坡	35～45	中等乔木和灌木植被占优势,可考虑覆盖地表的草本植物组成的群落方案
较陡坡	45～50	灌木和草本植物占优势,尽量少用高大的乔木,避免破坏边坡稳定性
陡坡	≥50	生物与工程相结合

表 5-25　土壤硬度与植物生长的关系

土壤分类	名称	土壤厚度(cm)	植物特点
软质土	泥土	10	因干燥,对植物发芽不利
	黏性土	10～23	在肥力适中地区,植物根系固坡效果好
	沙质土	10～27	适合栽种乔木
中度硬土	黏性土	23～30	除少量树木外,土壤对根系生长稍有妨碍
	沙质土	27～37	
硬土	高强度黏土	30以上	严重影响根系延伸
软质岩石	风化岩、基岩		对于具有裂缝的边坡,可考虑客土喷薄植物种子或穴栽

4.质量要求

种植材料应根系发达、生长苗壮、无病虫害、规格及形态应符合设计要求。

乔木的质量标准:树干挺直,不应有明显弯曲,无虫蛀和未愈合的机械损伤。树冠丰满,枝条分布均匀,无严重病虫危害,常绿树叶色正常。根系发育良好,无严重病虫危害。土地复垦选择好树种时,一般采用裸根穴栽方式;靠近城市周边,移植树木的土球一般为苗木胸径的8～10倍。

灌木的质量标准:根系发达,生长苗壮,无严重病虫危害,灌丛匀称,枝条分布合理,高度不得低于1.50 m,丛生灌木枝条至少为4～5根,有主干的灌木主干应明显。矿区废弃地植树造林树种选择、树种配置、栽植密度等技术要求参照《造林技术规程》(GB/T 15776—2016)。

(三)配套工程

1.灌排工程

(略)

2.微灌工程

1)水源

蓄水池应考虑沉淀要求;从河道或渠道中取水时,取水口处应设拦污栅和集水池,集水池的深度和宽度应满足沉淀、清淤和水泵正常吸水要求。蓄水池和引渠宜加盖封闭。

2)设备选择

灌水器的选择应考虑土壤、作物、气象因素和灌水器的水力特性,根据水质状况和灌水器的流道尺寸选择微灌系统中的水质净化设施,宜选用砂过滤器、200目筛网过滤器或叠片式过滤器。

3)管网

微灌管网一般根据水源位置、地形、地块等情况分成干管、支管和毛管三级管道,灌溉面积大的可增设总干管、分干管或分支管,面积小的可只设支管、毛管两级。支管以上的各级管道首端应设控制阀,地埋管道的阀门处应设阀门井;管道起伏的高处、顺坡管道上端阀门的下游和逆止阀的上游均应设进排气阀,末端应设冲洗排水阀;直径大于50 mm的管道末端、变坡、转弯、分岔和阀门处应设固定墩,当地面坡率大于20%或管径大于65 mm时,每隔一定距离增设固定墩;固定式塑料管道相邻固定端之间每隔30～60 m间距宜设伸缩节;移动式管道应根据作物种植方向、机耕等要求铺设,避免横穿道路。管道埋深应根据土壤冻层深度、地面荷载和机耕要求深埋管道,干管、支管埋深不小于50 cm,毛管埋深不小于30 cm。

3.机井工程

1)单井控制灌溉面积

根据《机井技术规范》(SL 256—2000),结合项目区地下水资源和水文地质条件,确定水井结构、钻井深度和钻孔成井工艺。单井控制灌溉面积可按下式计算确定:

$$A_0 = \frac{QtT_2\eta(1-\eta_1)}{m} \tag{5-20}$$

式中:A_0为控制灌溉面积,亩;Q为单井出水量,m^3/h;t为灌溉周期机井每天开机时间,h/d,一般取18 h/d;T_2为每次轮灌期天数,d,河南省一般取10 d;η为灌溉水利用系数,采用渠道输水时取0.65,采用软管输水时取0.95;η_1为干扰抽水的水量削减系数,经抽水试验确定,项目区面积较小,设计一眼水井时取0,群井抽水时取0.2;m为每亩每次综合平均灌水定额,$m^3/($亩·次$)$,参见《河南省用水定额》。

例如,河南省豫中地区某地。农用水井单井出水量为20 m^3/h,冬小麦拔节期一次灌水定额取40 $m^3/$亩,软管输水,附近有灌溉用水井,则该井控制灌溉面积为68.4亩。

2)井距确定

(1)井距可按式(5-21)、式(5-22)计算确定:

方形布井时

$$L_0 = 25.8(A_0)^{1/2} \tag{5-21}$$

梅花形布井时

$$L_0 = 27.8(A_0)^{1/2} \tag{5-22}$$

式中:L_0为井距,m。

(2)井距应按复垦区具体条件选用干扰抽水法或类比法进行校核,或者参考临近区域资料。

3)井数确定

井数可按下列方法计算:

(1)采用单井控制灌溉面积法时,按下式计算:

$$N = F/L_0 \tag{5-23}$$

式中:N为复垦区需要打井数,眼;F为复垦区内灌溉面积,亩。

(2)采用可开采模数法时,按下式计算:

$$N = 1\ 500^{-1}MF_1/(QtT_a) \tag{5-24}$$

式中:M为可开采模数,$m^3/(km^2·a)$,根据区域水文地质或抽水试验资料确定;F_1为复垦区内灌溉面积,亩;T_a为灌溉天数,d/a。

4)水井配套设施

水井配套设施包括井网布置、配套设备、地面渠系、低压输水灌溉管道、喷微灌设施、电网布置以及投资估算等。

5)钻孔成井工艺

第四系松散岩类钻孔成井工艺流程见图5-15。

6)钻孔工艺及技术要求

(1)根据复垦区井位布置,进行测量放线、确定井位。井位一般布置在地势较高的一侧。

(2)根据灌溉面积、灌溉用水量和含水层位的富水性,确定单井出水量。

(3)按抽水量和扬程选择水泵,按水泵的外径选择钻孔结构。

(4)根据管井设计的孔深、孔径、地质及水文地质条件选择钻机及配套设备。钻机及附属设备的安装做到基础坚实、平稳,便于操作;回旋转盘要水平,天车、转盘及井孔中心必须在一条铅直线上;安全防护设施符合安全规定,电器有接地装置,钻塔安装避雷装置。

(5)按钻孔结构选择钻头直径,按岩土层的硬度、研磨性、可钻性选择钻进工艺和钻头类型,按切削面积、岩石硬度和孔壁稳定性合理确定钻压、转速和泵量,达到最优化钻井。

(6)合理布置泥浆循环系统,泥浆池容积不小于30 m^3,循环槽长度不小于20 m,中间设置两个沉淀池。

(7)冲洗介质,应根据水文地质条件和施工情况等合理选用,一般在黏土或稳定地层,采用清水;在松散、破碎地层,采用泥浆。泥浆参数:相对体积质量不大于1.15,黏度21~25 s,含砂率小于4%,胶体率大于95%,pH为7~9。在钻进过程中,应及时采样并做好地层编录工作;停钻期间,应将钻具提至安全孔段位置并定时循环或搅动孔内泥浆,泥浆漏失必须随时补充。

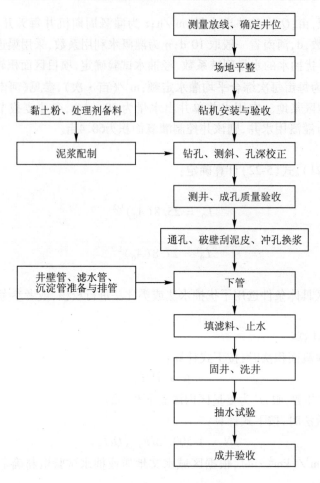

图 5-15 钻孔成井工艺流程

(8)根据地层情况,埋设表层套管,保护管底部、环形空间需进行封固。保证在管井施工过程中不松动,井口不坍塌。

(9)每钻进 50 m、换径、下管、终孔及遇含水层位时均要校正孔深,孔深误差率小于0.5%,如有超差必须按均分法平差。每钻进 100 m,换径或下管前均应测斜,孔斜率不大于 1°/100 m。

(10)钻孔深度达到设计要求后,由业主代表组织成孔质量验收,验收合格后方可进行下一道工序。

7)成井工艺及技术要求

(1)成井验收后,进行通孔、破壁刮泥皮、冲孔换浆,下井壁管与井管前应捞净孔底残留岩芯和沉渣,并有扶正器保持井管位于孔中心。冲孔换浆时应备足清水,循环槽和沉淀池应加长加大,确保孔内返出清水,防止泥浆污染环境。

(2)按钻探取心确定的含水层位、埋藏深度与电测井技术确定的岩性和含水层位进行比较,确定含水层位及厚度,以此决定滤水管的长度及位置,确保滤水管位置与含水层位相对应。井管的连接必须做到对正接直、封闭严密,接头处的强度应满足下管安全和成井质量的要求。

(3)根据管材强度、下置深度和钻机的提升能力,选取提吊下管法或浮力下管法。下置井管时,井管必须直立于井口中心,上端口应保持水平。

(4)各种管材下井前在地表要认真排列和严格丈量长度,并做好记录。按自下而上的排列顺序,依次为沉淀管—滤水管—井壁管—滤水管—井壁管。

(5)滤水管应有足够的强度、进水面积,有效防止涌砂,避免堵塞和防腐。在冲孔换浆之后,及时下入井管,并尽量缩短下管时间。

(6)供水水井滤料采用磨圆度较好、颗粒均匀的水洗石英砂。按含水层厚度、环状空间的面积,并考虑充盈系数计算滤料用量。投滤料时向管内注水,当环状空间返出清水时,再连续地、均匀地投入滤料。

（7）止水材料采用粉碎后的黏土，高压下压制成黏土球，晒干后即可投入使用。

（8）按含水层位岩土性质、井深和水位埋深选用洗井方式，常用方法有 CO_2 洗井、酸洗井、空压机洗井和活塞泵洗井等。采用空气洗井出水量应接近设计要求或连续两次单位出水量之差小于 10%，方可结束。

（9）抽水试验的出水量不宜小于管井的设计出水量；抽水试验的水位和出水量应连续进行观测，稳定延续时间为 6～8 h。管井出水量和动水位应按稳定值确定。抽水试验时进行含砂量测定，含砂量应小于 1/20 000（体积比）。

（10）抽水试验结束前，应根据水的用途或设计要求采集水样进行检验。

4.集雨工程

1）坡面蓄水工程

根据地表径流、地形条件，坡面蓄水工程采取水平阶、水平沟、窄梯田、鱼鳞坑等蓄水工程。

（1）水平阶。适应于地块较为完整、土层较厚、坡度在 15°～25° 的坡面，阶面宽 1～1.5 m，具有 3°～5° 反坡。上下两阶之间水平距离以设计造林行距为准。在阶面上能全部拦蓄各阶台间斜坡径流，由此确定阶面宽度、反坡坡度（或阶边设埂），或调整阶间距离。树苗种植干距阶边0.3～0.5 m（约1/3 阶宽）处。

（2）水平沟。适用于在 15°～25° 的陡坡，沟口上宽0.8～1.0 m，沟底宽0.3～0.5 m，沟深0.4～0.6 m，沟由半开挖半填筑而成，内侧挖出的生土用在外侧筑埂。树苗植于沟底外侧。根据设计造林行距和坡面径流量大小确定上下沟的间距和水平沟断面尺寸。

（3）窄梯田。在坡度较缓、土层较厚的坡地种植果树或其他立地条件要求较高的经济树木时，采用窄梯田。田面宽 2～3 m，田边蓄水埂高0.3 m，顶宽0.3 m，根据果树设计行距确定上下两台梯田间距。田面修筑平整后将挖方生土部分耕翻0.3 m 左右，在田面中部挖穴种植果树。

（4）鱼鳞坑。适用于地形破碎、土层较薄、不能采用带状整地的坡地。每坑平面呈半圆形，长径0.8～1.5 m，短径0.3～0.5 m，坑内取土在下沿筑成弧状土埂，高0.2～0.3 m（中部高、两端低）。各坑在坡面基本沿等高线布置，上下两行坑口呈"品"字形错开排列。根据设计造林行距和株距，确定坑的行距和穴距。树苗种植在坑内距上沿0.2～0.3 m，坑两端开挖宽深均为0.2～0.3 m 的倒"八"字形截水沟。

2）蓄水工程

为保证露天开采矿山植被成活率，需要修建雨水集蓄工程。蓄水池一般修筑在地势低洼、汇水面积较大的地方，蓄水池容积根据植树的数量、种草的面积设计，并做好防渗处理和安全保护设施。蓄水池应进行防渗处理，容量一般为 80～200 m^3。蓄水池应有沉沙池、拦污栅、进水暗管、盖板等辅助设施。雨水集蓄工程包括石方开挖、防水处理、盖板以及沉淀池等。蓄水池与沉沙池设计与施工参照《雨水集蓄利用工程技术规范》（SL 267—2001）确定。

（1）蓄水池一般布置在坡脚或坡面局部低凹处，与排水沟（或排水型截水沟）末端相连，以容蓄坡面径流。根据坡面径流总量、蓄排关系、施工条件、使用条件，确定蓄水池的分布与容量。

（2）沉沙池一般布置在蓄水池进水口上游。排水沟（或排水型截水沟）排出水流中泥沙经沉沙池沉淀之后，将清水排入蓄水池中。

3）专用于植被绿化的引水、蓄水、灌溉工程

复垦项目区位于干旱、半干旱地区时，布置专用于植被绿化的引水、蓄水、灌溉工程。

（1）引水工程。引水工程的形式可采用引水渠、引水管道。根据项目区水源条件确定。

当项目区内及附近有河流时，修筑引水渠工程。当埋深较浅且具备开采条件时，布置小型抽水泵站，通过引水工程灌溉林草。引水渠的断面及形式根据灌溉用水量确定。

当项目区范围内无地表径流可供引水灌溉时，应结合项目工程供排水系统，布置专用林草灌溉引水管线。引水流量和管径根据林草用水量确定。

（2）蓄水工程。根据项目区水源条件，在道路、硬化地面附近布置蓄水池、水窖、涝池等蓄水工程，

灌溉林草植被。

（3）灌溉工程。根据林草生长需要进行缺水期补充灌溉,灌溉可以采用喷灌、滴灌、管灌等节灌方式,不宜采用漫灌方式。

5. 道路工程

1）道路类型

复垦区道路可分为一级道路、二级道路和生产路。其中,一级道路是项目区内连接村庄或从项目区外主干道进入项目区的道路,供机械、物资和产品运输通行的道路,属于项目区内的主干道路;二级道路是连接生产路与一级道路,起到衔接贯通的作用,属于项目区内的次干道路;生产路直接面向区内生产,为区内作业服务,属于项目区内基本道路。

2）道路布置

道路应方便复垦区生产以及整治区工程养护,有利于机械化操作,改善项目区内的交通条件。各级道路应相互衔接,功能协调,形成路网。一、二级道路宜沿斗渠一侧布置;生产路应根据复垦区布置情况,沿末级固定排水沟渠一侧布置。

3）道路设计

田间道路:结合当地使用要求和当地的自然条件,田间道路为水泥混凝土路面,最大纵坡8% ~ 10%,道路基宽为5 m,路面宽为4 m,高出地面50 cm,素土夯实路基30 cm,泥结碎石路面20 cm。设计在田间道路两侧种行道树,单侧修建排水沟。田间道路断面设计图见图5-16。

图5-16　田间道路断面设计图　（单位:mm）

生产路为人畜下田作业和收获农产品服务。生产路为素土夯实路面,厚度20 cm,路面宽度为2 m,高出地面20 cm,断面设计见图5-17。

图5-17　生产路断面设计图　（单位:mm）

四、主要工程量

汇总统计工程量,形成工程量汇总统计表。

第四节　含水层破坏修复

根据含水层结构及地下水赋存条件,结合采矿工程,在矿山地质环境问题现状分析和预测分析的基础上,详细说明含水层修复工程的目标任务、工程设计、技术措施、主要工程量等。

一、目标任务

根据含水层结构及地下水赋存条件,结合采矿工程,在矿山地质环境问题现状分析和预测分析的基础上,阐述治理含水层破坏的所达到的目标和主要任务。

二、工程设计

根据确定的含水层破坏修复工程内容和质量要求,针对不同工程措施内容进行设计,确定各种措施的主要工程形式及其主要技术参数,主要工程设计应附平面布置图、剖面图、典型工程设计图。

井工开采煤矿对煤层上部含水层的破坏是不可避免的,对煤层下部奥陶系—寒武系灰岩承压水也可能构成破坏,必要时可采取帷幕注浆隔水、灌浆堵漏、防渗墙等工程措施,最大限度地阻止地下水进入矿坑,减少矿坑排水量,防止含水层破坏,保护地下水资源。

揭穿含水层的帷幕注浆隔水、灌浆堵漏、防渗墙等工程措施的设计工作量在本章含水层保护工程中已经设计,本节对含水层修复的目标任务为:一是加强监测;二是采取预防措施,最大限度地减缓采矿活动对含水层的破坏。

布设含水层监测点,加强对区内地表水、孔隙潜水—承压含水层组、裂隙承压含水层组和岩溶裂隙承压含水层组的动态跟踪监测。通过定期对各含水层水位、疏干排水量、水质进行监测。对于突水系数严重超限、具有突水危险区域、构造比较复杂、含水层富水性较强、水文地质条件异常复杂地段,严格按照《建筑物、水体、铁路及主要井巷煤柱留设与压煤开采规程》的要求,留设矿井防水煤柱和断层防隔水煤柱。

河南省内生金属矿床多为基岩裂隙水,一般情况下开采过程中疏干排水量较小,对含水层结构影响程度较轻,主要措施是监测。通过对疏干排水量、水质的监测,掌握矿区地下水变化趋势,为指导矿山开采排水以及矿山地质环境保护与土地复垦提供资料依据。

三、技术措施

可采取坑道封闭、回灌、置换等措施修补含水层,造成周边居民生活用水困难的,应采取措施解决替代水源。为最大限度地保护地下水资源,采用"条带开采""充填开采"等开采技术,合理设计开采参数,降低导水裂隙带高度,以减缓对含水层的影响程度。

四、主要工程量

根据布设的监测点、检测频率,形成工程量汇总统计表。

第五节　水土环境污染修复

阐明水土环境污染修复工程的目标任务、工程设计、技术措施和主要工程量。水土环境污染修复方法主要包括物理处置方法和化学处置方法。

一、目标任务

阐述进行水污染治理和土壤修复所达到的质量目标和主要任务。通过对水土环境污染修复工程,掌握工作区水土环境质量状况,防治矿山开采对水土环境造成污染,同时为指导矿山地质环境保护与土地复垦提供资料依据。

二、工程设计

根据确定的水土环境污染修复工程内容和质量要求,针对不同工程措施内容进行设计,确定各种措施的主要工程形式及其主要技术参数,主要工程设计应附平面布置图、剖面图、典型工程设计图。

(一)井工开采煤矿水土环境污染修复工程设计

煤矿开采主要表现在矿井排水、生活污水、矸石淋滤水对水土的污染。

工程设计主要为地表水、地下水水质监测,地表土壤监测。

矿坑排水、生活污水经污水处理厂处理后用于农田灌溉时,取样检测生化需氧量(BOD₅)、化学需氧量(COD_{Cr})、悬浮物、阴离子表面活性剂(LAS)、砷、磷、大肠菌群数、pH、全盐量、氯化物、硫化物、汞、铬(六价)、铅等,检测指标应低于《农田灌溉水质标准》(GB 5084—2005)的指标要求。

矿山处理后的废水排向河流、湖泊时,取样检测溶解氧、化学需氧量、挥发酚、氨氮、氰化物、总汞、砷、铅、六价铬、镉、铜、锌等 12 项指标,且检测结果必须全部满足《地表水环境质量标准》(GB 3838—2002)中 V 类水的限值指标。

(二)内生金属矿水土环境污染修复工程设计

内生金属矿水土环境污染修复主要以水质和土壤污染监测为主,水质监测同上。土壤污染监测主要采用人工现场取土样进行分析。

根据《矿山地质环境监测技术规程》(DZ/T 0287—2015),矿山开采土壤溶性盐分析和重金属检测项目应包括全盐量、碳酸根、重碳酸根、氯根、钙、镁、硫酸根、钾、钠、铜、铅、锌、锡、镍、钴、锑、汞、镉、铋等。根据《土壤环境质量标准 农用地土壤污染风险管控标准(试行)》(GB 15618—2018)主要监测镉、汞、砷、铅、铬、铜、镍、锌、六六六、滴滴涕和苯并[a]芘等指标。

按《土壤环境监测技术规范》(HJ/T 166—2004)中土壤环境质量调查采样方法导则进行采样,采用《土壤环境质量 农用地土壤污染风险管控标准(试行)》(GB 15618—2018)进行评价。

根据实际情况布设监测点。监测频率为每年 2 次,土壤主要监测内容为重金属离子,以监测其对土壤的影响程度。日常发现异常情况应加密观测。

三、技术措施

可根据污染物性质及污染程度,采取物理、化学或生物措施去除或钝化土壤污染物。对于通过上述措施仍无法将污染物消除或抑制其活性至目标水平的污染严重的土壤,可通过采取工程措施铺设隔离层,再行覆土,覆土厚度一般在 50 cm 以上。铺设隔离层时应对隔离材料有毒有害成分进行分析,避免隔离材料引进污染。

对于污染严重的土壤可采取深埋措施。埋深依据污染程度确定。填埋场地需采取防渗措施,防止对地下水、相邻土层及其上部土层的二次污染,必须实行安全土地填筑处理或其他适宜方法处理,应符合《危险废物填埋污染控制标准》(GB 18598—2001)的要求。

污染土地复垦后土壤环境质量应符合《土壤环境质量 农用地土壤污染风险管控标准(试行)》(GB 15618—2018)规定的土壤环境质量控制标准。

复垦为水域时,应有防污染隔离层或防渗漏工程设施。水域面积、水深、水质、清污、供排水、防洪等场地条件应符合相关行业的执行标准。复垦为建设用地时,应有相应的防污染隔离层或防渗工程措施。处置复垦区内对人体有害的污染源。

水土环境污染修复方法主要包括物理处置方法和化学处置方法。根据矿坑水特征污染因子,采用混泥沉淀、离子去除等物理和化学处置方法对污染源进行治理。土壤修复主要方法有铲除、重新客土;栽种超富集植物进行吸附;重金属固化;调整农作物种植结构等。

矿山土地复垦中常用的抗性强的植物种类见表 5-26。

表 5-26 抗性强的植物种类

有害元素	抗性强的乔灌树种
SO_2	抗性强的树种有广玉兰、忍冬、卫矛、水蜡、山桃、龙柏、罗汉松、茶花;较强的树种有泡桐、垂柳、臭椿、女贞、大叶黄杨、构树
HF	侧柏、罗汉松、刺槐、枣树、臭椿、大叶黄杨、柑橘、凤尾兰、木槿、泡桐、梧桐、垂柳、桎树
Cl_2	旱柳、水蜡、夹竹桃、大叶黄杨、忍冬、卫矛、龙柏、臭椿、女贞、构树
H_2S	龙柏、茶花、女贞、黄杨
烟尘	榆树、木槿、构树、臭椿、广玉兰、女贞、核桃、垂柳、侧柏、栾树、梧桐、夹竹桃、泡桐、楸树、刺槐、楝树、冬青、紫穗槐、榉树

（一）矿坑水的综合利用和废水、废渣的处理

矿坑水处理后优先用作生产用水,作为辅助水源加以利用;在干旱缺水地区,水质达到相应标准的前提下将外排矿坑水用于农林灌溉。

研发酸性矿坑水、高矿化度矿坑水和含氟、锰等特殊污染物的矿坑水的高效处理工艺与技术。

（二）固体废物储存和综合利用

对采矿活动所产生的固体废物,应使用专用场所堆放,并采取有效措施防止二次环境污染及诱发次生地质灾害。为防止煤矸石、含硫、含氟等有害元素的废渣堆的淋滤水污染,采取完善的防渗、集排水措施;防止淋滤水污染地表水和地下水,在采取防渗漏处理措施的同时,周边修筑截水沟、排水沟、引流渠等,预先截堵水。煤矸石堆存时,宜采用分层压实、黏土覆盖、快速建立植被等措施,防止矸石山氧化自燃,预防和降低煤矸石的酸性淋滤水污染。

（三）尾矿库的治理措施

尾矿库内尾矿粉,根据微粉的性质、储存场所的工程地质条件,采用水覆盖法、湿地法、碱性物料回填等方法进行处理。尾矿库废弃物质地细、残留选矿药剂,具有极差的生存条件,选择抗旱、耐湿、抗污染、抗风沙、耐瘠薄、抗病虫的树种;选择生长速度快、适应性强、抗逆性好的树种;选用固氮树种;优选当地的优良树种。乔本科、茄科植物对铅锌矿渣生境具有较强的忍耐能力,盐肤木、杜红花能将重金属聚集到叶,对重金属尾矿库的植被恢复有一定的促进作用。蓝冰柏树为常绿树种,耐酸碱度强,极度耐寒、耐高温,能适应多种气候及土壤条件。金叶白蜡生长习性适合现在城市绿化,耐干旱、耐贫瘠、耐酸碱性土壤,而且能在 -40 ℃的低温环境下生长,可抗 SO_2、H_2S、烟尘等,对土壤的要求不严,可广泛栽种于阳坡、山麓、沟谷、水边、丘陵、平原、草原地带。

（四）污染土地防治具体措施

切断污染源。以环境工程、工艺措施去除致害污染物的侵入,必要时,挖出严重受污染的土层,实施去除污染的处置。采取深埋受污染土壤措施时,依污染程度确定埋深。填筑场地需采取防渗措施,防止对地下水、相邻土层及上部土层的二次污染。

经过上述工程措施后,须经测试确定土壤中污染物浓度在当地土壤一般范围内,方可用于农业。覆土厚度0.5 m以上,坡度不大于5°。有配套排灌设施,满足当地防洪标准。

采取环境工程措施去除污染物。严重污染的土壤层,宜采用挖出处置或其他适宜处置方法。工程后须经测试确定土壤污染物指标在当地林地范围内,方可用于林、果种植。上覆盖岩土厚度1 m以上,坡度10°~25°,沿等高线修筑梯地、水平沟或鱼鳞坑。有水土保持措施,防洪标准满足要求。果树种植区应有排灌设施。

四、主要工程量

根据拟采取的工程技术措施,估算各分项工程量并列表汇总。

第六节 矿山地质环境监测

在矿山地质环境问题现状分析和预测分析的基础上,结合矿山开发利用方案和开采设计,详细说明矿山地质环境监测工程的目标、任务、监测对象、监测内容、监测方法、监测要求等。监测内容包括矿山建设及采矿活动引发的采空塌陷、地裂缝、崩塌、滑坡、泥石流、含水层破坏、地形地貌景观破坏等矿山地质环境问题及主要环境要素。

一、目标任务

监测目的：建立和完善矿山地质环境保护与恢复治理动态监测体系，开展矿山地质环境保护与恢复治理预警预报，为政府部门规划、决策提供可靠的基础资料。

监测任务：监测矿产资源开发过程中所产生的矿山地质环境问题、特征及其危害，分析矿山地质环境问题发生、发展和变化规律。定期向主管部门汇报矿山地质环境保护与恢复治理情况及信息。

（1）通过地面变形监测工作，发现地质灾害问题并及时采取措施，从而消除地质灾害隐患。

（2）通过地下水位动态、水质监测工作，系统了解矿山开采活动对含水层和地下水环境污染情况，为含水层保护和水环境污染治理提供数据支撑。

（3）通过地形地貌景观监测工作，及时掌握矿山活动对地形地貌景观破坏情况并采取相应措施。

（4）通过土壤污染监测工作，定期采样和化验分析，了解矿山活动对矿区周边土壤污染情况，为土壤保护提供依据。

二、监测设计

（一）监测对象

明确监测对象，根据监测对象明确监测要素和监测方法，设计监测内容。严格执行《矿山地质环境监测技术规程》（DZ/T 0287—2015）。监测对象包括地下水环境背景、土壤环境背景、地形地貌景观破坏、不稳定边坡、地下水环境破坏、土壤环境破坏、采空（岩溶）塌陷、地下水环境恢复、土壤环境恢复、地形地貌景观恢复等。监测对象分类见表5-27。

表5-27　矿山地质环境监测对象

生产阶段	重点保护方面	开采方式	开采矿种		
			煤炭	金属和非金属	水气油矿产
在建	露天地质环境背景		地下水环境背景	地下水环境背景 土壤环境背景	地下水环境背景 土壤环境背景
生产	矿山地质环境现状	露天开采	地形地貌景观破坏 不稳定边坡	地形地貌景观破坏 地下水环境破坏 不稳定边坡土壤环境破坏	
		井工开采	采空（岩溶）塌陷 地下水环境破坏	地下水环境破坏 土壤环境破坏 采空（岩溶）塌陷	采空（岩溶）塌陷 地下水环境破坏 土壤环境破坏
		混合开采	地形地貌景观破坏 采空（岩溶）塌陷 不稳定边坡 地下水环境破坏	地形地貌景观破坏 不稳定边坡 采空（岩溶）塌陷 地下水环境破坏 土壤环境破坏	
闭坑	矿山地质环境治理成效		采空（岩溶）塌陷 地下水环境恢复 地形地貌景观恢复	地下水环境恢复 土壤环境恢复 地形地貌景观恢复	地下水环境恢复 土壤环境景观恢复

（二）监测要素

监测要素以反映监测对象的形态、位置、结构、组成的变化及引发因素为目的。矿山地质环境监测要素见表5-28。

表5-28　矿山地质环境监测要素

监测对象	监测要素
地下水环境背景	地下水位(水温)、地下水水质、地下水水量、地下水流速
土壤环境背景	土壤矿物质全量、土壤微量元素
采空(岩溶)塌陷	地表形变、地下形变、岩土体含水量、孔隙水压力、土压力、降水量、地下水位(水温),地声
不稳定边坡	地表形变、地下形变、岩土体含水量、土压力、地应力、降水量、地声、地下水位(水温)
地下水环境破坏	含水层厚度、含水层孔隙率、含水层渗透系数、地下水位(水温)、地下水水量、地下水水质
土壤环境破坏	土壤粒径、土壤绝对含水量、土壤导电率、土壤酸碱度、土壤碱化度、土壤重金属、无机污染物、有机污染物、污染源距离
地形地貌景观破坏	剥离岩土体积、植被损毁面积、降水量
地下水环境恢复	地下水位(水温)、土压力、地下水水量
土壤环境恢复	土壤酸碱度、土壤水溶性盐、土壤重金属
地形地貌景观恢复	危岩治理体积、绿化面积及盖度

（三）监测级别

矿山地质环境监测级别根据矿山开采活动影响对象重要程度、矿山生产建设规模、矿山开采方式、矿山生产阶段等影响因素确定,监测级别分一级、二级、三级,见表5-29。

表5-29　矿山地质环境监测级别

矿山生产阶段	矿山开采活动影响对象重要程度	矿山开采方式	矿山生产建设规模		
			大型	中型	小型
在建矿山	重要		一级	二级	三级
	较重要		二级	三级	三级
	一般		三级	三级	三级
生产矿山	重要	混合开采	一级	一级	一级
		露天开采	一级	一级	二级
		井工开采	一级	二级	二级
	较重要	混合开采	一级	一级	二级
		露天开采	一级	二级	二级
		井工开采	二级	二级	三级
	一般	混合开采	一级	二级	二级
		露天开采	二级	二级	三级
		井工开采	二级	三级	三级
闭坑矿山	重要		二级	二级	三级
	较重要		二级	三级	三级
	一般		三级	三级	三级

矿山开采活动影响对象重要程度根据矿山周边集中居民区人口、重要交通干线等级、水利水电设施规模、省级以上保护区级别、重要供水水源地类型、耕地林地面积等确定,分为重要、较重要和一般(见表5-30)。

生产阶段分在建、生产、闭坑;开采方式分露天采、地下、混合;矿山生产建设规模分大型、中型、小型,见表3-2。

表 5-30　矿山开采活动影响对象重要程度分级

影响对象	重要	较重要	一般
矿山周边集中居民区人口	300 人以上的居民居住区	100～300 人居民居住区	100 人以下居民居住区
重要交通干线等级	铁路、高速公路、一级公路	二级公路、三级公路	四级公路
水利水电设施规模	中型以上水利水电工程	小型水利水电工程	无水利水电工程
省级以上保护区级别	国家级自然保护区、地质公园、风景名胜区或重要旅游景区	省级及以下自然保护区、地质公园、风景名胜区或较重要旅游景区	无自然保护区及旅游景区
重要供水水源地类型	大型集中式供水水源地	小型集中式供水水源地	分散式供水水源地
耕地林地面积	面积大于 500 亩	200～500 亩	面积小于 200 亩

（四）监测点密度与频率

根据监测对象、监测要素、监测级别,按表 5-31 确定监测点密度和监测频率。汛期或监测要素动态出现异常变化时,可提高监测频率或增加监测点密度;监测要素数值半年以上无变化或变幅很小时,可适当降低监测频率或监测点密度。

表 5-31　矿山地质环境监测点密度和监测频率

监测对象	监测要素	监测级别	监测点密度	监测频率	监测级别	监测点密度	监测频率	监测级别	监测点密度	监测频率
地下水环境背景	水位（水温）	一级	4～6 个/矿	自动监测 24 次/d,人工监测 6 次/月	二级	3～5 个/矿	自动监测 12 次/d,人工监测 3 次/月	三级	2 个/矿	自动监测 6 次/d,人工监测 2 次/月
	水质		4～6	3 次/年		2～3	2 次/年		1	1 次/年
	水量		4～6	6 次/年		2～3	3 次/年		1	1 次/年
	流速		2～4	6 次/年		1～2	3 次/年		1	1 次/年
土壤环境背景	全量、微量元素	一级	4～6 个/矿	3 次/年	二级	2～4 个/矿	2 次/年	三级	1～2 个/矿	1 次/年
采空（岩溶）塌陷	地表变形	一级	4～6/100 m²	4～6 次/月	二级	2～4/100 m²	2～4 次/月	三级	1～2/100 m²	1～2 次/月
	降水量		1 个/矿	人工监测 24 次/d		1 个/矿	人工监测 12 次/d		1 个/矿	人工监测 6 次/d
	岩土体含水量		2～4/100 m²	6～12 次/年		1～2/100 m²	4～8 次/年		1/100 m²	1～3 次/年
不稳定边坡	地表变形	一级	4～6/100 m²	4～6 次/月	二级	2～4/100 m²	2～4 次/月	三级	1～2/100 m²	1～2 次/月
	地下变形		2/体	4～6 次/月		1～2/体	2～4 次/月		1/体	1～2 次/月
	岩土体含水量		2～4/体	6～12 次/月		1～2/体	4～8 次/月		1/体	1～3 次/月
	土压力		2～4/体	4～6 次/月		1～2/体	2～4 次/月		1/体	1～3 次/月

续表 5-31

监测对象	监测要素	监测级别	监测点密度	监测频率	监测级别	监测点密度	监测频率	监测级别	监测点密度	监测频率
地下水环境	含水层孔隙率、渗透系数	一级	2~3个/km²	3次/年	二级	1~2个/km²	2次/年	三级	1~2个/km²	1次/年
	地下水位（水温）		6~8个/km²	人工监测10次/月		3~5个/km²	人工监测6次/月		1~2个/km²	人工监测3次/月
	地下水水量		4~6个/km²	12次/年		2~3个/km²	6次/年		1个/km²	2次/年
	地下水水质		4~6个/km²	6次/年		2~3个/km²	3次/年		1个/km²	1次/年
土壤环境破坏	土壤重金属	一级	6~8个/km²	4次/年	二级	4~6个/km²	3次/年	三级	2~4个/km²	2次/年
	有机污染物		4~6个/km²	3次/年		2~3个/km²	2次/年		1个/km²	1次/年
	土壤电导率、酸碱度、碱化度		4~5个/km²	2~3次/年		2~3个/km²	1~3次/年		1个/km²	1次/年
地形地貌景观破坏	剥离岩土体积	一级	照片	3~6次/年	二级	照片	2~4次/年	三级	照片	1次/年
	植被损毁面积			3~6次/年			2~4次/年			1次/年
地形地貌景观恢复	危岩治理体积	一级	1个/体	3次/年	二级	1个/体	2次/年	三级	1个/体	1次/年
	绿化面积		高分辨率影像	3次/年		高分辨率影像	2次/年		高分辨率影像	1次/年

注：结合矿山实际选择监测要素。

三、技术措施

（一）监测方法

监测方法主要有：地面塌陷和地裂缝的监测，可采用遥感、GPS、全站仪、伸缩性钻孔桩、钻孔深部应变仪、人工观测等方法监测；含水层破坏的监测，主要是定期测量井孔地下水位矿坑排水量、地下水水质、地下水降落漏斗及疏干范围，可采用人工测量和自动监测仪测量等方法监测；地形地貌景观破坏的监测，可采用人工现场量测、遥感解译等方法监测。

根据不同的监测内容选择具体的监测方法。矿山地质环境监测方法按测量方式分为接触式和非接触式；按数据采集方式分为手动和自动；按测量指标分为测量高程、位置、距离、应力、应变、压力、地声、温度、含水量、容量、流速、记录影像和物质分析等。推荐的监测方法、选用的监测仪器及数据类型见表5-32。

表 5-32　矿山地质环境监测方法及其仪器一览表

监测要素	监测方法	监测仪器及数据类型
地下水水质	采样送检测试法	采样器、添加药品、水样容器
	现场测试法	便携式水质测定仪
地下水位(水温)	自动监测法	测量绳、测钟、万用表、温度计
	手动监测法	
降水量	降雨量测量法	虹吸式、翻斗式、新型数字式
土壤微量元素	采样送检测试法	采样器、样品袋
	现场测试法	便携式测定仪
地表形变	水准测量法	水准仪、全站仪
	GPS 定位法	GPS 定位系统
	遥感影像监测法	全色多光谱捆绑数据,空间分辨率2.5 m 或优于2.5 m,立体像对
	测距法	土体沉降仪、激光测距仪、钢尺
	测缝法	裂缝计、卡尺
岩土体含水量	现场测试法	岩土含水量测定仪
	采样送检测试法	岩土体含水量分析仪、电烤箱、称重仪、烯烧皿
土压力	土压力测量法	土压力计
植被损毁面积	遥感影像监测法	全色多光谱捆绑数据,空间分辨率2.5 m 或优于2.5 m
	摄影、录像法	照相机、录像机
岩土剥离体积、土地压占规模	GPS 定位法	GPS 定位系统
	水准测量法	水准仪、全站仪
地下水流速	示踪法	同位素示踪剂
	电解法	电解质

注:土壤微量元素包括重金属元素、有机污染物、水溶性盐、粒径、绝对含水量、导电率、酸碱度、碱化度。

(二)监测措施

实施对矿山地质环境问题的动态监测,是预测、预防的重要手段。制订矿山地质环境问题监测方案时,应采取内部监测与外部监测、普通监测与专业技术监测、经常性监测与阶段性监测相结合的监测方式。矿山地质环境监测重点包括矿山建设及采矿活动引发或遭受的采空塌陷、地裂缝、滑坡、含水层系统破坏、地表水破坏、土地资源占用破坏和地形地貌景观防治等矿山地质环境问题(见表 5-33)。

1.崩塌监测

(1)监测内容:监测危岩体位移、裂缝变形和地面变形情况;崩塌体的规模、形态,岩土体结构面的产状,裂缝的闭合程度,以及大气降水与裂缝发展的关系。对采矿活动中可能引发崩塌的爆破、采挖、削坡、排水等人为活动进行监测。

(2)监测点的布设和监测方法:①地质调查法。宜在变化明显地段设固定点,包括调查路线应穿越、控制整个崩塌区。采用常规的崩塌变形追踪地质调查法,进行人工巡视,定期监测崩塌体出现的各种细微变化。②裂缝相对位移监测。监测崩塌体中裂缝两侧相对张开、闭合变化,监测点选择在裂缝两侧,特别是主裂缝两侧。监测点一般两个一组,测量其距离或在裂缝两侧设固定标尺,以观测裂缝张开、闭合和垂直变化。此处还可在建筑物(房屋墙、挡土墙、浆砌石排水沟侧壁等)的裂缝上贴水泥砂浆片等观测裂缝的变化情况。

表 5-33　矿山地质环境监测内容

监测类型		监测因子
矿山地质灾害	采空塌陷	采空塌陷区数量,塌陷面积、塌陷坑深度、积水深度、变形监测
	地裂缝	地裂缝数量,最大地裂缝长度、宽度、深度走向等,破坏程度
	滑坡	变形监测、年发生次数、造成的危害,地质灾害隐患点(区)及数量,已得到治理的隐患点(区)及数量
含水层系统破坏		破坏范围、矿坑排水量、含水层疏干面积、降落漏斗面积、地下水位、水量、水质(特征污染物)、水温变化
地表水破坏		地表水体的水位、水质、排放量、利用量
土地资源占用破坏		破坏土地类型、面积、土壤污染(特征污染物)
地形地貌景观防治		景观恢复面积、植被成活面积和类型

（3）测量工具：选用全站仪、经纬仪、钢卷尺、地质罗盘。

（4）监测周期：测量次数和时间间隔应随崩塌所处阶段以及崩塌主要动力破坏因素的不同而有所差异,崩塌变形缓慢阶段宜每月一次,崩塌变形加快阶段监测次数相应加密。雨季应加密观测次数。

2. 滑坡监测

（1）监测内容：滑坡体的体积,边坡的高度,滑坡裂缝、滑坡鼓丘的变化,滑动带部位、滑痕指向、倾角,滑带的组成和岩土状态,裂缝的位置、方向、深度、宽度,滑带水和地下水的情况,泉水出露地点及流量,地表水体、湿地分布及变迁情况,滑坡带内外建筑物、树木等的变形、位移情况。

（2）监测点的布设与监测方法：①滑坡位移观测。简易观测是在滑坡裂缝两侧平行滑动方向打桩,用钢尺测量水平位移值,或在裂缝两侧设横竖相交的固定标尺,或在滑坡体前缘剪出带内刻槽和设标桩,观测位移距离和速度,直接读出水平和垂直位移值。②建筑物变形观测。观测滑坡体上工程建筑物遭受破坏的变形情况和滑坡的发展对建筑物的危害程度。在建筑物(或挡墙)变形处分期粘贴水泥砂浆片,并注明封贴日期,监测建筑物变形发展情况。

（3）测量工具：选用全站仪、经纬仪、钢卷尺、地质罗盘。

（4）监测周期：测量次数和时间间隔应随滑坡所处阶段以及滑坡主要动力破坏因素的不同而有所差异,变形缓慢阶段宜每月一次,变形加快阶段监测次数相应加密。雨季应加密观测次数。

3. 泥石流监测

（1）监测内容：挡土墙的稳定情况、截排水渠的功能状态,洪水对挡土墙的冲刷和淘蚀能力,排土场高度及边坡的滑移变形情况。

（2）监测点的布设与监测方法：监测网点布设在有松散堆积物的地段,即排土场、矿石堆放场(不包括尾矿库),排土场的四周及拦挡结构处设置监测点,打入监测桩。用钢尺测量排土场上部裂缝的水平位移值或拦挡结构的变动情况。

（3）测量工具：选用全站仪、经纬仪、钢卷尺。

（4）监测周期：一般情况下每月监测一次,暴雨天气每天监测。

4. 采空塌陷监测

（1）监测内容：监测塌陷面积、塌陷深度、塌陷速度,分析塌陷趋势。同时应对地面工程设施与土地破坏情况开展监测,其内容主要包括民房、道路、河堤、土地的变形破坏情况等。

（2）监测方法：地面塌陷监测采用专业监测。首先在矿区及周边设立水准基点网,利用全站仪、GPS等仪器,对塌陷坑的形态、面积和深度及相关要素的变化情况进行定期监测。

（3）监测网点布设：监测网点布设原则上以达到基本控制塌陷区形态,较准确地测量塌陷区面积和下沉深度为宜,以倾斜平原区布置密度较大,丘陵区则以控制性为主。监测点主要布置于受塌陷影响的村庄、道路、塌陷区边缘等处。根据开拓进度,分区、分期布设,逐年增加,直到完成全部监测点的布设。

监测网一般由两条线组成,一条平行于矿层走向,一条平行于矿体倾向。首先确定矿层的走向方向,然后根据矿区已有地表移动资料确定走向观测线和倾向观测线。观测线长度应超过移动盆地边界一段距离,以便确定移动盆地的边缘。观测线上的观测点一般采用等间距布设,其间距可参照表5-34。

表 5-34　观测点间距　　　　　　　　　　　　　　　　　（单位:m）

开采深度	<50	50~100	100~200	200~300	300~400	400~500
观测点间距	5	10	15	20	25	30

(4)监测频率(周期):根据地表变形速度和开采深度计算。

(5)在观测地表变形的同时,应观测地表裂缝、陷坑、台阶的发展和建筑物的变形情况。

(6)观测资料的整理:绘制下沉曲线图、下沉等值线图、水平变形分布图。

根据有关变形值,划分地表变形区的范围。如根据建筑物对地表变形区的容许极限值,确定移动区范围(内边缘区),根据地表下沉值(10 mm),确定轻微变形区,即移动盆地的范围。

计算盆地内有关点的地表下沉值、倾斜值、曲率、水平移动值和水平变形值。

5. 地裂缝监测

(1)监测内容:监测地裂缝走向、宽度、长度、深度、两侧相对位移等,并分析发展趋势。

(2)监测方法:对地面裂缝监测,可在不同部位(如裂缝两头、中部等)的裂缝两侧钉上小木桩,其上画出作为观测基点,用最小刻度为 1 mm 的钢卷尺或木尺量测桩间距离的变化;对墙上的裂缝监测,可在墙上直接画线监测。

(3)监测周期:每周定时对地裂缝进行宽度和深度的测量,并准确记录,雨季可适当增加监测的频率。

6. 地下水监测

(1)监测内容与监测点布设:主要监测矿区各含水层的地下水位、疏干排水量及地下水水质变化。按网络状平均布设,重点监测与居民生活密切相关的浅层地下水。密度视抽排地下水总量而定。

(2)监测方法:水质监测是通过采取水样,对其化学成分进行监测,重点对排放污水的污染组分进行监测。

(3)监测周期:水位监测利用现有的水井或新施工专门监测井,每月监测一次。对矿坑排水量逐日监测。

7. 地形地貌景观破坏监测

(1)监测内容:主要监测开采活动对地表植被及土地资源的破坏。

(2)监测方法:应测量并记录破坏的面积、体积、高度、长度,主要为人工现场量测进行监测,采用钢尺等测量工具。

8. 水土环境污染监测

为保护水土环境,定期、定点对地下水、土壤进行采样监测分析,并对分析结果进行整理研究,确定污染指标、来源,为下一步水土污染修复提供依据。

四、主要工程量

提出重点监测的内容、监测点的布设、监测方法、监测工程量等。

根据拟采取的技术措施,估算各分项工程量并列表汇总。

第七节　矿区土地复垦监测和管护

矿山土地复垦监测包括土地损毁监测和复垦效果监测两方面。其中,复垦效果监测部分包括土壤质量监测、植被恢复情况监测、农田配套设施运行情况监测等。阐明土地复垦监测的目标任务、监测点的布设、监测内容、监测方法、监测频率及技术要求、监测时限等。

管护工程主要包括复垦土地植被管护和农田配套设施工程管护等。其主要内容是对林地、果园地、草地等的补种,病虫害防治,排灌与施肥,以及对农田排灌设施的管护等。植被管护时间一般为 3 年。

一、目标任务

土地复垦监测是督促落实土地复垦责任的重要途径,是保障复垦能够按时、保质、保量完成的重要措施,是调整土地复垦方案中复垦目标、标准、措施及计划安排的重要依据,同时是预防发生重大事故和减少对土地造成损毁的重要手段之一,是实现土地复垦科学化、规范化、标准化的重要途径之一。通过为期 3 年对复垦效果以及后期管护,从而保障复垦能够按时、保质、保量完成,预防和减少对土地造成损毁。

（1）及时掌握挖损区、采空塌陷区、堆积区地面变形情况,为复垦工程的实施提供依据。

（2）了解复垦工程效果,监测复垦后耕地、林地的土壤质量,植物生长和配套设施完好情况。

（3）对复垦后的耕地、园地和有林地进行管护,保障复垦工程质量。

二、土地复垦监测与管护工程设计

（一）土地复垦监测工程设计

1. 土地损毁监测

土地损毁监测主要是地面变形监测。以采煤塌陷区为例进行地貌变形监测设计。

（1）监测方法。采用水准测量对地表移动进行测量,利用1985年国家高程基准,作业前对仪器和标尺进行检查和测定。测量精度达到三等,观测中误差小于 25 mm/km。

（2）水准基准点的布设和建立。水准基准点是进行地面变形监测的起算基准点。水准基准点设计在复垦区外部未被采矿影响到的地点（如公路、钢质井管的井口）,采用二等水准基准测定其高程,对控制点应定期监测其稳定性。

（3）地表变形基准点的布置。煤矿开采沿煤层走向和倾向布设侧线,根据采空塌陷区面积,测线间距 300 ~ 500 m,均匀布置监测点。变形监测点与基准点构成沉降监测网,按四等水准测量的要求进行测量。

（4）监测人员及频率。监测工作一般委托有资质单位的专业人员进行。观测记录要准确可靠,及时整理观测资料,并与预测结果进行对比分析。地表变形监测一般每季度 1 次,土壤质量监测每年度 1 次。

（5）监测期限。依据复垦方案的服务年限,确定具体监测期限。

2. 复垦效果监测

复垦效果监测包括土壤质量监测、复垦植被效果监测、农田配套设施运行情况监测等。监测时间为复垦管护期。

1）土壤质量监测

土壤质量监测按照《耕地质量验收技术规范》（NY/T 1120—2006）中确定的监测方法对复垦后的耕地进行监测。在复垦过程及管护期对复垦土地地面坡度、有效土层厚度、土壤容重（压实）、pH、有机质含量等进行监测,为各单元设立监测措施。复垦土地质量主要监测 pH、土壤理化性质等。监测内容、监测频次见表5-35。

表 5-35　土壤质量监测方案

监测内容	监测频次（次/年）	样点持续监测时间（年）	监测点数量（个）
地面坡度、覆土厚度、pH、重金属含量、有效土层厚度、土壤质地、土壤砾石含量、土壤容重（压实）、有机质含量、全氮、有效磷、有效钾、土壤盐分含量、土壤侵蚀	各2	3	平均每300亩布设1个采样点

2）复垦植被效果监测

复垦为林地的植被监测内容是植物生长势、高度、种植密度、成活率、郁闭度、生长量等;复垦为牧草地的植被监测内容是植物生长势、高度、覆盖度、产草量等。监测方法为踏勘法、样方随机调查法。在复垦规划的服务年限内,每年至少监测1次,复垦工程竣工后每3年至少监测1次。

3）农田配套设施运行情况监测

复垦后的配套设施主要包括水利工程设施和道路交通设施两个方面。配套设施监测以土地复垦方案设计标准为准,监测内容包括各项新建配套设施是否齐全、能否保证有效利用,以及已损毁的配套设施是否修复,能否满足当地村民的生产生活需求等。监测方法为现场踏勘。配套设施监测每年至少1次。

（二）土地复垦管护工程设计

明确复垦区内管护对象、管护方法、管护时间及技术措施。管护方法采用专人看护,复垦后管护时间一般为3年较合适,管护内容包括植被保护及管理(包括幼林管护和成林管理)。

耕地由土地承包人自行管理;对于复垦土地,土壤结构遭到破坏,微生物活性差,土壤肥力贫乏等,对耕地土壤采取一定的改良措施,采用科学的配肥方法进行施肥。

林地管护由护林人通过锄草松土,防止幼树成长期干旱灾害,以促使幼林正常生长和及早郁闭。在干旱季节适度浇水,以保护林带苗木的成活率。

在植被损毁、风沙严重的地区,防护林幼林时期的抚育一般不宜除草松土,应以防旱施肥为主。

对林带中出现各类树木的病、虫、害等要及时地进行管护。对病株要及时砍伐防治扩散,对虫害要及时地施用药品等控制灾害的发生。

三、技术措施

（一）监测措施

1. 土地损毁情况监测

地面变形监测就是定期测量观测点相对于基准点的位移、高差,以求得观测点的平面坐标及高程,并将不同时期所测得的平面坐标及高程加以比较,得出监测区位移和沉降情况的资料。通过对地面变形监测,取得不同监测点的变形值,从而计算采空塌陷区的变形参数,为矿山地质环境治理与土地复垦提供基础数据。

使用通过国家检校的符合国家C、D级控制网精度的双频接收机进行静态观测。在监测区域外地层稳定位置布设工作基点。在能够反映监测区变形特征和变形明显的部位布设监测点。从拟损毁区域煤炭开采前一次直至达到稳沉监测结束。

2. 土地复垦效果监测

土地复垦效果监测是对土地复垦区域内复垦前后的土地利用状况的动态变化进行定期或不定期的监测管理,其目的在于获取准确的土地复垦后利用变化情况,检验土地复垦成果以及建设过程中遭到损毁的土地是否得到了"边损毁、边复垦",是否达到土地复垦方案提出的目标和国家规定的标准,判断项目复垦工程技术合理性,及时对土地复垦工程进行修改或完善。土地复垦效果监测,指对复垦区的各类用地面积的变化、水利设施等配套工程的建设情况、复垦区土壤属性等的变化情况,重点是土壤质量、植被和配套设施等监测。

（二）管护措施

植被管护包括作物的田间管理、收储,幼林管护和成林管理,草地管理与利用,重点水利电力通信等基础设施的保护。植被管护时间应根据项目区自然条件及植被类型确定,一般为3年。

1. 耕地管护措施

土地复垦之后,土层构型遭到破坏,尽管采取表土剥离、平整和表土覆盖、翻耕等措施,但是土壤质地达不到原土壤的构型,不能满足作物生长发育对土、肥、水、热条件的需求,往往成为低产田。结合河南省主要农作物有小麦、玉米、水稻、花生、棉花等,耕地的管护措施主要体现在土壤改良、合理施肥、合理灌溉、除草、培土等方面。对复垦区土壤的管护应定时定期防治土壤板结,定期施肥、除草、灌溉、松土,检查复垦区保水保肥能力,使复垦区尽早恢复生产力;定期清除灌排沟渠内的垃圾,防止堵塞以降低过水、排水能力。

在复垦的基础上,大力发展种植绿肥,增施农家肥,施用有机肥和配方肥,科学追施氮、磷、钾及中微量元素肥,增加土壤有机质含量,切实提高复垦耕地的农业生产能力,每年每亩施用农肥不得少于2 000 kg,农肥中有机质含量不应低于5%。

对复垦区内沟渠、田间道路、防护林、电网等,应按时对其进行维护和保养,防止损毁,保障建筑设施完好状况。

2. 园地、林地管护措施

园地、林地管护措施主要是通过植树带内植树行间和行内的锄草松土,防止幼树成长期干旱灾害,以促使幼林正常生长和及早郁闭。在有条件的地方可以适当地做一些灌溉,以保护林带苗木的成活率。在植被损毁、风沙严重的沙滩、荒地,防护林幼林时期的抚育以防旱施肥为主。

1)土壤水分管理

成活期:树苗栽植和草种撒播后应马上浇1次透水,10 d内未降水要补浇1次,再30 d内未降水再次补浇1次,直至长出新芽。

生长期:在管护期3年内一般每年浇水4次:3月下旬发芽前,每年5~6月促进枝叶扩大时;夏季干旱时,11月浇封冻水。浇水后要中耕保墒。

另外,新植幼苗由于根系浅,浇水、雨后遇风容易倒伏,要及时扶正培土踩实;连续阴雨时要及时排除林间积水,以免长期积水至土壤板结,影响根系生长。

2)施肥管理

科学的追肥是改善林木营养状况、缩短成林时间的重要措施。追肥可用尿素或复合肥,都有明显的增产效果。

施肥时间:新植幼苗当年可少施、晚施,栽植当年在7~8月施肥为好。

施肥量:每株施入尿素100 g,可采用四点穴施法,即在树木根系分布范围内,距树干30 cm四周对称挖深20 cm的穴4个,肥料与土壤混合均匀后施入,最后用土覆盖,并浇适量水。

3)抹芽修枝

林带刚进入郁闭阶段时,由于灌木或辅佐树种生长茂盛产生压迫主要树种的情况,要采取部分灌木平茬或辅佐树种修枝,促进主要树种的生长并使其在林带中占优势地位。

幼苗萌芽力强,适时修枝可以使树干通直圆满。初植后要及时除去基部萌芽,可在苗干50 cm以下抹芽。林带郁闭后,通过调节树种间的关系、林带的结构,保证主要树种的健康生长。

4)松土、除草

树苗栽植后适时松土、除草,有效防止杂草与幼树争夺土壤水分和养分,提高土壤的通气性和透水性,促进微生物的繁殖和土壤有机物的分化。松土深度一般为5~10 cm,可在秋末冬初结合翻压落叶一起进行。

5)病虫害防治

对林带中出现各类树木的病虫害等,要及时进行管护。可采用农药灭虫,或用生石灰与水的混合液对树干进行涂刷,涂刷高度为1.5 m,每年涂2次。

6)林地胁迫效应调控技术

在林地遮阴胁地较重的一侧,尽量避免配置高大的乔木树种,而以灌木或窄冠型树种为宜。路、排水渠配套的林带,其两侧的排水沟渠可以起到断根沟的作用。合理选取胁地范围内的作物种类,如豆类、薯类等,能在一定程度上减轻胁地影响。选择深根型树种,并结合道路、沟渠合理配置林带,可缩短相对应的胁地距离。

7)林木密度调控

林带郁闭后,抚育工作的主要任务是通过人为干涉,调节树种间的关系、林带的结构,保证主要树种的健康生长。

3. 草地管护措施

复垦草地管护的目标就是苗全、苗壮。具体管护包括如下内容。

1）破除土壤板结

播种后出苗前，土壤表层蒸发失水后时常形成板结层，妨碍种子顶土出苗，如不采取处理措施，严重时甚至造成缺苗。土壤板结的处理措施是用具有短齿的圆形镇压器轻度镇压，或用短齿钉齿耙轻度耙地。

2）中耕与培土

作物生育期内的土壤耕作，称为中耕。中耕的目的主要是松土，兼及蹲苗。一是促进根系生长，协调根冠比；二是改善土壤的疏松度，有利协调水汽等。

培土就是将砂、土壤和有机肥按一定比例混合均匀施在草坪表面的作业。一般培土的材料是土、砂和有机肥的混合物，所用土、砂及有机肥不能含有杂草种子、病菌、害虫等有害物质，过筛后再按土：砂：有机肥1：1：1或2：1：1的比例混合均匀，培土厚度为0.5~1.0 cm。

3）灌溉与施肥

水是决定草地生长状况和质量的重要因素。当大气降水和土壤水分不能满足草生长发育的需要时，应合理灌溉。灌溉时间和次数受季节和干旱程度确定，水分渗深一般以10 cm为准。

草地施肥视土壤的贫瘠程度，牧草地在苗期对肥的需求量不多，一般不需要施肥。

4）病虫害与杂草管理

春季温度开始回升易发生病害，对刚刚返青的草造成危害。除深翻晒土、土壤消毒、控制灌水量外，应结合喷施杀菌剂消除病虫害。

清除杂草较为有效的方法是施用除莠剂，大多数除莠剂对幼小的草都有较强的毒害作用，因此除莠剂的使用，一般应推迟到新草发育到足够强壮时进行。

4. 农用设施管护措施

对复垦区内建筑设施，主要包括灌排设施、桥涵、道路等，应按时有计划地对其进行维护和保养，保证设施无损坏，保障复垦项目区正常生产工作。

管护期内应对排水沟进行定期巡查，对淤积点应及时清淤、疏通；对出现沟渠破碎点及时修补。

田间道路路面出现破碎或断裂之处应及时进行修补、加固，防止雨水渗入浸泡路基，而影响到道路承载力。

四、主要工程量

提出重点监测的内容、监测点的布设、监测方法、监测工程量等。

根据拟采取的技术措施，估算各分项监测工程量并列表汇总。

第六章　矿山地质环境治理与土地复垦工作部署

根据矿山地质(生态)环境问题类型和矿山地质环境保护与土地复垦方案分区结果,按照轻重缓急、分阶段实施的原则,合理划分矿山地质环境保护与土地复垦方案工作的阶段,提出总体工作部署和方案适用期内分年度实施计划。

第一节　总体工作部署

根据矿山地质环境治理与土地复垦工程设计,提出矿山地质环境保护与土地复垦总体目标任务,说明总工程量构成,制订矿山服务期限内的总体工作部署和实施计划。重点结合矿山开采工艺、损毁时序、基本农田调整完善等相关工作合理确定可行的工作计划安排。

根据开采设计或开发利用方案、评估区矿山地质环境问题类型、矿山地质环境影响评估结果、矿山地质环境保护与治理分区结果,按照"边开采、边治理"原则,提出年度实施计划。以露天开采铝土矿为列,矿山地质环境保护治理与土地复垦年度实施计划见表6-1。

表6-1　露天开采铝土矿矿山地质环境保护治理与土地复垦年度实施计划

年度	工作内容
第1年	在外围设截水沟,设立崩塌、滑坡警示牌;在排土场入口处设立泥石流警示牌,外围设截水沟,下游设挡土墙;建立崩塌、滑坡、泥石流地质灾害监测网;对开采区表土剥离、单独存放,底部土壤剥离后单独存放
第2年	对露天采场边坡进行崩塌、滑坡地质灾害监测;对排土场进行滑坡、泥石流地质灾害监测;对形成的土质边坡开展生物工程,建设养护设施;对岩质边坡进行削坡、整形,台阶外缘修挡土墙,内部留截水沟,覆土植树
第3年	对露天采场进行崩塌、滑坡地质灾害监测;对排土场进行滑坡、泥石流地质灾害监测;开采台阶较多时,在坡面上修纵向排水沟
第4、5年	同第3年
生产期	当第一个采坑闭坑后,将第二个采坑内的表土存放在表土堆场,底部土层存放在土壤堆场,挖出的废石填埋在第一个采坑内;当回填标高与周边地形基本一致时,回填土壤,覆盖表土,复垦为耕地或园地,面积较大时修建田间道路、排水沟等,土壤培肥、养护等。 排土场进行滑坡、泥石流地质灾害监测;采坑回填区地面沉陷监测工程
闭坑期	用排土场内的废石回填最后一个采坑,回填土壤,覆盖表土,复垦为耕地或园地,面积较大时修建田间道路、排水沟等,土壤培肥、养护,地面沉陷监测。 当排土场内废石存量较大时,进行削坡、平整,坡面整形,根据土地适宜性评价结果,顶部平台回填土壤,覆盖表土,复垦为耕地或林地,坡面复垦为林地,完善田间道路、排水沟等,滑坡、泥石流监测。表土堆场、土壤堆场充分利用之后,平整后复垦为耕地或林地。 对工业场地内的建(构)筑物、硬化地面进行拆除,并清运填埋在采坑内。 闭坑后的矿山道路与田间道路、生产路相结合,保留一定的宽度后多余的部分与周边地类相同,进行复垦

生产建设服务年限超过5年的,原则上以5年为一个阶段编制复垦方案服务年限内的土地复垦工

作安排;并详细制订第一个 5 年的阶段土地复垦计划,分年度细化 5 年内的土地复垦任务及费用安排;剩余生产建设服务年限少于 5 年的,按剩余年限编制阶段土地复垦计划。生产建设服务年限不超过 5 年的,应分年度细化土地复垦任务及费用安排,并制订第 1 年度的土地复垦实施计划。年度土地复垦实施计划应达到指导土地复垦工程施工的深度。

以某矿山为例,对矿山地质环境治理与土地复垦总体工作部署进行说明:

矿山地质环境保护与土地复垦工作根据"以人为本,因地制宜,预防为主,防治结合"的原则开展,做到预防和治理相结合;工程措施与生物防治相结合,治理与发展相结合,总体规划,分步实施。为适应矿山地质环境保护与治理恢复需要,根据设定目标与治理原则,针对矿区现状,对矿山治理(复垦)目标进行分阶段分解,设定各阶段的治理(复垦)目标。

本矿山为已建矿山,方案服务年限包括矿山剩余生产服务年限、治理(复垦)期与管护期。本方案编制基准年为2018年,服务年限从2018年6月开始计,剩余生产服务年限5年,治理(复垦)期1年,管护期3年,方案总服务年限为9年,即自2018年6月至2027年12月。本方案的适用年限(第一阶段)为5年,即2018年6月至2023年5月。根据矿山开发利用方案及矿山实际情况,对矿山地质环境保护与土地复垦工程进行分期部署,可分为两期:近期(第一阶段,2018 年 6 月至2023年5月)、远期(第二阶段,2023年 6 月至2027年12月)。

一、近期

(1)对矿区道路可剥离表土区域进行表土剥离,在露天采场外围设立崩塌、滑坡警示牌,开挖截水沟,外围拉防护网,在露天采场其他平台台阶外侧修筑浆砌石挡土坎,进行土壤回覆、植被重建工程,恢复地形地貌。

(2)在废弃采场外围设立崩塌、滑坡警示牌,外围拉防护网,在台阶外侧修筑浆砌石挡土坎,进行土壤回覆、植被重建工程,对继续使用的废弃采场中堆放的土壤进行防护。

(3)在废石临时堆场下边坡修筑浆砌石挡渣墙,进行边坡修整、土壤回覆、植被重建工程,恢复地形地貌,在继续使用的废石临时堆场外围设立滑坡、泥石流警示牌。

(4)在新建矿区道路一侧修筑排水沟,对不再使用的矿区道路进行路面挖除、植被重建工程。

二、远期

(1)涉及生产期0.6年及开采结束后,在露天采场底部平台台阶内侧修筑浆砌石挡土坎,挡土坎外侧预留排水沟。

(2)底部平台外侧修筑浆砌石挡土坎,进行土壤回覆、植被重建工程。

(3)在废弃采场台阶外侧修筑浆砌石挡土坎,进行场地平整、植被重建工程。

(4)对废石临时堆场进行边坡修整、土壤回覆、植被重建工程。

(5)对矿区道路复垦为有林地的区域进行路面挖除、植被重建工程。

第二节　阶段实施计划

生产服务年限超过 5 年的,结合开发利用方案和矿山实际情况,原则上以 5 年为一阶段,具体制订阶段实施计划。依据矿山所涉及的各类工程,按照近、中、远三期分别部署落实工程实施期限,明确每一阶段的治理复垦目标、任务、位置、单项工程量和费用安排。重点细化方案适用期限内的工程实施计划,明确第一阶段各期的目标、任务、位置、单项工程量安排。以某矿山为例,分别对矿山地质环境治理与土地复垦阶段实施计划进行说明。

一、矿山地质环境治理工程

本方案服务年限自2018年6月至2027年12月,划为两个阶段,分别是近期2018年6月至2023年5

月、远期2023年6月至2027年12月。

（一）近期（2018年6月至2023年5月）

（1）在露天采场外围设立崩塌、滑坡警示牌，拉防护网，开挖截水沟，在其他平台台阶外侧修筑浆砌石挡土坎，并开展崩塌、滑坡地质灾害监测工程。

（2）在CC1、CC2、CC3废弃采场外围设立崩塌、滑坡警示牌，拉防护网，在平台台阶外侧修筑浆砌石挡土坎，并对CC2废弃采场开展滑坡、泥石流地质灾害监测工程。

（3）在废石临时堆场外围设立滑坡、泥石流警示牌，对边坡进行修整，在废石临时堆场下边坡设浆砌石挡渣墙，并对2#废石临时堆场开展滑坡、泥石流地质灾害监测工程。

（4）在矿区道路一侧修筑排水沟，对复垦为有林地的区域进行泥结碎石路面挖除，并将产生的垃圾运至2#废石临时堆场。

（二）远期（2023年6月至2027年12月）

（1）在露天采场其他平台和底部平台台阶外侧修筑浆砌石挡土坎，并开展崩塌、滑坡地质灾害监测工程。

（2）在CC2废弃采场台阶外侧修筑浆砌石挡土坎，并开展滑坡、泥石流地质灾害监测工程。

（3）对2#废石临时堆场进行边坡修整，并开展滑坡、泥石流地质灾害监测工程。

（4）对复垦为有林地的区域进行泥结碎石路面挖除，并将产生的垃圾运至2#废石临时堆场。

矿山地质环境保护与恢复治理工程近期、远期工作安排表见表6-2。

表6-2　矿山地质环境保护与恢复治理工程近期、远期工作安排表

序号	工程名称	治理区域	计量单位	近期（2018年6月至2023年5月）	远期（2023年6月至2027年12月）	合计	备注
1	警示牌		块				
2	防护网		100 m²				
3	截（排）水沟						
3.1	土方开挖		100 m³				
3.2	浆砌石		100 m³				
3.3	砂浆拌制		100 m³				
4	浆砌石挡渣墙						
4.1	基槽开挖		100 m³				
4.2	浆砌石		100 m³				
4.3	砂浆拌制		100 m³				
4.4	PVC管		m				
5	浆砌石挡土坎						
5.1	浆砌石		100 m³				
5.2	砂浆拌制		100 m³				
6	边坡整修						
6.1	人工整修边坡		hm²				
7	挖除旧路面		10 m³				
8	石渣清运		100 m³				
9	崩塌、滑坡监测		次				
10	滑坡、泥石流监测		次				

二、土地复垦工程

本方案原则上以 5 年为一个阶段进行土地复垦工作阶段划分。本矿山土地复垦服务年限为9.6年，按两个阶段制订土地复垦方案实施计划，并按露天开采、土地损毁和土地复垦时序进行安排。两个阶段具体为第一阶段（2018年6月至2023年5月）、第二阶段（2023年6月至2027年12月）。土地复垦工程各阶段工作安排表见表6-3。

表 6-3　土地复垦工程各阶段工作安排表

序号	工程名称	治理区域	计量单位	第一阶段（2018年6月至2023年5月）	第二阶段（2023年6月至2027年12月）	第三阶段	…	合计	备注
1	表土剥离工程		100 m³						
2	土方防护工程								
2.1	干砌石挡土墙:干砌石		100 m³						
2.2	撒播草籽（30 kg/hm²）		hm²						
3	拆除干砌石挡墙		100 m³						
4	覆土工程		100 m³						
5	机械运土		100 m³						
6	整平工程		m²						
7	植被重建工程								
7.1	栽植乔木		100 株						
7.2	栽植灌木		100 株						
7.3	播撒草籽		hm²						
7.4	扦插爬山虎		100 株						
8	配套工程								
8.1	拉水车拉水		100 m³						
9	管护工程								
9.1	栽植乔木		100 株						
9.2	栽植爬山虎		100 株						
9.3	拉水车拉水		100 m³						
10	土地复垦效果监测		次						
⋮									

（一）第一阶段（2018年6月至2023年5月）

（1）对露天采场其他平台和边坡进行土壤回覆、植被重建工程和灌溉工程，并开展土地复垦效果监测。

（2）对 CC1 和 CC3 废弃采场进行土壤回覆、植被重建工程和灌溉工程，并开展土地复垦效果监测，对堆放在 CC2 废弃采场平台的土壤进行防护。

（3）对 1#废石临时堆场和 3#废石临时堆场进行土壤回覆、植被重建工程和灌溉工程，并开展土地复垦效果监测。

（4）对矿区道路可剥离表土区域进行表土剥离，对不再继续使用的矿区道路进行路面修复、土壤回覆、植被重建工程和灌溉工程，并开展土地复垦效果监测。

（二）第二阶段（2023年6月至2027年12月）

（1）对露天采场其他平台和底部平台进行土壤回覆、植被重建工程和灌溉工程，并开展土地复垦效果监测。

（2）对CC2废弃采场进行干砌石挡墙拆除、场地平整、植被重建工程和灌溉工程，并开展土地复垦效果监测。

（3）对2#废石临时堆场进行土壤回覆、植被重建工程和灌溉工程，并开展土地复垦效果监测。

（4）对矿区道路进行路面修复、土壤回覆、植被重建工程和灌溉工程，并开展土地复垦效果监测。

第三节　近期年度工作安排

以某矿山为例，分别对矿山地质环境治理与土地复垦近期年度工作安排进行说明。

一、矿山地质环境治理工程

矿山地质环境治理工程近期工作安排时间为2018年6月至2023年5月。各年度安排的主要工作和工作量如下。

（一）第1年（2018年6月至2018年12月）

（1）在露天采场外围设立崩塌、滑坡警示牌，拉防护网，开挖截水沟，并开展崩塌、滑坡地质灾害监测工程。

（2）在CC1、CC2、CC3废弃采场外围设立崩塌、滑坡警示牌，拉防护网，在平台台阶外侧修筑浆砌石挡土坎，并对CC2废弃采场开展滑坡、泥石流地质灾害监测工程。

（3）在废石临时堆场外围设立滑坡、泥石流警示牌，对边坡进行修整，在废石临时堆场下边坡设浆砌石挡渣墙，并对2#废石临时堆场开展滑坡、泥石流地质灾害监测工程。

（4）在矿区道路一侧修筑排水沟，对复垦为有林地的区域进行泥结碎石路面挖除，并将产生的垃圾运至2#废石临时堆场。

安排主要工作量：露天采场警示牌××块，防护网××m²，截水沟××m（土方开挖××m³、浆砌石××m³、砂浆拌制××m³），崩塌、滑坡灾害监测××次；废弃采场警示牌××块，防护网××m²，浆砌石挡土坎××m（浆砌石××m³、砂浆拌制××m³），滑坡、泥石流灾害监测××次；废石临时堆场警示牌××块，浆砌石挡渣墙××m（基槽开挖××m³、浆砌石××m³、砂浆拌制××m³、PVC管××m），边坡修整××hm²，滑坡、泥石流灾害监测××次；矿区道路排水沟××m（土方开挖××m³、浆砌石××m³、砂浆拌制××m³），挖除旧路面××m³，废渣清运××m³。

（二）第2年（2019年）

（1）对露天采场开展崩塌、滑坡地质灾害监测工程。

（2）对CC2废弃采场开展滑坡、泥石流地质灾害监测工程。

（3）对2#废石临时堆场开展滑坡、泥石流地质灾害监测工程。

安排主要工作量：露天采场崩塌、滑坡灾害监测××次；CC2废弃采场滑坡、泥石流地质灾害监测××次；2#废石临时堆场滑坡、泥石流地质灾害监测××次。

（三）第3年（2020年）

（1）对露天采场开展崩塌、滑坡地质灾害监测工程。

（2）对CC2废弃采场开展滑坡、泥石流地质灾害监测工程。

（3）对2#废石临时堆场开展滑坡、泥石流地质灾害监测工程。

安排主要工作量：露天采场崩塌、滑坡灾害监测××次；CC2废弃采场滑坡、泥石流地质灾害监测××次；2#废石临时堆场滑坡、泥石流地质灾害监测××次。

（四）第4年（2021年）

（1）在露天采场其他平台台阶外侧修筑浆砌石挡土坎，开展崩塌、滑坡地质灾害监测工程。

（2）对 CC2 废弃采场开展滑坡、泥石流地质灾害监测工程。

（3）对 2# 废石临时堆场开展滑坡、泥石流地质灾害监测工程。

安排主要工作量：露天采场修筑浆砌石挡土坎××m（浆砌石××m³、砂浆拌制××m³），崩塌、滑坡灾害监测××次；CC2 废弃采场滑坡、泥石流地质灾害监测××次；2# 废石临时堆场滑坡、泥石流地质灾害监测××次。

（五）第 5 年（2022 年 1 月至2023 年 5 月）

（1）对露天采场开展崩塌、滑坡地质灾害监测工程。

（2）对 CC2 废弃采场开展滑坡、泥石流地质灾害监测工程。

（3）对 2# 废石临时堆场开展滑坡、泥石流地质灾害监测工程。

安排主要工作量：露天采场崩塌、滑坡灾害监测××次；CC2 废弃采场滑坡、泥石流地质灾害监测××次；2# 废石临时堆场滑坡、泥石流地质灾害监测××次。

矿山地质环境保护与恢复治理工程近期各年度工作安排表见表6-4。

表 6-4　矿山地质环境保护与恢复治理工程近期各年度工作安排表

序号	工程名称	治理区域	计量单位	2018 年 6～12 月	2019 年	2020 年	2021年	2022 年 1 月至2023 年 5 月	合计
1	警示牌		块						
2	防护网		100 m²						
3	截（排）水沟								
3.1	土方开挖		100 m³						
3.2	浆砌石		100 m³						
3.3	砂浆拌制		100 m³						
4	浆砌石挡渣墙								
4.1	基槽开挖		100 m³						
4.2	浆砌石		100 m³						
4.3	砂浆拌制		100 m³						
4.4	PVC 管		m						
5	浆砌石挡土坎								
5.1	浆砌石		100 m³						
5.2	砂浆拌制		100 m³						
6	边坡整修								
6.1	人工整修边坡		hm²						
7	挖除旧路面		10 m³						
8	石渣清运		100 m³						
9	崩塌、滑坡监测		次						
10	滑坡、泥石流监测		次						
⋮									

二、土地复垦工程

土地复垦工程第一阶段工作安排时间为2018年6月至2023年5月。各年度安排的主要工作和工作量如下。

（一）第1年（2018年6月至2018年12月）

（1）对CC1和CC3废弃采场进行土壤回覆、植被重建工程和灌溉工程，并开展土地复垦效果监测，对堆放在CC2废弃采场平台的土壤进行防护。

（2）对1#废石临时堆场和3#废石临时堆场进行土壤回覆、植被重建工程和灌溉工程，并开展土地复垦效果监测。

（3）对矿区道路可剥离表土区域进行表土剥离，对不再继续使用的矿区道路进行路面修复、土壤回覆、植被重建工程和灌溉工程，并开展土地复垦效果监测。

安排主要工作量：废弃采场干砌石挡墙$\times\times$m（干砌石$\times\times$m^3），撒播草籽$\times\times$hm^2（30 kg/hm^2），土壤回覆$\times\times$m^3，种植乔木$\times\times$株，种植灌木$\times\times$株，撒播草籽$\times\times$hm^2（30 kg/hm^2），种植爬山虎$\times\times$株，拉水车拉水$\times\times$m^3，土地复垦效果监测$\times\times$次；废石临时堆场土壤回覆$\times\times$m^3，种植乔木$\times\times$株，种植灌木$\times\times$株，撒播草籽$\times\times$hm^2（30 kg/hm^2），拉水车拉水$\times\times$m^3，土地复垦效果监测$\times\times$次；矿区道路表土剥离$\times\times$m^3，路面修复$\times\times$m^2，土壤回覆$\times\times$m^3，种植乔木$\times\times$株，种植灌木$\times\times$株，撒播草籽$\times\times$hm^2（30 kg/hm^2），拉水车拉水$\times\times$m^3，土地复垦效果监测$\times\times$次。

（二）第2年（2019年）

对已复垦区域（CC1废弃采场、CC3废弃采场、1#废石临时堆场、3#废石临时堆场和矿区道路）进行管护工程，并开展土地复垦效果监测。

安排主要工作量：管护工程种植乔木$\times\times$株，种植爬山虎$\times\times$株，拉水车拉水$\times\times$m^3，土地复垦效果监测$\times\times$次。

（三）第3年（2020年）

对已复垦区域（CC1废弃采场、CC3废弃采场、1#废石临时堆场、3#废石临时堆场和矿区道路）进行管护工程，并开展土地复垦效果监测。

安排主要工作量：管护工程种植乔木$\times\times$株，种植爬山虎$\times\times$株，拉水车拉水$\times\times$m^3，土地复垦效果监测$\times\times$次。

（四）第4年（2021年）

（1）对露天采场已形成的其他平台和边坡进行土壤回覆、植被重建工程和灌溉工程，并开展土地复垦效果监测。

（2）对已复垦区域（CC1废弃采场、CC3废弃采场、1#废石临时堆场、3#废石临时堆场和矿区道路）进行管护工程，并开展土地复垦效果监测。

安排主要工作量：露天采场土壤回覆$\times\times$m^3，种植乔木$\times\times$株，种植灌木$\times\times$株，撒播草籽$\times\times$hm^2（30 kg/hm^2），种植爬山虎$\times\times$株，拉水车拉水$\times\times$m^3，土地复垦效果监测$\times\times$次；管护工程种植乔木$\times\times$株，种植爬山虎$\times\times$株，拉水车拉水$\times\times$m^3，土地复垦效果监测$\times\times$次。

（五）第5年（2022年1月至2023年5月）

对已复垦区域（露天采场）进行管护工程，并开展土地复垦效果监测。

安排主要工作量：管护工程种植乔木$\times\times$株，种植爬山虎$\times\times$株，拉水车拉水$\times\times$m^3，土地复垦效果监测$\times\times$次。

土地复垦工程第一阶段各年度工作安排表见表6-5。

表6-5　土地复垦工程第一阶段各年度工作安排表

序号	工程名称	治理区域	计量单位	第一阶段					合计
				2018年6~12月	2019年	2020年	2021年	2022年1月至2023年5月	
1	表土剥离工程		100 m³						
2	土方防护工程								
2.1	干砌石挡土墙：干砌石		100 m³						
2.2	撒播草籽（30 kg/hm²）		hm²						
3	覆土工程								
4	机械运土		100 m³						
5	修复工程		m²						
6	植被重建工程								
6.1	栽植乔木		100 株						
6.2	栽植灌木		100 株						
6.3	播撒草籽		hm²						
6.4	扦插爬山虎		100 株						
7	配套工程								
7.1	拉水车拉水		100 m³						
8	管护工程								
8.1	栽植乔木		100 株						
8.2	栽植爬山虎		100 株						
8.3	拉水车拉水		100 m³						
9	土地复垦效果监测		次						
⋮									

　　为便于计算出各年度的静态投资,有必要同时将土地复垦工程各个阶段的年度工作及工作量进行预先安排,土地复垦工程第二阶段、第三段各年度工作安排表分别见表6-6、表6-7。

表 6-5　土地复垦工程第二阶段各年度工作安排表

序号	工程名称	治理区域	计量单位	第二阶段					合计
				2023 年 6～12 月	2024 年	2025 年	2026 年	2027 年	
1	表土剥离工程		100 m³						
2	土方防护工程								
2.1	干砌石挡土墙：干砌石		100 m³						
2.2	撒播草籽（30 kg/hm²）		hm²						
3	覆土工程								
4	机械运土		100 m³						
5	修复工程		m²						
6	植被重建工程								
6.1	栽植乔木		100 株						
6.2	栽植灌木		100 株						
6.3	播撒草籽		hm²						
6.4	扦插爬山虎		100 株						
7	配套工程								
7.1	拉水车拉水		100 m³						
8	管护工程								
8.1	栽植乔木		100 株						
8.2	栽植爬山虎		100 株						
8.3	拉水车拉水		100 m³						
9	土地复垦效果监测		次						
	⋮								

表 6-7　土地复垦工程第三阶段各年度工作安排表

序号	工程名称	治理区域	计量单位	第三阶段					合计
				2028 年	2029 年	2030 年	2031 年	2032 年	
1	表土剥离工程		100 m³						
2	土方防护工程								
2.1	干砌石挡土墙：干砌石		100 m³						
2.2	撒播草籽（30 kg/hm²）		hm²						
3	覆土工程								
4	机械运土		100 m³						
5	修复工程		m²						
6	植被重建工程								
6.1	栽植乔木		100 株						
6.2	栽植灌木		100 株						
6.3	播撒草籽		hm²						
6.4	扦插爬山虎		100 株						
7	配套工程								
7.1	拉水车拉水		100 m³						
8	管护工程								
8.1	栽植乔木		100 株						
8.2	栽植爬山虎		100 株						
8.3	拉水车拉水		100 m³						
9	土地复垦效果监测		次						
⋮									

第七章　经费估算与进度安排

按照矿山地质环境治理和土地复垦两个方面分别估算经费。矿山地质环境治理工程包括矿山地质环境保护预防工程、矿山地质灾害治理工程、含水层修复工程、水土环境污染修复工程和矿山地质环境监测工程;土地复垦工程包括矿区土地复垦工程、矿区土地复垦监测和管护工程。

阐明经费估算编制原则、依据和方法,主要包括采用的定额标准、价格水平、人工预算单价、基础单价计算依据和费用计算标准。分别阐明矿山地质环境保护与土地复垦方案费用构成,包括工程施工费、设备费、其他费用(前期工作费、工程监理费、竣工验收费、业主管理费)、监测与管护费以及预备费(基本预备费、价差预备费和风险金)。说明矿山地质环境保护与土地复垦方案总投资、单位面积投资等技术经济指标。

第一节　经费估算

一、经费估算原则

(一)合法性原则

估算编制严格遵循国家法律法规,工程内容和费用构成齐全,计算合理,估算中的各项费用必须按照国家规定取值,不重复计算或者漏项少算,不提高或者降低估算标准。

(二)一致性原则

估算范围与《方案》所涉及的范围、所确定的各项工程内容相一致。

(三)真实性原则

项目估算的编制应当实事求是,根据真实可靠的工程量、人材机价格信息进行估算,计算过程要正确,估算结果力求真实准确。

(四)时效性原则

项目估算采用的材料价格、人工费用标准、设备采购价格等尽可能采用项目所在地工程造价管理部门公布的价格信息。

(五)科学性原则

进行项目估算前应当充分了解项目区的情况,熟悉项目设计方案,科学合理地选择编制依据和标准。当具体工程指标与所选指标存在标准或者条件差异时,应进行必要的换算或调整。

(六)行业差别性原则

矿山地质环境治理与土地复垦有其自身的特点和具体要求,因此项目估算的编制不能完全照搬其他行业的做法,选用的计算标准及定额应当相对合理和准确。

二、经费估算依据

经费估算依据一般包括各级行政主管部门颁布实施的规章、规程,资金管理方面的有关政策文件、管理办法,所采用的预算定额、费用标准、造价信息,以及本《方案》确定的矿山地质环境保护与土地复垦工程量。目前,方案估算采用的预算定额一般参照财政部、国土资源部制定的《土地开发整理项目预算定额标准》(2011年),河南省财政厅 国土资源厅制定的《河南省土地开发整理项目预算定额标准》(2014年),以及《水土保持工程概算定额》等。一般情况下,在河南省境内的矿山企业编制《矿山地质环境保护与土地复垦方案》,以《河南省土地开发整理项目预算定额标准》(2014年)为主,该定额子目没有的,选用其他定额或费用标准做补充。人工费一般参照河南省造价管理部门最新发布的人工费指导价。

具体编制依据包括以下内容:

(1)"××公司××矿矿山地质环境保护与土地复垦方案"确定的工作量;

(2)《矿山地质环境保护与恢复治理方案编制规范》(DZ/T 0223—2011);

(3)《土地复垦方案编制规程》(TD/T 1031.1~7—2011);

(4)《土地复垦条例》(国务院令第592号);

(5)《土地复垦条例实施办法》(国土资源部令第56号);

(6)《河南省土地开发整理项目预算定额标准》(豫财综〔2014〕80号);

(7)《水土保持工程概算定额》(2003年);

(8)《××工程造价信息》(2017年第6期);

(9)《河南省建筑工程标准定额站文件"河南省建筑工程标准定额站发布201×年×-×月人工价格指数、各工种信息价、实物工程量人工成本信息价的通知"》(豫建标定〔201×〕××号);

(10)河南省住房和城乡建设厅《关于调整房屋建筑和市政基础设施工程施工现场扬尘污染防治费的通知》(豫建设标〔2016〕47号);

(11)国土资源部办公厅《关于印发土地整治工程营业税改增值税计价依据调整过渡实施方案的通知》(国土资厅发〔2017〕19号);

(12)《财政部 税务总局关于调整增值税率的通知》(财税〔2018〕32号);

(13)《国土资源部办公厅关于做好矿山地质环境保护与土地复垦方案编报有关工作的通知》(国土资规〔2016〕21号);

(14)《河南省国土资源厅关于矿山土地复垦方案和地质环境保护与恢复治理方案合并编制有关问题的通知》(豫国土资规〔2015〕4号);

(15)《财政部 国土资源部 环境保护部关于取消矿山地质环境治理恢复保证金建立矿山地质环境治理恢复基金的指导意见》(财建〔2017〕638号);

(16)河南省财政厅 河南省国土资源厅 河南省环境保护厅《关于取消矿山地质环境治理恢复保证金建立矿山地质环境治理恢复基金的通知》(豫财环〔2017〕111号)。

三、矿山地质环境保护治理与土地复垦的经费构成

(一)矿山地质环境保护治理费用构成

本方案矿山地质环境保护治理费用由工程施工费、监测工程费、工程建设其他费用(前期工作费、工程监理费、竣工验收费、业主管理费等),以及不可预见费构成,见图7-1。

(二)矿山土地复垦费用构成

本方案土地复垦费用估算总投资由工程施工费、设备购置费、工程建设其他费用(前期工作费、工程监理费、竣工验收费、业主管理费等)、监测费和管护费,以及基本预备费、价差预备费和风险金等组成,具体构成见图7-2。

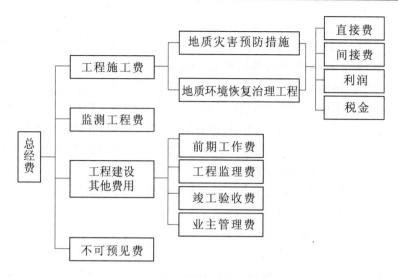

图 7-1　矿山地质环境保护治理费用构成

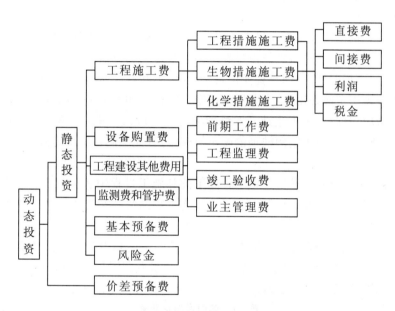

图 7-2　矿山土地复垦费用构成

四、经费估算编制方法说明

(一)工程施工费

工程施工费由直接费、间接费、利润和税金组成。

1. 直接费

直接费由直接工程费和措施费组成。

1)直接工程费

直接工程费由人工费、材料费、施工机械使用费组成。

(1)人工费。

人工费是指直接从事工程施工的生产工人开支的各项费用。

按照《河南省土地开发整理项目预算编制暂行规定》(2014年),甲类工56.38元/工日、乙类工43.25元/工日。由于现实中的人工费预算标准已高于所规定的甲类工、乙类工预算标准,因此在实际执行中,甲类工、乙类工一般参照河南省建筑工程造价管理部门最新公布的人工费指导价格信息,以此为基础来确定甲类工、乙类工预算标准。

（2）材料费。

材料费是指用于工程项目上的消耗性材料费、装置性材料费和周转性材料摊销费。材料预算价格一般包括材料原价、包装费、运杂费、运输保险费和采购及保管费五项。

材料预算价格一般采用项目所在地市造价管理部门公布的最新造价信息。一般情况下，所采用的造价信息已包括上述五项费用，因此直接采用造价信息提供的材料价格作为预算价格；特殊情况下，如材料运距的增加、建筑材料可就地取材等，可对材料预算价格进行合理确定、调整。

对于造价信息中缺少的材料单价，可在当地采用市场调查或通过其他调查方式取得相关价格依据进行确定。总的原则是，材料价格应有依据。

在材料费定额的计算中，材料消耗量参照《河南省土地开发整理项目预算定额标准》（2014年）。

对于砂石料、水泥和油料等主要材料进行限价，当材料预算价格等于或低于表中所列的材料规定价格时，编制单价分析表应采用材料预算价格；当材料预算价格大于表中所列的材料规定价格时，超出限价部分的材料价差只计取税金，不计取利润。

砂浆、混凝土应根据设计的强度等级，其预算单价按照《河南省土地开发整理项目预算定额标准》（2014年）规定的配合比材料用量进行计算。

（3）施工机械使用费。

施工机械使用费是指消耗在工程项目上的机械磨损、维修和动力燃料费用等。

$$施工机械使用费 = 一类费用 + 二类费用$$

其中，一类费用包括折旧费、修理及替换设备费、安装拆卸费；二类费用包括机上人工费和动力燃料费等。一类费用直接采用定额费用，二类费用依据定额的材料和人工工日用量及相应单价计算。

施工机械使用费应根据《河南省土地开发整理项目施工机械台班费定额》（2014年）及有关规定计算，具体计算表详见通用表。对于定额缺项的施工机械，可补充编制台班费定额。

2）措施费

措施费是指为完成工程施工，发生于该工程施工前和施工过程中非工程实体项目的费用。主要包括临时设施费、冬雨季施工增加费、夜间施工增加费、施工辅助费和安全文明施工措施费。

$$措施费 = 直接工程费（或人工费） × 措施费费率$$

（1）临时设施费。指施工企业为进行工程施工所必需的生活和生产用的临时建筑物、构筑物和其他临时设施费用等。临时设施包括临时宿舍、文化福利及公用事业房屋与构筑物、仓库、办公室、加工厂以及规定范围内道路、水、电、管线等临时设施和小型临时设施。根据不同工程类别，临时设施费费率见表7-1。

表7-1 临时设施费费率

序号	工程类别	计算基础	临时设施费费率（%）	序号	工程类别	计算基础	临时设施费费率（%）
1	土方工程	直接工程费	2	5	农用井工程	直接工程费	3
2	石方工程	直接工程费	2	6	其他工程	直接工程费	2（1）
3	砌体工程	直接工程费	2	7	安装工程	人工费	20
4	混凝土工程	直接工程费	3（2）				

注：1. 若采用商品混凝土，临时设施费费率选取括号中的数值；

2. 其他工程：指除上述工程外的工程，如防渗、架线工程及 PVC 管、混凝土管安装等；

3. 安装工程：包括设备及金属结构件（钢管、铸铁管等）安装工程等。

（2）冬雨季施工增加费。指在冬雨季施工期间为保证工程质量所需增加的费用。按直接工程费的百分率计算，费率取0.7% ~ 1.5%。对在不同季节施工的项目规定采用以下方法确定费率：不在冬雨季施工的项目取小值，部分在冬雨季施工的项目取中值，全部在冬雨季施工的项目取大值。

（3）夜间施工增加费。指在夜间施工而增加的费用（需连续工作部分计取此项费用）。按直接工程费的百分率计算，其中安装工程为0.5%，建筑工程为0.2%。

(4)施工辅助费。包括已完工程及设备保护费、施工排水及降水费、检验试验费、工程定位复测费、工程点交费等。按直接工程费的百分率计算,其中安装工程为1.0%,建筑工程为0.7%。

(5)安全文明施工措施费。指根据国家现行的施工安全、施工现场环境与卫生标准和有关规定,购置和更新施工安全防护用具及设施,改善安全生产条件和作业环境所需要的费用。按直接工程费的百分率计算,其中安装工程为0.3%、建筑工程为0.2%。

根据河南省住房和城乡建设厅《关于调增房屋建筑和市政基础设施工程施工现场扬尘污染防治费的通知(试行)》(豫建设标〔2016〕47号)规定,针对矿山环境治理与土地复垦工程实际,在本方案涉及的工程类别中,所编制的单价分析表中措施费(内含"安全文明施工措施费")可以按照文件规定的费率予以调增,进行计算。根据上述内容,本方案措施费费率表见表7-2。

表7-2 措施费费率表

序号	工程类别	临时设施费费率	冬雨季施工增加费费率	夜间施工增加费费率	施工辅助费费率	安全文明施工费费率	合计
1	土方工程						
2	石方工程						
3	砌体工程						
4	混凝土工程						
5	其他工程						
6	安装工程						

综上所述,方案各类工程措施费费率分别为:土方工程××%,石方工程××%……

2.间接费

间接费由规费、企业管理费组成。本方案间接费费率参见表7-3。

表7-3 间接费费率

序号	工程类别	计算基础	间接费费率(%)	序号	工程类别	计算基础	间接费费率(%)
1	土方工程	直接费	5	5	农用井工程	直接费	8
2	石方工程	直接费	6	6	其他工程	直接费	5
3	砌体工程	直接费	5	7	安装工程	人工费	65
4	混凝土工程	直接费	6				

规费是指施工现场发生并按政府和有关行政管理部门规定必须缴纳的费用,如工程排污费等。

企业管理费是指施工企业组织施工生产和经营活动所需的费用,包括管理人员工资、差旅交通费、办公费、固定资产使用费、工具用具使用费、劳动保险费、工会经费、职工教育经费、财产保险费、财务费用和税金等。

3.利润

利润是指施工企业完成所承包工程获得的盈利。依据《河南省土地开发整理项目预算编制规定》(2014年),费率取3%。计算公式:

$$利润 = (直接费 + 间接费) \times 3\%$$

4.税金

税金是指国家税法规定的应计入工程造价内的各种税费。根据《财政部 税务总局关于调整增值税率的通知》(财税〔2018〕32号),确定综合税率为10%。计算公式:

$$税金 = (直接费 + 间接费 + 利润) \times 计取费率$$

（二）设备购置费

根据《河南省土地开发整理项目预算编制规定》（2014年），设备购置费包括设备原价、运杂费、运输保险费和采购及保管费。运杂费费率考虑运距的远近按设备原价的4%~6%计算；采购及保管费按设备原价、运杂费之和的0.7%计算。

如果《方案》不涉及设备购置，则应列明"本方案不涉及设备购置费"。

（三）工程建设其他费用

根据《河南省土地开发整理项目预算编制规定》（2014年），其他费用包括前期工作费、工程监理费、竣工验收费、业主管理费等，其中《方案》中的复垦工程不计算拆迁补偿费。

由于《方案》在实际实施中，其他费用所含的部分费用不再发生，因此对不发生的费用项目可不计算。

1. 前期工作费

前期工作费，是指《方案》在工程施工前所发生的各项支出，包括土地清查费、项目勘测费、项目设计与预算编制费和项目招标代理费等。

1）土地清查费

土地清查费，是指项目承担单位组织有关单位或人员对治理与复垦区进行权属调查（包括权属地面附着物及现状设施的实物量调查）、地籍测绘、耕地质量等级评定等所发生的费用。

土地清查费以工程施工费与设备购置费之和为计费基数，按不超过工程施工费的0.5%计算。

2）项目勘测费

项目勘测费，是指项目承担单位委托具有相关资质的单位对治理与复垦区进行地形测量、工程勘察所发生的费用。

项目勘测费以工程施工费与设备购置费之和为计费基数，按不超过工程施工费的1.5%计算（项目地貌类型为丘陵、山区的，可乘1.1调整系数）。

3）项目设计与预算编制费

项目设计与预算编制费，是指项目承担单位委托具有相关资质的单位对治理与复垦区进行规划设计与预算编制所发生的费用。

项目设计与预算编制费以工程施工费与设备购置费之和为计费基数，采用分档定额计费方式计算（项目地貌类型为丘陵、山区的，可乘1.1调整系数），见表7-4，各区间按内插法确定。

表7-4　项目设计与预算编制费计费标准　　　　　　　　　（单位：万元）

序号	计费基数	项目设计与预算编制费	序号	计费基数	项目设计与预算编制费
1	≤500	14	7	20 000	262
2	1 000	27	8	40 000	487
3	3 000	51	9	60 000	701
4	5 000	76	10	80 000	906
5	8 000	115	11	100 000	1 107
6	10 000	141			

注：计费基数大于10亿元时，按计费基数的1.107%计取。

4）项目招标代理费

项目招标代理费，是指项目承担单位委托具有相关资质的单位对治理与复垦工程进行招标所发生的费用。项目招标代理费以工程施工费与设备购置费之和为计费基数，采用差额定率累进法计算，见表7-5。

2. 工程监理费

工程监理费，是指项目承担单位委托具有相关工程监理资质的单位，按国家有关规定对工程质量、进度、安全、投资进行全过程监督与管理所发生的费用。

表 7-5　项目招标代理费计费标准

序号	工程施工费（万元）	费率(%)	算例(单位:万元)	
			计费基数	项目招标代理费
1	≤1 000	0.5	1 000	1 000 × 0.5% = 5
2	1 000 ~ 3 000	0.3	3 000	5 + (3 000 − 1 000) × 0.3% = 11
3	3 000 ~ 5 000	0.2	5 000	11 + (5 000 − 3 000) × 0.2% = 15
4	5 000 ~ 10 000	0.1	10 000	15 + (10 000 − 5 000) × 0.1% = 20
5	10 000 ~ 100 000	0.05	100 000	20 + (100 000 − 10 000) × 0.05% = 65
6	100 000以上	0.01	150 000	65 + (150 000 − 100 000) × 0.01% = 70

工程监理费以工程施工费与设备购置费之和为计算基数,采用分档定额计费方式计算,见表 7-6,各区间按内插法确定。

表 7-6　工程监理费计费标准　　　　　　　　　　　　　(单位:万元)

序号	计费基数	工程监理费	序号	计费基数	工程监理费
1	≤500	12	7	20 000	283
2	1 000	22	8	40 000	510
3	3 000	56	9	60 000	714
4	5 000	87	10	80 000	904
5	8 000	130	11	100 000	1 085
6	10 000	157			

注:计费基数大于 10 亿元时,按计费基数的 1.085% 计取。

3. 竣工验收费

竣工验收费,是指治理与复垦工程完工后,因项目竣工验收、决算、成果的管理等发生的各项支出。它包括工程复核费、项目工程验收费、项目决算编制与审计费、复垦后土地重估与登记和评价费、标识设定费等。

1)工程复核费

工程复核费,是指项目承担单位完成治理与复垦实施任务并向项目批准部门提出验收申请后,由项目批准部门委托具有相关资质的单位或机构(第三方)对工程任务的完成情况,如净增耕地面积、工程数量、质量等,进行复核并编制相应报告所发生的费用。

工程复核费以工程施工费与设备购置费之和为计算基数,采用差额定率累进法计算,见表 7-7。

表 7-7　工程复核费计费标准

序号	工程施工费(万元)	费率(%)	算例(单位:万元)	
			工程施工费	工程复核费
1	≤500	0.70	500	500 × 0.70% = 3.5
2	500 ~ 1 000	0.65	1 000	3.5 + (1 000 − 500) × 0.65% = 6.75
3	1 000 ~ 3 000	0.60	3 000	6.75 + (3 000 − 1 000) × 0.60% = 18.75
4	3 000 ~ 5 000	0.55	5 000	18.75 + (5 000 − 3 000) × 0.55% = 29.75
5	5 000 ~ 10 000	0.50	10 000	29.75 + (10 000 − 5 000) × 0.50% = 54.75
6	10 000 ~ 50 000	0.45	50 000	54.75 + (50 000 − 10 000) × 0.45% = 234.75
7	50 000 ~ 100 000	0.40	100 000	234.75 + (100 000 − 50 000) × 0.40% = 434.75
8	>100 000	0.35	150 000	434.75 + (150 000 − 100 000) × 0.35% = 609.75

2)项目工程验收费

项目工程验收费,是指项目中期验收及竣工验收所发生的会议费、资料整理费、印刷费、交通费、工具用具使用费等。

项目工程验收费以工程施工费与设备购置费之和为计算基数,采用差额定率累进法计算,见表7-8。

表7-8 项目工程验收费计费标准

序号	计费基数(万元)	费率(%)	算例(单位:万元)	
			计费基数	项目工程验收费
1	≤500	1.4	500	500×1.4%=7
2	500~1 000	1.3	1 000	7+(1 000-500)×1.3%=13.5
3	1 000~3 000	1.2	3 000	13.5+(3 000-1 000)×1.2%=37.5
4	3 000~5 000	1.1	5 000	37.5+(5 000-3 000)×1.1%=59.5
5	5 000~10 000	1.0	10 000	59.5+(10 000-5 000)×1.0%=109.5
6	10 000~50 000	0.9	50 000	109.5+(50 000-10 000)×0.9%=469.5
7	50 000~100 000	0.8	100 000	469.5+(100 000-50 000)×0.8%=869.5
8	>100 000	0.7	150 000	869.5+(150 000-100 000)×0.7%=1 219.5

3)项目决算编制与审计费

项目决算编制与审计费,是指按现行项目管理办法及竣工验收规范要求编制竣工报告和决算以及审计所需要的费用。项目决算编制与审计费以工程施工费与设备购置费之和为计算基数,采用差额定率累进法计算,见表7-9。

表7-9 项目决算编制与审计费计费标准

序号	计费基数(万元)	费率(%)	算例(单位:万元)	
			计费基数	项目决算编制与审计费
1	≤500	1.0	500	500×1.0%=5
2	500~1 000	0.9	1 000	5+(1 000-500)×0.9%=9.5
3	1 000~3 000	0.8	3 000	9.5+(3 000-1 000)×0.8%=25.5
4	3 000~5 000	0.7	5 000	25.5+(5 000-3 000)×0.7%=39.5
5	5 000~10 000	0.6	10 000	39.5+(10 000-5 000)×0.6%=69.5
6	10 000~50 000	0.5	50 000	69.5+(50 000-10 000)×0.5%=269.5
7	50 000~100 000	0.4	100 000	269.5+(100 000-50 000)×0.4%=469.5
8	>100 000	0.3	150 000	469.5+(150 000-100 000)×0.3%=619.5

4)复垦后土地重估与登记和评价费

复垦后土地重估与登记和评价费,是指项目建成后对耕地的质量、等级再评定,项目绩效评价和耕地登记所发生的费用。

复垦后土地重估与登记和评价费以工程施工费与设备购置费之和为计算基数,采用差额定率累进法计算,见表7-10。

表 7-10 复垦后土地重估与登记和评价费计费标准

序号	计费基数(万元)	费率(%)	算例(单位:万元)	
			计费基数	复垦后土地重估与登记和评价费
1	≤500	0.65	500	$500 \times 0.65\% = 3.25$
2	500 ~ 1 000	0.60	1 000	$3.25 + (1\ 000 - 500) \times 0.60\% = 6.25$
3	1 000 ~ 3 000	0.55	3 000	$6.25 + (3\ 000 - 1\ 000) \times 0.55\% = 17.25$
4	3 000 ~ 5 000	0.50	5 000	$17.25 + (5\ 000 - 3\ 000) \times 0.50\% = 27.25$
5	5 000 ~ 10 000	0.45	10 000	$27.25 + (10\ 000 - 5\ 000) \times 0.45\% = 49.75$
6	10 000 ~ 50 000	0.40	50 000	$49.75 + (50\ 000 - 10\ 000) \times 0.40\% = 209.75$
7	50 000 ~ 100 000	0.35	100 000	$209.75 + (100\ 000 - 50\ 000) \times 0.35\% = 384.75$

5)标识设定费

标识设定费,是指设立治理与复垦标志碑及标识农田水利设施等所发生的费用。

标识设定费以工程施工费与设备购置费之和为计算基数,采用差额定率累进法计算,见表7-11。

表 7-11 标识设定费计费标准

序号	计费基数(万元)	费率(%)	算例(单位:万元)	
			计费基数	标识设定费
1	≤500	0.11	500	$500 \times 0.11\% = 0.55$
2	500 ~ 1 000	0.10	1 000	$0.55 + (1\ 000 - 500) \times 0.10\% = 1.05$
3	1 000 ~ 3 000	0.09	3 000	$1.05 + (3\ 000 - 1\ 000) \times 0.09\% = 2.85$
4	3 000 ~ 5 000	0.08	5 000	$2.85 + (5\ 000 - 3\ 000) \times 0.08\% = 4.45$
5	5 000 ~ 10 000	0.07	10 000	$4.45 + (10\ 000 - 5\ 000) \times 0.07\% = 7.95$
6	10 000 ~ 50 000	0.06	50 000	$7.95 + (50\ 000 - 10\ 000) \times 0.06\% = 31.95$
7	50 000 ~ 100 000	0.05	100 000	$31.95 + (100\ 000 - 50\ 000) \times 0.05\% = 56.95$

4. 业主管理费

业主管理费,是指项目承担单位为项目的立项、筹建、建设等工作所发生的费用。

业主管理费以工程施工费、设备购置费、前期工作费、工程监理费、竣工验收费之和为计算基数,采用差额定率累进法计算,见表7-12。

表 7-12 业主管理费计费标准

序号	计费基数(万元)	费率(%)	算例(单位:万元)	
			计费基数	业主管理费
1	≤500	2.8	500	$500 \times 2.8\% = 14$
2	500 ~ 1 000	2.6	1 000	$14 + (1\ 000 - 500) \times 2.6\% = 27$
3	1 000 ~ 3 000	2.4	3 000	$27 + (3\ 000 - 1\ 000) \times 2.4\% = 75$
4	3 000 ~ 5 000	2.2	5 000	$75 + (5\ 000 - 3\ 000) \times 2.2\% = 119$
5	5 000 ~ 10 000	1.9	10 000	$119 + (10\ 000 - 5\ 000) \times 1.9\% = 214$
6	10 000 ~ 50 000	1.6	50 000	$214 + (50\ 000 - 10\ 000) \times 1.6\% = 854$
7	50 000 ~ 100 000	1.2	100 000	$854 + (100\ 000 - 50\ 000) \times 1.2\% = 1\ 454$

（四）监测费和管护费

1. 监测费

监测工作包括矿山地质环境监测与土地复垦监测两部分。

1）矿山地质环境监测

矿山地质灾害监测包括地面塌陷、地面沉陷、地裂缝、崩塌、滑坡、泥石流等监测；含水层破坏监测工程，包括地下水位、水质、矿坑排水量、泉水溢出量、地下水降落漏斗与疏干范围监测等。

部署矿山地质环境监测工程应说明监测点的布设、监测内容（位移监测、宏观变形监测等）、监测方法、监测频率、技术手段与条件、监测时限、监测次数、工程量等（主要在《方案》相关章节编写确认）。监测主要技术标准包括《崩塌、滑坡、泥石流监测规范》（DZ/T 0221—2006）、《地下水动态监测规程》（DZ/T 0133—1994）等。

监测工作预算（费用）标准的确定：参照相关的定额标准、费用标准、造价信息等，并列出具体的预算（费用）标准。

监测费用的计算按照监测类别分别计算。

矿山地质环境监测与土地复垦监测有重复监测内容的，应统筹考虑，不再重复计算。

2）土地复垦监测

土地复垦监测包括复垦区原地貌地表状况监测、土地毁损监测、复垦效果监测。其中，复垦效果监测又包括土壤质量监测、复垦植被监测、复垦配套设施监测。

土地复垦监测费是指在矿山开采过程中，由于其塌陷、沉降及污染等的破坏程度难以预测，为了能及时掌握实际情况，调整并采取及时、有效、正确的复垦措施而设置监测点，用来监测塌陷、沉降及污染等的破坏程度，确保复垦工作顺利进行所产生的费用。例如，对于井工开采的煤矿生产项目，监测内容主要为地表沉陷；对于井工开采的金属矿山，除地表沉陷监测外，还要重点监测污染情况等。

土地复垦监测工作量的确定：应根据国家颁布实施的各类技术标准，以及《方案》中土地复垦工作确定的复垦方向、监测方案，来合理确定监测指标、监测点数量、监测次数、监测过程中需要的设施、设备及消耗性材料等。监测主要技术标准包括《土壤环境监测技术规范》（HJ/T 166—2004）、《地表水和污水监测技术规范》（HJ/T 91—2002）等。

监测工作预算（费用）标准的确定：参照相关的定额标准、费用标准、造价信息等，并列出具体的预算（费用）标准。

因此，土地复垦监测费要根据监测指标、监测点数量、监测次数、监测过程中需要的设施、设备及消耗性材料等具体确定。

监测费用按照监测类别分别计算，如土地复垦区原地貌地表状况监测、土地毁损监测、复垦效果监测（土壤质量监测、复垦植被监测、复垦配套设施监测）。

2. 管护费

管护措施包括林地管护措施、草地管护措施、建筑设施管护。

管护费是对土地复垦后的一些重要的工程措施、植被和复垦区域土地等进行有针对性的巡查、补植、除草、施肥浇水、修枝、喷药、刷白等管护工作所发生的费用，主要包括管理和养护两类。

管护工作量的确定：应根据《方案》确定的复垦方向、工程设计方案来合理确定管护工作内容、管护时间和管护工作量。

管护工作预算（费用）标准的确定：可根据投入的人工、机械、材料费等测算综合单价等方式来确认预算（费用）标准。

管护费的计算可根据项目管护内容、管护时间和工程量测算。

（五）不可预见费（适用于矿山地质环境保护治理工程）

不可预见费是指在工程施工过程中因自然灾害、设计变更及其他不可预见因素的变化而增加的费用。

不可预见费按不超过工程施工费、设备购置费和其他费用之和的3%计算。

(六)预备费(适用于土地复垦工程)

预备费是指考虑了土地复垦期间可能发生的风险因素,从而导致复垦费用增加的一项费用。预备费主要包括基本预备费、风险金、价差预备费。

1.基本预备费

基本预备费是指在工程施工过程中因自然灾害、设计变更及其他不可预见因素的变化而增加的费用,可按工程施工费(含生物措施费)、设备费、其他费用之和的3%计取。

2.风险金

与基本预备费、价差预备费不同,风险金是指可预见而目前技术上无法完全避免的土地复垦过程中可能发生风险的备用金。一般在金属矿山和开采年限较长的非金属矿等复垦工程中发生的概率较大。风险金按可能性大小,以工程施工费为基数,地下采矿按3%、露天采矿按2%计取。

3.价差预备费

价差预备费是指为解决在工程施工过程中,因物价(人工工资、材料和设备价格)上涨、国家宏观调控以及地方经济发展等因素而增加的投资。

价差预备费以年度静态投资为计算基数。假设项目生产服务年限为 n 年,年度价格波动水平按国家规定的当年物价指数(r)计算,若每年的静态投资费为 a_1、a_2、a_3、$\cdots$、a_n,则第 i 年的价差预备费 W_i 的计算公式为

$$W_i = a_i \left[(1+r)^{i-1} - 1 \right]$$

总价差预备费为各年度价差预备费之和 $\sum W_i$。年度价格上涨水平统一采用5.5%计取。

第二节 矿山地质环境治理工程经费估算

一、矿山地质环境保护治理工程量估算

矿山地质环境保护治理与监测工程总工程量汇总表,见表7-13。

表 7-13 矿山地质环境保护治理与监测总工程量汇总表

序号	工程项目	计量单位	工程量	备注
1	矿山地质环境保护预防工程			
1.1	⋮	⋮	⋮	⋮
2	矿山地质灾害治理工程			
2.1	⋮	⋮	⋮	⋮
3	含水层修复工程			
3.1	⋮	⋮	⋮	⋮
4	水土环境污染修复工程			
4.1	⋮	⋮	⋮	⋮
5	矿山地质环境监测工程			
5.1	⋮	⋮	⋮	⋮

注:每项工程可以按照不同区域和不同工程项目进行详细划分,最终要列出分部分项工程工作量,便于套用预算定额。

矿山地质环境保护治理与监测近期(分年度)与中远期工程量一览表,见表7-14。

二、矿山地质环境保护治理经费估算

(一)矿山地质环境保护治理经费总额与相关技术经济指标说明

叙述矿山地质环境保护治理经费总额及工程施工费、设备购置费、其他费用、不可预见费金额及费用所占比例,重点说明费用所占比例是否合理,能否满足矿山地质环境治理目标。

表 7-14   矿山地质环境保护治理与监测近期(分年度)与中远期工程量一览表

序号	工程项目	计量单位	工程量							备注
			20××年	20××年	20××年	20××年	20××年	中远期(20××年至20××年)	合计	
1	矿山地质环境保护预防工程									
1.1	⋮									
2	矿山地质灾害治理工程									
2.1	⋮									
3	含水层修复工程									
3.1	⋮									
4	水土环境污染修复工程									
4.1	⋮									
5	矿山地质环境监测工程									
5.1	⋮									
	⋮									

(二)《方案》适用期(前5年)分年度矿山地质环境保护治理经费说明

对于《方案》服务期限较长的,分为近期(适用期)、中期、远期三个阶段,适用期一般为5年,并将适用期每一年度矿山地质环境保护治理经费都要详细列出、说明;对于《方案》服务期限较短的,可都作为适用期,将每一年度矿山地质环境保护治理经费详细列出。

(三)矿山地质环境保护治理经费估算主表

矿山地质环境保护治理投资估算总表见表 7-15;

矿山地质环境保护治理工程施工费估算表见表 7-16;

矿山地质环境保护治理工程施工单价汇总表见表 7-17;

矿山地质环境保护治理监测费估算表见表 7-18;

矿山地质环境保护治理设备购置费估算表见表 7-19;

矿山地质环境保护治理其他费用估算表见表 7-20;

矿山地质环境保护治理不可预见费估算表见表 7-21。

表 7-15   矿山地质环境保护治理投资估算总表   (金额单位:万元)

序号	工程或费用名称	预算金额	各项费用占总费用的比例(%)
甲	乙	1	2
1	工程施工费		
2	设备购置费		
3	其他费用		
4	不可预见费		
	总计		100.00

表 7-16 矿山地质环境保护治理工程施工费估算表 （金额单位:元）

序号	定额编号	工程或费用名称	计量单位	工程量	综合单价	合计
甲	乙	丙	丁	1	2	3
1		削坡				
2		挡墙				
3		抗滑桩				
4		排水				
5		回填				
6		清理				
7		护坡				
8		防渗				
9		构筑物拆除				
		⋮				
合计						

注:每项工程可以按照不同区域和不同工程项目进行详细划分,最终要列出分部分项工程工作量,套用预算定额。

表 7-17 矿山地质环境保护治理工程施工单价汇总表 （金额单位:元）

序号	定额编号	单项名称	单位	直接费		间接费	利润	材料差价	未计价材料费	税金	综合单价
				直接工程费	措施费						
甲	乙	丙	丁	1	2	3	4	5	6	7	8
1		削坡									
2		挡墙									
3		抗滑桩									
4		排水									
5		回填									
6		清理									
7		削坡									
8		挡墙									
9		抗滑桩									

表 7-18 矿山地质环境保护治理监测费估算表 （金额单位:元）

序号	定额编号	工程或费用名称	计量单位	工程量	综合单价	合计
甲	乙	丙	丁	1	2	3
合计						

表 7-19　矿山地质环境保护治理设备购置费估算表　　　　　　（金额单位：元）

序号	设备名称	规格型号	单位	数量	单价	合计	说明
甲	乙	丙	丁	1	2	3	4
	合计						

表 7-20　矿山地质环境保护治理其他费用估算表　　　　　　（金额单位：元）

序号	费用名称	计算式	预算金额	各项费用占其他费用的比例（%）
甲	乙	丙	1	2
1	前期工作费			
1.1	土地清查费			
1.2	项目可行性研究费			
1.3	项目勘测费			
1.4	项目设计及预算编制费			
1.5	项目招标代理费			
2	工程监理费			
3	竣工验收费			
3.1	工程复核费			
3.2	工程验收费			
3.3	项目决算编制与审计费			
3.4	整理后土地重估、登记和评价费			
3.5	标识设定费			
4	业主管理费			
	合计			

表 7-21　矿山地质环境保护治理不可预见费估算表　　　　　　（金额单位：元）

序号	费用名称	工程施工费	设备购置费	其他费用	小计	费率（%）	合计
甲	乙	1	2	3	4	5	6
	不可预见费						
	合计						

第三节 土地复垦工程经费估算

一、土地复垦工程量估算

（1）土地复垦、监测与管护总工程量汇总表见表 7-22。

表 7-22 土地复垦、监测与管护总工程量汇总表

序号	工程项目	计量单位	工程量	备注
1	土壤重构工程			
1.1	土壤剥覆工程			
1.2	覆土工程			
1.3	平整工程			
1.4	坡面整修工程			
1.5	生物化学工程			
2	植被重建工程			
2.1	林草恢复工程			
2.2	农田防护工程			
3	配套工程			
3.1	灌排工程			
3.2	喷（微）灌工程			
3.3	灌溉机井工程			
3.4	水工建筑物			
3.5	集雨工程			
3.6	疏排水工程			
3.7	供水工程			
3.8	输电线路工程			
3.9	道路工程			
4	监测与管护工程			
4.1	监测工程			
4.2	管护工程			

（2）土地复垦、监测与管护第一阶段（分年度）与各阶段工程量一览表见表 7-23。

二、土地复垦经费估算

（一）土地复垦静态、动态经费总额和单位面积投资等技术经济指标说明

叙述土地复垦经费静态、动态经费总额和单位面积（亩均）静态、动态投资，重点说明费用所占比例是否合理，能否满足矿山土地复垦目标。

（二）《方案》第一阶段（一般为 5 年）分年度土地复垦经费说明

对于《方案》服务期限较长的，按 5 年一个阶段进行划分，并将适用期（第一阶段）每一年度土地复垦经费都要详细列出、说明；对于《方案》服务期限较短的，可都作为适用期，将每一年度土地复垦经费

都要详细列出。

表 7-23　土地复垦、监测与管护第一阶段(分年度)与各阶段工程量一览表

序号	工程项目	计量单位	工程量							合计	备注
			第一阶段(20××年至20××年)					第二、三、四阶段(20××年至20××年)			
			20××年	20××年	20××年	20××年	20××年				
1	土壤重构工程										
1.1	土壤剥覆工程										
1.2	覆土工程										
1.3	平整工程										
1.4	坡面整修工程										
1.5	生物化学工程										
2	植被重建工程										
2.1	林草恢复工程										
2.2	农田防护工程										
3	配套工程										
3.1	灌排工程										
3.2	喷(微)灌工程										
3.3	灌溉机井工程										
3.4	水工建筑物										
3.5	集雨工程										
3.6	疏排水工程										
3.7	供水工程										
3.8	输电线路工程										
3.9	道路工程										
4	监测与管护工程										
4.1	监测工程										
4.2	管护工程										

(三)土地复垦经费估算主表

土地复垦投资估算总表见表 7-24;

土地复垦工程施工费估算表见表 7-25;

土地复垦工程施工单价汇总表见表 7-26;

土地复垦设备费估算表见表 7-27;

土地复垦其他费用估算表见表 7-28;

土地复垦监测费估算表见表 7-29 ~ 表 7-32;

土地复垦管护费估算表见表 7-33;

土地复垦基本预备费估算表见表 7-34;

土地复垦风险金估算表见表 7-35;

分年度土地复垦工程施工费估算表见表 7-36;

分年度土地复垦费用静态投资估算表见表 7-37；

价差预备费估算表见表 7-38；

土地复垦动态投资估算表见表 7-39。

表 7-24　土地复垦投资估算总表　　　　　　　　　　　　　　（金额单位：万元）

序号	工程或费用名称	预算金额	各项费用占总费用的比例(%)
甲	乙	1	2
一	工程施工费		
二	设备购置费		
三	其他费用		
四	监测与管护费		
（一）	复垦监测费		
（二）	管护费		
五	预备费		
（一）	基本预备费		
（二）	价差预备费		
（三）	风险金		
六	静态总投资	100.00	
七	动态总投资		

表 7-25　土地复垦工程施工费估算表　　　　　　　　　　　　　（金额单位：元）

序号	定额编号	工程或费用名称	计量单位	工程量	综合单价	合计
甲	乙	丙	丁	1	2	3
1		土壤重构工程				
1.1		充填工程				
1.1.1		地裂缝充填				
⋮						
1.2		土壤剥覆工程				
1.2.1		表土处置				
⋮						
1.3		平整工程				
1.3.1		田面平整				
⋮						
1.4		坡面工程				
1.4.1		梯田				
⋮						
1.5		生物化学工程				
1.5.1		土壤培肥				
⋮						

续表 7-25

序号	定额编号	工程或费用名称	计量单位	工程量	综合单价	合计
1.6		清理工程				
⋮						
⋮						
2		植被重建工程				
2.1		林草恢复工程				
2.1.1		植树				
⋮						
2.2		农田防护工程				
2.2.1		植树				
⋮						
3		配套工程				
3.1		灌排工程				
3.1.1		支渠(沟)				
⋮						
3.2		喷(微)灌工程				
3.2.1		管道工程				
⋮						
3.3		机井工程				
3.3.1		成孔工程				
⋮						
3.4		水工建筑物				
3.4.1		涵洞				
⋮						
3.5		集雨工程				
3.5.1		沉砂池				
⋮						
3.6		疏排水工程				
3.6.1		截流沟				
⋮						
3.7		输电线路工程				
3.7.1		线路架设工程				
⋮						
3.8		道路工程				
3.8.1		田间道路				
⋮						
		合计				

表 7-26 土地复垦工程施工单价汇总表 （金额单位:元）

序号	定额编号	单项名称	单位	直接费		间接费	利润	材料价差	未计价材料费	税金	综合单价
				直接工程费	措施费						
甲	乙	丙	丁	1	2	3	4	5	6	7	8
1		土壤重构工程									
1.1		充填工程									
1.1.1		地裂缝充填									
⋮											
1.2		土壤剥覆工程									
1.2.1		表土处置									
⋮											
1.3		平整工程									
1.3.1		田面平整									
⋮											
1.4		坡面工程									
1.4.1		梯田									
⋮											
1.5		生物化学工程									
1.5.1		土壤培肥									
⋮											
1.6		清理工程									
⋮											
⋮											
2		植被重建工程									
2.1		林草恢复工程									
2.1.1		植树									
⋮											
2.2		农田防护工程									
2.2.1		植树									
⋮											
3		配套工程									
3.1		灌排工程									
3.1.1		支渠(沟)									
⋮											
3.2		喷(微)灌工程									
3.2.1		管道工程									
⋮											
3.3		机井工程									
3.3.1		成孔工程									
⋮											

续表 7-26

序号	定额编号	单项名称	单位	直接费		间接费	利润	材料价差	未计价材料费	税金	综合单价
				直接工程费	措施费						
甲	乙	丙	丁	1	2	3	4	5	6	7	8
3.4		水工建筑物									
3.4.1		涵洞									
⋮											
3.5		集雨工程									
3.5.1		沉砂池									
⋮											
3.6		疏排水工程									
3.6.1		截流沟									
⋮											
3.7		输电线路工程									
3.7.1		线路架设工程									
⋮											
3.8		道路工程									
3.8.1		田间道									
⋮											

表 7-27　土地复垦设备费估算表　　　　　　（金额单位:元）

序号	设备名称	规格型号	单位	数量	单价	合计	说明
甲	乙	丙	丁	1	2	3	4
	合计						

表 7-28　土地复垦其他费用估算表　　　　　　（金额单位:元）

序号	费用名称	计算式	预算金额	各项费用占其他费用的比例（%）
甲	乙	丙	1	2
1	前期工作费			
1.1	土地清查费			
1.2	项目可行性研究费			
1.3	项目勘测费			
1.4	项目设计及预算编制费			
1.5	项目招标代理费			
2	工程监理费			
3	竣工验收费			
3.1	工程复核费			
3.2	工程验收费			
3.3	项目决算编制与审计费			
3.4	整理后土地重估、登记和评价费			
3.5	标识设定费			
4	业主管理费			
合计				

表 7-29　地表移动变形监测费估算表　　　　　　　　（金额单位：元）

编号	方向	监测区域	长度 （km）	观测时间 （年）	观测次数 （次/年）	预算单价	合计
甲	乙	丙	1	2	3	4	5
合计							

表 7-30　耕地复垦土壤质量监测费估算表　　　　　　　（金额单位：元）

监测阶段	监测项目	监测方法	地块数量	监测次数	监测费用［元/（次·块）］	合计
甲	乙	丙	1	2	3	4
	地面坡度					
	平整度					
	覆土厚度					
	有效土层厚度					
	土壤 pH					
	重金属含量					
	土壤质地					
	土壤砾石含量					
	土壤容重（压实）					
	有机质					
	全氮					
	速效磷					
	有效钾					
	土壤盐分含量					
	作物长势					
	单位产量					
	⋮					
合计						

表 7-31　林地复垦植被恢复监测费估算表　　　　　　　（金额单位：元）

监测阶段	监测项目	监测方法	地块数量	监测次数	监测单价［元/（次·块）］	合计
甲	乙	丙	1	2	3	4
	种植密度					
	生长势					
	成活率					
	郁闭度					
	生长量					
	单位面积蓄积量					
	⋮					
合计						

表 7-32　耕地复垦配套设施监测费估算表　　　　　　（金额单位:元）

监测阶段	监测项目	监测方法	地块数量	监测次数	监测单价 $[元/(次·块)]$	合计
甲	乙	丙	1	2	3	4
	田间道路					
	灌溉设施					
	排水设施					
	防洪设施					
	⋮					
合计						

注:土地复垦监测包括复垦区原地貌地表状况监测、土地毁损监测、复垦效果监测三部分,其中复垦效果监测又包括土壤质量监测、复垦植被监测、复垦配套设施检测。监测费用的计算按照监测类别分别计算。

表 7-33　土地复垦管护费估算表　　　　　　（金额单位:元）

费用类型	管护面积	单位用量	单价	合计
甲	乙	1	2	3
人工费				
肥料				
运水罐车				
⋮				
合计				

注:管护措施包括林地管护措施、草地管护措施、建筑设施管护措施三部分,管护费的计算可根据项目管护内容、管护时间和工程量测算。

表 7-34　土地复垦基本预备费估算表　　　　　　（金额单位:元）

序号	费用名称	工程施工费	其他费用	小计	费率(%)	合计
甲	乙	1	2	3	4	5
	基本预备费					

表 7-35　土地复垦风险金估算表　　　　　　（金额单位:元）

序号	费用名称	工程施工费	费率(%)	合计
甲	乙	1	2	3
	风险金			

表 7-36　分年度土地复垦工程施工费估算表　（金额单位:元）

序号	分部分项工程或费用名称	计量单位	××××年		××××年		××××年		××××年		××××年		…		合计	
			工程量	预算费用	工程量	预算费用	工程量	预算费用	工程量	预算费用	工程量	预算费用	工程量	预算费用	工程量	预算费用
甲	乙	丙	1	2	3	4	5	6	7	8	9	10	11	12	13	14
一	工程施工费															
	合计															

表 7-37　分年度土地复垦费用静态投资估算表　（金额单位:元）

序号	工程或费用名称	年度									合计
		××××年	××××年	××××年	××××年	××××年	××××年	××××年	××××年	…	
甲	乙	1	2	3	4	5	6	7	8	9	10
一	工程施工费										
二	设备购置费										
三	其他费用										
四	复垦监测与管护费用										
（一）	监测费										
（二）	管护费										
五	预备费										
（一）	基本预备费										
（二）	价差预备费										
（三）	风险金										
六	静态总投资										

表 7-38　价差预备费估算表　（金额单位:元）

i	年度	静态总投资 a_i	计算公式	年度价差预备费 W_i
甲	乙	1	2	3
1	××××年		$W_i = a_i[(1+n)^{1-1}-1]$	
2	××××年		$W_i = a_i[(1+n)^{2-1}-1]$	
3	××××年		$W_i = a_i[(1+n)^{3-1}-1]$	
	⋮		$W_i = a_i[(1+n)^{i-1}-1]$	
	合计			

表7-39　土地复垦动态投资估算表　　　　　　　（金额单位:元）

年度	静态投资	价差预备费	动态投资	阶段动态投资小计
甲	1	2	3	4
××××年				
××××年				
××××年				
××××年				
××××年				
××××年				
⋮				
合计				

第四节　矿山地质环境保护治理与土地复垦经费估算通用表

矿山地质环境保护治理与土地复垦经费估算通用表,包括材料预算价格表、主要材料价差表、混凝土与砂浆单价计算表、机械台班预算单价计算表、单价分析表。

材料预算价格表见表7-40;

主要材料价差表见表7-41;

混凝土与砂浆单价计算表见表7-42;

机械台班预算单价计算表见表7-43;

单价分析表见表7-44。

表7-40　材料预算价格表

序号	名称及规格	单位	预算单价(元)	备注
1	汽油(92号)	kg	…	计入预算材料价格,应包括原价、运杂费、采购及保管费、到工地价格、保险费等
2	柴油(0号)	kg	…	
3	水泥(强度等级)	t		
4	碎石	m³		
5	商品混凝土	m³		
6	树苗	株		
7	⋮			

表 7-41　主要材料价差表

序号	材料名称	单位	预算价格(元)	限价(元)	材料价差(元)
甲	乙	丙	1	2	3
1	水泥	kg		0.30	
2	中(粗)砂	m³		70.00	
3	条(料)石、块(片)石、碎石	m³		60.00	
4	钢筋	t		3 500.00	
5	汽(柴)油	kg		4.00	
6	板(枋)材	m³		1 500.00	
7	客土	m³		5.00	
8	商品混凝土	m³		178.00	
9	树苗	株		5.00	

表 7-42　混凝土与砂浆单价计算表

编号	混凝土强度等级	水泥强度等级	级配	水泥		砂		碎(卵)石		水		外加剂		单价(元/m³)
				数量(kg)	单价(元)	数量(m³)	单价(元)	数量(m³)	单价(元)	数量(m³)	单价(元)	数量(kg)	单价(元)	
甲	乙	丙	丁	1	2	3	4	5	6	7	8	9	10	11

表 7-43　机械台班预算单价计算表

定额编号	机械名称及规格	台班费(元/台班)	一类费用小计(元)	二类费用												
				二类费用小计(元)	人工		汽油		柴油		电		风		水	
					数量(工日)	单价(元)	数量(kg)	单价(元)	数量(kg)	单价(元)	数量(kW·h)	单价(元)	数量(m³)	单价(元)	数量(m³)	单价(元)
甲	乙	丙	1	2	3	4	5	6	7	8	9	10	11	12	13	14	15

表7-44　单价分析表

定额名称：

定额编号：　　　　　　　　　　　　　　　　　　　　　　定额单位：

工作内容：

序号	项目名称	单位	数量	单价(元)	合价(元)
甲	乙	丙	1	2	3
一	直接费				
(一)	直接工程费				
1	人工费				
	甲类工	工日			
	乙类工	工日			
2	材料费				
	⋮				
3	施工机械使用费				
	⋮	台班			
4	其他费用				
	⋮				
(二)	措施费	%			
二	间接费	%			
三	利润	%			
四	材料价差				
	柴油	kg			
	⋮				
五	未计价材料费				
	PE管	m			
	⋮				
六	税金	%			
	合计				

注：1. 材料价差 = $\sum$（材料预算价格 - 材料限价）× 定额数量；

2. 未计价材料费指安装工程中只计取材料费和税金的管材、闸阀、法兰、轨道、滑触线、电缆等材料费；

3. 税金 =（一至五）× 计取税率。

第五节　总费用汇总与年度安排

一、总费用构成与汇总

根据本章第二节和第三节内容可知，本《方案》矿山地质环境保护与土地复垦估算静态总投资为××万元，其中矿山地质环境保护治理费用××万元，土地复垦静态总投资为××万元，土地复垦动态总投资××万元。土地复垦面积×× hm²，单位面积静态投资××元/亩，单位面积动态投资××元/亩。总费用汇总表见表7-45。

表 7-45　矿区环境治理与土地复垦估算总费用汇总表　　　　（单位：万元）

序号	工程或费用名称	矿山地质环境治理工程	土地复垦工程	合计	备注
甲	乙	1	2	3	4
1	工程施工费				
2	设备购置费				
3	其他费用				
4	监测与管护费				
4.1	地质环境监测费				
4.2	土地复垦监测费				
4.3	管护费				
5	预备费				
5.1	基本预备费（不可预见费）				
5.2	价差预备费				
5.3	风险金				
6	静态总投资				
7	动态总投资	—			
	合计			—	

二、近期（第一阶段）年度经费安排

（一）矿山地质环境保护治理工程年度经费安排

结合开采阶段划分治理区，拟定治理地段和治理期，制订矿山地质环境保护治理近期（5 年）、中远期实施计划，同时列表说明。

由于每一个矿山地质环境保护治理工程都不相同，因此工程进度安排要根据工程治理要求进行确定和详细说明，主要内容包括时间安排、拟治理区域、工作内容、工作量等。

以某一矿区地质环境保护治理工程进度安排为例：

根据矿山地质环境保护治理总体部署，本矿山剩余生产年限为 13 年，治理期 1 年，方案服务期为 2017 年 1 月至 2030 年 12 月，方案适用期为 2017 年 1 月至 2021 年 12 月。对方案适用期按年度对治理区域、采用的工作手段和工作量进行详细安排，同时对中远期进行安排，制订实施计划。具体见表 7-46。

根据治理工程进度安排和设计的工作量，各年度费用估算表见表 7-47。总经费估算××万元，其中适用期各年度估算费用分别为：2017 年度××万元，2018 年度××万元，2019 年度××万元，2020 年度××万元，2021 年度××万元；中远期2022～2030年经费估算××万元。各年度经费预算包括了其他费用、不可预见费，其他费用采用内插法计算。

（二）土地复垦工程年度经费安排

土地复垦费用计划、工作计划安排中，应根据土地损毁预测情况，结合本《方案》中土地复垦服务年限，合理划分复垦工作的阶段，原则上以 5 年为一阶段进行土地复垦工作安排。应明确每一阶段的复垦目标、任务、复垦位置、单项工程量和费用安排。具体表格格式按照 TD/T 1031.1—2011 附录 F中表 F.4。

表 7-46　工程进度安排

时间	治理区域	工作内容及工作量
2017年	民采坑	警示牌××块,清理危岩松石×× m³,浆砌石封堵硐口××m³
	石料生产线	警示牌××块
	露天采场	地质灾害监测××次
2018年	露天采场	警示牌××块,地质灾害监测××次
	二采区塌陷影响区	地质灾害监测××次
2019年	露天采场	清理危岩松石×× m³,浆砌石挡墙×× m³,地质灾害监测××次
	露采工业场地、石料生产线	砌体拆除×× m³,清理危岩松石×× m³
	二采区塌陷影响区	地质灾害监测××次
2020年	二采区塌陷影响区	地质灾害监测××次
2021年	二采区塌陷影响区	地质灾害监测××次
	地采工业场地	废石回填×× m³,封堵硐口×× m³
	矿山道路	修筑泥结碎石路面×× m²,路基×× m²
2022~2030 年 （中远期）	一采区	⋮

生产建设服务年限超过 5 年的,除按照上述要求编制本《方案》中土地复垦服务年限内的每一个阶段复垦工作计划安排外,还应分年度详细编制第一阶段 5 年内的各年度土地复垦计划。生产建设服务年限不超过 5 年的,应分年度细化土地复垦任务及费用安排,并制订第 1 个年度土地复垦实施计划;年度土地复垦实施计划应明确年度土地复垦目标、任务、复垦位置、各种措施的主要结构形式、技术参数和分项工程量、投资预算及组成。

1. 阶段划分

复垦工程计划根据矿山开采进度确定,结合土地复垦方案服务年限和项目实施基准年,一般按照 5 年为一个复垦阶段,方案服务年限较短时,视具体情况确定复垦阶段。

2. 矿山基建阶段复垦工作任务

矿山基建阶段土地复垦的主要任务是对露天采场、工业场地、矿山道路、排土场、废渣场等压占、挖损区的表层熟土进行剥离存放并妥善保护;同时对基建产生的废石回填到民采坑,或废渣场堆存。

3. 矿山生产阶段复垦工作任务

不同的开采方式、不同的矿种破坏土地类型不同,复垦阶段安排的工作任务也不同。

露天开采的石灰岩等矿山,对已开采完毕的平台进行复垦。

露天开采的煤矿、铝土矿山,剥离的土层单独堆存;当有民采坑时,剥离的废石用于填埋,并采取土壤重构工程进行复垦;没有民采坑,设计有排土场时,废石堆放在排土场,并在排土场下部暗埋排洪管道,周边修截排水沟,渣堆底部实施拦挡工程。

井工开采的煤矿、铝土矿,掘进产生的废石单独堆存,煤矸石另行存放;开展地表变形监测,水质、水量、水位监测。

金属矿山,对顺坡堆存的废石场,上部修筑截排水沟,下部修筑挡土墙,对植被、水质进行监测。

按照河南省国土资源厅《关于矿山土地复垦方案和地质环境保护与恢复治理方案合并编制的有关问题的通知》(豫国土资规〔2015〕4 号)相关规定,矿山治理与土地复垦所包括的工程内容、工作手段已十分明确,在进行工程设计时应特别注意。

表 7-47　矿山地质环境保护治理分年度费用估算表　　　　（金额单位:元）

序号	分部分项工程或费用名称	计量单位	2017年		2018年		2019年		2020年		2021年		中远期（2022～2030年）		合计	
			工程量	预算费用	工程量	预算费用	工程量	预算费用	工程量	预算费用	工程量	预算费用	工程量	预算费用	工程量	预算费用
甲	乙	丙	1	2	3	4	5	6	7	8	9	10	11	12	13	14
一	工程施工费															
二	其他费用															
三	不可预见费															
	合计															

4.复垦阶段

对矿山生产活动压占、挖损、塌陷的土地,按照工程设计的技术措施进行复垦,包括工程技术措施、生物和化学措施等。

监测与管护阶段贯穿于复垦阶段全过程,应合理安排监测与管护工作。

5.养护(管护)阶段

对复垦后的土地、乔灌林草等进行施肥、灌溉、灭虫、剪枝等工作;对田间道路、生产路、水利设施等进行完善。

6.复垦区阶段复垦计划安排表

对复垦阶段土地复垦目标、任务、复垦位置、主要措施和分部工程量、投资估算等列表说明见表7-48),对第一阶段每年度的具体工作及费用详细说明。

表7-48 土地复垦工作计划安排表

| 阶段 | 复垦单元 | 时间 | 复垦位置 | 复垦地类(hm^2) | | | 复垦面积合计(hm^2) | 静态投资(万元) | 动态投资(万元) | 主要工程措施 | 主要工程量 |
				地类1	地类2	…					
第一阶段		第1年									
		第2年									
		第3年									
		第4年									
		第5年									
		小计									
第二阶段											
		小计									
⋮											
合计											

计算各年度静态投资,需要以各年度的工程施工费、监测与管护费为基础进行计算,因此在实际编制土地复垦工作计划安排表时,一般将每一阶段、每一年度的工程措施、工程量都要细化。

下面以某一矿区土地复垦工作计划、经费计划安排为例进行说明。

(三)土地复垦工程年度经费安排

1.土地复垦阶段工作、经费实施计划

按照"谁损毁,谁复垦"的原则,并根据《××公司开发利用方案》对3个采区的开采接替顺序,确定土地复垦工作划分为2个阶段,阶段工作安排如下:

第一阶段(2015年1月至2019年12月):为期5年,至2016年12月,14采区已开采结束,接替对15采区进行开采。主要任务:进行土地损毁监测,于2015年初依次对已塌陷区T-01、T-04、T-05,于2018年初依次对YC-01、YC-02进行复垦。本阶段复垦目标××hm^2,其中复垦水浇地××hm^2、旱地××hm^2、农村道路××m,维修田间道××m。复垦静态投资××万元,动态投资××万元。

第二阶段(2020年1月至2025年10月):为期5.83年,至2020年9月,15采区已开采结束,于2021年10月15采区稳沉。主要任务:进行土地损毁监测,于2021年初依次对工业场地、15采区塌陷区YC-03、YC-04、YC-05进行复垦。于2022年11月开始进入全面管护期,主要任务:对复垦的工业场地、已塌陷区、14采区塌陷土地、15采区塌陷土地、配套设施土进行重点监测管护。本阶段复垦目标××hm²,其中复垦水浇地××hm²、旱地××hm²、其他林地××hm²,河流水面××hm²、坑塘水面××hm²和沟渠××hm²,修建排水沟××m,维修矿山道路××m,农村道路××m、新建田间道××m,维修田间道××m,新建机井××个。静态投资××万元,动态投资××万元。

各阶段土地复垦工作计划安排表见表7-49。

表7-49 土地复垦工作计划安排表

阶段	复垦位置	复垦目标(hm²)								复垦投资(万元)		主要工程措施	主要工程量
		水浇地	旱地	其他林地	农村道路	河流水面	坑塘水面	沟渠	合计	静态	动态		
第一阶段(2015年1月至2019年12月)	T-01、T-04、T-05、YC-01、YC-02											土地损毁监测	
												田面平整	
												土壤翻耕	
												土壤培肥	
												维修田间道	
												田间道绿化	
第二阶段(2020年1月至2025年10月)	工业场地、YC-03、YC-04、YC-05											土地损毁监测	
												复垦效果监测	
												田面平整	
												土壤翻耕	
												土壤培肥	
												客土回填	
												植树	
												新修排水沟	
												修建过路涵	
												机井	
												维修矿山道路	
												新建田间道	
												维修田间道	
												田间道绿化	
												浇水	
合计												—	—

2.年度土地复垦工作、经费实施计划

根据各阶段的土地复垦实施计划,制订每一阶段中年度复垦实施计划。

第1年(2015年):土地复垦场地为已塌陷区 T-01,复垦面积××hm²,复垦方向为水浇地和旱地;

第2年(2016年):土地复垦场地为已塌陷区 T-04,复垦面积××hm²,复垦方向为水浇地和旱地;

第3年(2017年):土地复垦场地为已塌陷区 T-05,复垦面积××hm²,复垦方向为旱地;

第4年(2018年):土地复垦场地为预测塌陷区 YC-01,复垦面积××hm²,复垦方向为水浇地、旱地和农村道路;

第5年(2019年):土地复垦场地为预测塌陷区 YC-02,复垦面积××hm²,复垦方向为水浇地和旱地;

第6年(2020年):不安排土地复垦场地,仅进行土地损毁监测;

第7年(2021年1~10月):土地复垦场地为工业场地,复垦面积××hm²,复垦方向为旱地;

第8年(2021年11月至2022年12月):土地复垦场地为 YC-03、YC-04、YC-05,复垦面积××hm²,复垦方向为水浇地、旱地、其他林地、农村道路、河流水面、坑塘水面和沟渠;

第9年(2023年):进行土地损毁监测、复垦效果监测和管护工作;

第10年(2024年):进行土地损毁监测、复垦效果监测和管护工作;

第11年(2025年1~10月):进行土地损毁监测、复垦效果监测和管护工作。

年度土地复垦实施计划及相应费用见表7-50、表7-51。

表7-50　年度土地复垦工作、工程施工费安排一览表

时间	复垦位置	主要工程措施	计量单位	工程量	工程施工费(元)	复垦监测与管护费用(元)
2015年	T-01	土地损毁监测	年			
		田面平整	m³			
		土壤翻耕	hm²			
	小计					
2016年	T-04	土地损毁监测	年			
		田面平整	m³			
		土壤翻耕	hm²			
	小计					
2017年	T-05	土地损毁监测	年			
		田面平整	m³			
		土壤翻耕	hm²			
	小计					
2018年	YC-01	土地损毁监测	年			
		田面平整	m³			
		土壤翻耕	hm²			
		表层清理	hm²			
		土壤培肥	m³			
		维修田间道	m			
		田间道绿化	株			
	小计					

续表 7-50

时间	复垦位置	主要工程措施	计量单位	工程量	工程施工费（元）	复垦监测与管护费用（元）
2019年	YC-02	土地损毁监测	年			
		田面平整	m³			
		土壤翻耕	hm²			
	小计					
2020年	—	土地损毁监测	年			
2021年 1～10月	工业场地	土地损毁监测	年			
		井筒充填	m³			
		井盖、井座	m³			
		钢筋	kg			
		客土回填	m³			
		土壤翻耕	hm²			
		建筑物拆除	hm²			
		地基拆除	m³			
		废渣清理	m³			
		表层清理	hm²			
		土壤培肥	m³			
		新建田间道	m³			
		(1)路床压实	m²			
		(2)灰土路基厚度100 mm	m²			
		(3)灰土路基每增减10 mm	m²			
		(4)水泥混凝土路面厚度150 mm～换:纯混凝土C20	m²			
		(5)水泥混凝土路面每增减10 mm～换:纯混凝土C25	m²			
	工业场地	(6)素土路肩	m³			
		田间道绿化	株			
	小计					

续表 7-50

时间	复垦位置	主要工程措施	计量单位	工程量	工程施工费（元）	复垦监测与管护费用(元)
2021年11月至2022年12月	YC-03、YC-04、YC-05	土地损毁监测	年			
		地裂缝充填	m³			
		裂缝表土剥离与回覆	m³			
		田面平整	m³			
		土壤翻耕	hm²			
		建筑物拆除	hm²			
		地基拆除	m³			
		废渣清理	m³			
		表层清理	hm²			
		土壤培肥	m³			
		植树	株			
		新修排水沟	m			
		修建过路涵	个			
		机井	个			
		维修矿山道路	m			
		（1）原路面压实	m²			
		（2）水泥混凝土路面厚度 150 mm ~ 换:纯混凝土 C25	m²			
		（3）水泥混凝土路面每增减 10 mm ~ 换:纯混凝土 C25	m²			
		（4）素土路肩	m³			
		新建田间道	m			
		（1）路床压实	m²			
		（2）灰土路基厚度 100 mm	m²			
		（3）灰土路基每增减 10 mm	m²			
		（4）水泥混凝土路面厚度 150 mm ~ 换:纯混凝土 C20	m²			

续表 7-50

时间	复垦位置	主要工程措施	计量单位	工程量	工程施工费（元）	复垦监测与管护费用（元）
2021年11月至2022年12月	YC-03、YC-04、YC-05	（5）水泥混凝土路面每增减 10 mm～换：纯混凝土 C25	m²			
		（6）素土路肩	m³			
		维修田间道	m			
		田间道绿化	株			
		小计				
2023年	复垦期	土地损毁监测	年			
		浇水	m³			
		施肥	m³			
		人工费	人			
		复垦效果监测	年			
		小计				
2024年	复垦期	土地损毁监测	年			
		浇水	m³			
		施肥	m³			
		人工费	人			
		复垦效果监测	年			
		小计				
2025年1～10月	复垦期	土地损毁监测	年			
		浇水	m³			
		施肥	m³			
		人工费	人			
		复垦效果监测	年			
		小计				
		总计				

表 7-51　各年度土地复垦费用动态投资估算表　　　　　　　　　　（单位：元）

序号	工程或费用名称	2015年	2016年	2017年	2018年	2019年	2020年	2021年1~10月	2021年11月至2022年12月	2023年	2024年	2025年1~10月	合计
1	工程施工费												
2	设备购置费												
3	其他费用												
4	复垦监测与管护费用												
4.1	监测费												
4.2	管护费												
5	预备费												
5.1	基本预备费												
5.2	价差预备费												
5.3	风险金												
6	静态总投资												
7	动态总投资												

第八章　保障措施与效益分析

第一节　组织保障

一、管理机构

按照"谁开发，谁保护、谁破坏，谁治理"和"谁损毁，谁复垦"的原则，矿山企业为矿山地质环境保护与土地复垦义务人，矿山地质环境保护与土地复垦工作由复垦义务人自行开展地质环境治理和复垦。为确保《方案》提出的各项地质环境治理和土地损毁防治措施的实施和落实，矿山企业应成立矿山地质环境保护和土地复垦项目领导小组，由企业负责人任组长，技术、财务、测绘、安全、环保等部门主管参加，负责解决地质环境保护和土地复垦工作中的重大问题，协调各有关部门的工作关系，齐抓共管，统一协调和领导生态恢复与土地复垦工作。同时选调责任心强、政策水平高、懂专业的技术人员，具体负责项目区地质环境治理和土地复垦各项具体工作。

二、管理机构职责

(1)负责与地方政府以及国土资源主管部门接洽，贯彻、落实地质环境保护与土地复垦相关法律政策。

(2)负责制订矿山地质环境保护和土地复垦规划及实施计划，进行地质环境保护工程与土地复垦工程设计，并负责组织地质环境保护和土地复垦工程施工，组织好地质环境保护和土地复垦工程的月度、年度、阶段性检查验收及竣工验收工作，竣工验收结果上报国土资源主管部门。

(3)负责地质环境保护和土地复垦工程治理资金调配。做好与国土资源主管部门、企业财务等相关部门之间的协调工作，确保地质环境保护和土地复垦治理资金及时、足额到位，并切实用于地质环境保护和土地复垦工作。资金审计结果上报国土资源主管部门。

三、管理制度

(1)实行目标责任制及问责制。对矿山企业地质环境保护和土地复垦项目领导小组工作的责任人实施目标管理责任制度，将其作为责任人年度考核的主要内容。对地质环境保护和土地复垦工程实施监管不力、资金管理和使用不合规，追究主管领导的责任，情节严重的追究法律责任。

(2)实行地质环境保护和土地复垦治理资金审计制度。对地质环境保护和土地复垦资金使用情况进行审计。

(3)实行重大事项报告制度。地质环境保护和土地复垦工程开工前，矿山企业将地质环境保护和土地复垦工程规划和实施计划上报国土资源主管部门。若开采工艺、矿山地质环境保护和土地复垦计划及工程等发生重大变更，及时上报国土资源主管部门，并根据矿山实际情况重新组织编制《方案》。

第二节　技术保障

以某矿山为例，对技术保障措施进行说明。

一、矿山地质环境保护治理技术保障措施

(1)项目施工设计。根据《方案》，委托有设计资质的单位进行施工图设计，合理划分工作段，科学

安排治理工作计划。

（2）项目施工过程中，严格遵守国家规定的工程建设程序，实施工程监理制、合同管理制、工程质量负责制、施工验收审计制等制度，规范工程管理行为。

（3）建立完善的质量保证体系，加强工程质量管理；按照科技进步、科技创新的原则，采用新技术、新方法，提高矿山治理项目的科技含量，实现保护与治理后的生态效益与经济、社会效益共赢的结果。

（4）加强工期管理，确保按照工期完成恢复治理任务。

（5）检查与监督。矿山企业应主动与所在地县国土资源主管部门联系并接受监督、检查，而监督部门也须及时对矿山地质环境恢复治理的资金落实情况、实施进度、质量及效果等进行监督。

（6）治理项目完成后，矿山企业提请所在地县国土资源主管部门组织竣工验收，逐项核实工程量、鉴定工程质量和完成效果，对不合格工程及时按照要求返工，并会同各参建单位进行经验总结，改进工作。

（7）做好项目后续维护管理及监测工作。

二、土地复垦技术保障措施

土地复垦工作专业性、技术性强，需要定期培训技术人员、咨询相关专家、开展科学试验、引进先进技术，以及对土地损毁情况进行动态监测和评价。同时，矿山企业应制定严格的规章制度和技术手段，以保证做好表土和土壤层的剥离与保护工作，并确保不将有毒有害物用作回填或者充填材料、不将重金属及其他有毒有害物污染的土地用作种植食用农作物等。具体可以采取以下技术保证措施：

（1）方案编制阶段，矿山企业选择有技术优势的编制单位编制《方案》，并委派技术人员与方案编制单位密切合作，了解土地复垦方案中的技术要点。

（2）方案实施中，根据土地复垦方案内容，与相关实力雄厚的技术单位合作，编制阶段土地复垦计划和年度土地复垦计划，及时总结阶段性复垦经验，并修订复垦方案。

（3）加强与相关技术单位的合作，加强对国内外具有先进复垦技术单位的学习研究，及时吸取经验，完善复垦措施。

（4）根据实际生产情况和土地损毁情况，进一步完善土地复垦方案，拓展复垦报告编制的深度和广度，做到所有复垦工程遵循复垦设计。

（5）严格按照建设工程招标投标制度选择和确定施工队伍，要求施工队伍具有相关等级的资质。

（6）实施表土剥离及保护，不将有毒有害物用作回填或者充填材料，不将重金属及其他有毒有害物污染的土地用作种植食用农作物等。

（7）建设、施工等各项工作严格按照有关规定，按年度有序进行。

（8）选择有技术优势和较强社会责任感的监理单位，委派技术人员与监理单位密切合作，确保施工质量。

（9）定期培训技术人员、咨询相关专家、开展科学试验、引进先进技术，以及对土地损毁情况进行动态监测和评价。

第三节　资金保障

以某矿山为例，对资金保障措施进行说明。

一、矿山地质环境保护治理费用安排与资金保障措施

（一）矿山地质环境保护治理费用安排

××矿矿山地质环境保护治理费用估算为××万元。本《方案》适用期为5年，即自2018年1月至2022年12月。适用期总费用估算为××万元，其中2018年1~12月费用××万元、2019年费用××万元、2020年费用××万元、2021年费用××万元、2022年费用××万元。远期（2023年1月至2029年12月）费用估算为××万元。

（二）资金来源

根据"谁破坏，谁治理"的原则，由矿山企业承担矿山地质环境治理恢复责任，承担该矿山地质环境保护治理工程的所有费用，把该项费用计入生产成本，及时足额计提矿山地质环境治理恢复费用，存入矿山企业的矿山地质环境治理恢复基金账户。

（三）资金保障措施

根据《国务院关于印发矿山资源权益金制度改革方案的通知》（国发〔2017〕29号）、《财政部　国土资源部　环境保护部关于取消矿山地质环境治理恢复保证金建立矿山地质环境治理恢复基金的指导意见》（财建〔2017〕638号）、《河南省财政厅　河南省国土资源厅　河南省环境保护厅关于取消矿山地质环境治理恢复保证金建立矿山地质环境治理恢复基金的通知》（豫财环〔2017〕111号）要求，取消矿山地质环境治理恢复保证金，建立矿山环境治理恢复基金制度。矿山企业应按照满足实际需求的原则，根据《方案》中相关设计安排与估算，将矿山地质环境治理恢复费用按照企业会计准则相关规定预计弃置费用，计入相关资产的入账成本，在预计开采年限内按照产量比例等方法摊销，并计入生产成本。同时，矿山企业在银行账户中设立基金账户，单独反映基金的提取情况。

基金由矿山企业自主使用，根据《方案》中确定的经费预算、工程实施计划、进度安排等，专项用于因本矿山勘查开采活动造成的各种地质环境问题的修复治理及矿山地质环境监测等（不含土地复垦）。

因物价上涨或在实际工作中不可预见因素而导致矿山环境治理恢复基金不足时，矿山企业应及时修改投资估算，增加矿山地质环境保护与治理恢复费用，保证矿山地质环境治理工作的顺利完成。若本方案适用期内国家提出基金的具体金额要求，则根据国家要求进行调整。

二、土地复垦费用安排与资金保障措施

（一）矿山土地复垦费用安排

本《方案》服务年限11.5年，即2018年1月至2029年6月。复垦责任范围××hm²，土地复垦静态总投资为××万元，单位面积静态投资××元/亩。动态总投资为××万元，单位面积动态投资××元/亩。本《方案》适用期（第一阶段）为5年，即自2018年1月至2022年12月，第一阶段总费用估算为××万元，土地复垦费用计划安排表见表8-1。

表8-1　土地复垦费用计划安排表

阶段	总投资（万元）	年度投资（万元）	时间	产量（万t）	单位产量复垦费用预存额（元/t）	年度复垦费用预存额（万元）	阶段复垦费用预存额（万元）
第一阶段			2018年1～12月				
			2019年				
			2020年				
			2021年				
			2022年				
第二阶段			2023年1～12月				
			2024年				
			2025年				
			2026年				
			2027年				
			2028年				
			2029年1～6月				
合计							

注：土地复垦资金预存以实际缴存时间为准，按照实际情况对预存时间做相应调整。

矿山企业将从2018年开始预存土地复垦资金,逐年预存,并将土地复垦资金列入当年生产成本。按照《土地复垦条例实施办法》(国土资源部令〔2012〕第56号)规定,本项目生产服务年限在3年及3年以上,可以分期预存土地复垦费用,但第一次预存的数额不得少于土地复垦总投资的20%,余额按照土地复垦方案确定的土地复垦费用预存计划预存,并在生产建设活动结束前一年预存完毕。

(二)资金来源

为保证矿山土地复垦资金得到落实,根据《土地复垦条例》中"谁破坏、谁复垦"的原则,本矿山土地复垦费用由土地复垦义务人(矿山企业)全额承担,费用来源为企业自筹,纳入矿山企业生产成本。

(三)资金保障措施

按照《土地复垦条例》的规定,土地复垦资金的投入以企业为主体,土地复垦费用应该接受当地县国土资源主管部门监管。通过制订复垦资金计提、存放、管理、使用和审计的保障措施,确保土地复垦所需资金及时足额筹措,安全存放,专款专用。

矿山企业将与所在地国土资源管理部门及双方共同指定银行签订土地复垦三方监管协议,建立矿方与所在地国土资源管理部门共管的土地复垦资金专用账户,预存、使用和管理土地复垦资金。

土地复垦义务人(矿山企业)应当在《方案》通过审查后一个月内预存土地复垦费用,且在监管协议中约定的日期将年度土地复垦资金存入土地复垦资金专用账户,矿山企业若未履行义务,银行可采取冻结矿山企业账户的措施敦促土地复垦义务人(矿山企业)履行义务。若账户没有足额资金,开户银行应及时通知所在地国土资源主管部门,若开户银行未履行职责,国土资源主管部门有权要求银行承担相应的经济连带责任,国土资源主管部门责令土地复垦义务人(矿山企业)限期预存。

因物价上涨或在实际工作中不可预见因素而导致土地复垦资金不足时,矿山企业应及时修改投资估算,增加土地复垦费用,保证土地复垦工作的顺利完成。若本方案适用期内国家提出资金的具体金额要求,则根据国家要求进行调整。

土地复垦义务人(矿山企业)预存的土地复垦费用专项用于土地复垦,任何单位和个人不得截留、挤占、挪用,县级以上地方人民政府国土资源主管部门有权对矿山企业使用土地复垦费用的监督和管理。土地复垦费用的使用应由土地复垦义务人(矿山企业),按照《方案》确定的工作计划和土地复垦费用使用计划,向所在地国土资源主管部门提出申请,国土资源主管部门对土地复垦专项资金进行监督和管理,定期或不定期对专项资金的到位、使用情况进行审查,及时处理和纠正项目经费使用中的问题;督促资金使用单位建立规范有效的管理和内部控制制度,制定专项资金使用"五专"(专项、专户、专用、专账、专人负责)责任制进行审查和管理,并派出有关人员对施工现场进行检查和监督,确保专项资金达到其应有的使用效果。若发现不符合要求使用土地复垦费用的情况,国土资源主管部门有权要求开户银行依法或按照第三方协议冻结专项账户资金,督促土地复垦义务人(矿山企业)返还截留、挤占、挪用的资金。

土地复垦义务人(矿山企业)应当在每年12月31日前向所在地国土资源主管部门报告当年土地复垦义务履行情况。

土地复垦义务人(矿山企业)应按年度对土地复垦资金使用情况进行内部审计,将审计结果于每年的12月31日前报送所在地国土资源主管部门,国土资源主管部门应依据审计制度安排相关审计人员对土地复垦资金执行情况进行审计或复核。

第四节 监管保障

以某矿山为例,对监管保障措施进行说明。

在《方案》实施过程中,应当执行以下矿山地质环境保护治理与土地复垦监管保障措施:

(1)加强对未利用土地的管理,严格执行《方案》。

(2)县级国土资源主管部门将设立明确专门机构,并配备专(兼)职人员负责本矿山的矿山地质环境保护与土地复垦监督管理工作,并加强与县发展改革、财政、城乡规划、交通、水利、环保、农业、林业、安全等有关部门的协同配合和行业指导监督。同时,上级国土资源主管部门应当加强对地质环境保护治理与土地复垦工作的监督和指导。

(3)矿山企业在建立组织机构的同时,将加强与政府主管部门的沟通,自觉接受地方主管部门的监督管理,同时对主管部门的监督检查情况做好记录,对监督检查中发现的问题及时进行整改,对不符合实际要求或质量要求的工程将重建,直到满足要求为止。

(4)矿山企业将加大加强"绿水青山就是金山银山"思想,以及矿山地质环境保护与土地复垦政策的宣传,切实保护企业和群众的利益,调动其积极性,提高社会对矿山地质环境保护与土地复垦在经济社会可持续发展中的重要作用的认识。

(5)矿山企业将严格按照建设工程招标制度选择和确定设计单位、施工队伍,并对施工队伍的资质、人员的素质乃至项目经理、工程师的经历与能力进行必要的严格的考核,同时加强规章制度建设和业务学习培训,防止质量事故、安全事故的发生。

(6)对矿山企业未按要求开展恢复治理与土地复垦工作,列入矿业权异常名录或严重违法失信名单,责令其限期整改。逾期不整改或整改不到位的,不得批准其申请新的采矿许可证或申请采矿许可证延续、变更、注销,不得批准其申请新的建设用地。若矿山企业拒不履行义务,根据相关法律法规进行处罚并追究其法律责任,且进行失信联合惩戒。

矿山企业必须接受县级以上国土资源主管部门对工程实施情况的监督检查,接受社会监督,并在每年 12 月 31 日前定期向所在地国土资源主管部门报告当年治理复垦情况,主要包括下列内容:

(1)年度矿山地质影响与土地损毁情况,包括矿区地质灾害情况、含水层破坏情况、地形地貌景观(地质遗迹、人文景观)破坏情况、水土环境污染情况以及土地损毁情况等。

(2)年度矿山地质环境保护与土地复垦费用预存、使用和管理等情况。

(3)年度矿山地质环境保护与土地复垦实施情况,包括矿山地质灾害治理情况、含水层破坏修复情况、水土污染修复情况、损毁土地复垦情况以及年度矿山地质环境与土地复垦监测情况等。

(4)国土资源主管部门规定的其他年度报告内容。

国土资源主管部门应当加强对矿山地质环境保护与土地复垦义务人(矿山企业)报告事项履行情况的监督核实,并可以根据情况将土地复垦义务人(矿山企业)履行矿山地质环境保护与土地复垦义务情况年度报告在相关门户网站上公开。

第五节　效益分析

以某矿山为例,对效益分析进行说明。

一、矿山地质环境保护治理效益分析

(一)社会效益分析

(1)防治地质灾害发生,保障矿区人民生命财产安全。矿山地质环境保护治理方案实施后,可有效防治地质灾害的发生,保护矿山职工、采矿设备和矿区周边居民的生命财产安全,达到防灾减灾的目的。

(2)最大限度地减少采矿对土地资源的破坏。通过《方案》的实施可及时恢复矿区土地功能,为发展经济建设和谐社会创造了条件,具有明显的社会效益。

(3)综合治理,提高土地利用率。矿山地质环境保护与恢复治理工程因地制宜、因害设防,采取拦、排、护、整、填等方面的综合治理措施对矿山地质环境进行治理。《方案》实施后,工程措施与复垦措施相结合,将显著提高土地利用率和生产力,并增加了环境可承载力。

(4)《方案》中监测预警系统的运用可增强人们的防灾意识,更好地保护地质环境。针对不同的矿山地质环境问题,采取不同的治理措施。根据矿山地质环境问题的危害大小、轻重缓急,分期、分阶段进行治理。《方案》重视监测预警工作,发现问题及时处理,可有效保护地质环境。

（二）环境效益分析

矿区地质环境经治理后,可有效改善和提高区内生态环境质量,减轻对地质地貌景观的破坏,使得区内部分土地使用功能得到良好利用,能够促进经济和社会的可持续发展,有利于和谐矿区、和谐社会的建设。

（三）经济效益分析

通过《方案》的实施,不仅能有效消除矿业活动带来的地质灾害隐患,减少因诱发地质灾害带来的人民生命财产的损失,又能通过地质环境的有效治理,增加有效可利用土地,为今后该地区农业、林业,以及其他产业的发展创造良好的条件,产生一定的经济效益。

二、土地复垦效益分析

土地复垦工程实施后,将使复垦后土地获得综合性改善,减少水土流失和防止其继续扩大,恢复植被,改善复垦区及周边地区的生产和生活环境,促进区域经济的可持续发展。

（一）经济效益分析

土地复垦经济效益是指投资行为主体或其他经济行为主体通过对复垦土地进行资金、劳动、技术等的投入所获得的经济效益。经济效益主要分为直接经济效益和间接经济效益两个方面。通过土地复垦工作,矿区可恢复有林地11.09 hm²、其他林地0.96 hm²。

按照复垦方向,经查询有关资料,刺槐20年后成林,林木收益38万元/hm²,则复垦为有林地的年收益为:$38/20 \times 11.09 = 21.07$（万元）。

（二）社会效益分析

(1)通过土地复垦工程的实施,可以减少矿山开采工程带来的新增水土流失,减轻其所造成的损失和危害,能够确保矿区的安全生产。

(2)矿区土地复垦能够减少生态环境损毁,恢复良好的生态环境,有利于矿区职工以及附近居民的身心健康。

(3)对复垦后土地经营管理需要较多的工作人员,因此能够为矿山所在地居民提供更多的就业机会,提高居民收入,对维护社会安定也会起到积极的促进作用。

(4)通过土地复垦工作的实施,开展土地平整、恢复植被,维持或增加农业用地面积,对改善矿区及周边地区的土地利用结构起到良好的促进作用,有利于促进当地农业协调发展。

综上可见,复垦工程的实施,对当地社会发展会有较大的促进作用,具有较好的社会效益。

（三）生态效益分析

项目区土地复垦的生态效益就是土地复垦行为主体的经济活动影响了自然生态系统的结构与功能,从而使得自然生态系统对人类的生产、生活条件和质量产生直接和间接的生态效应。

通过土地复垦有效恢复生态平衡和调整农业产业结构,可涵养水源、保持水土、治理水土流失、防止土地退化,降低洪涝灾害的发生频率。项目实施后,能增加项目区内表土植被、治理水土流失,创造一个良好的生态环境。

生态效益可选用以下几个主要指标评价:

(1)林草地覆盖率。

$$\text{林草地覆盖率} = \frac{\text{林地面积} + \text{草地面积}}{\text{复垦责任范围面积}} \times 100\%$$

(2)绿色植被覆盖率。

$$\text{绿色植被覆盖率} = \frac{\text{林地面积} + \text{草地面积} + \text{耕地面积}}{\text{复垦责任范围面积}} \times 100\%$$

(3)土地垦殖率。

$$\text{土地垦殖率} = \frac{\text{耕地面积}}{\text{复垦责任范围面积}} \times 100\%$$

通过分析测算,复垦后,林草地覆盖率、绿色植被覆盖率均达到95.33%,对于维护和改善项目区环境质量起到良好作用。

第六节　公众参与

以某矿山为例,对公众参与进行说明。

矿山地质环境保护与土地复垦方案中的公众参与是指公众按照规定的程序,参与到矿山地质环境保护与土地复垦方案的编制过程和实施过程中,从而影响矿山地质环境保护与土地复垦方案规划决策和实施效果,并使其符合公众切身利益的行为。公众参与的形式包括信息发布(包括广播、电视、报纸等)、信息反馈(主要采用社会调查途径)、信息交流(包括会议讨论、建立信息中心)。公众参与的具体办法包括媒体广告、问卷调查、实地访谈、举行公众座谈、召开专家论证会、举行公众听证会等。落实公众参与工作对于规范矿山地质环境保护与土地复垦意义重大。

矿山企业在采矿过程中会对当地及周边地区的自然环境和社会环境带来影响,直接或间接地影响当地人们群众生活,也影响着土地所有者和使用者的利益,同时对矿山地质环境保护与土地复垦义务人(矿山企业)带来影响。矿山地质环境保护与土地复垦规划要在充分了解受影响群众的意愿和观点基础上,使治理与复垦项目更加民主化和公众化,以避免片面性和主观性,使项目的规划、设计、施工和运行更加完善合理,以最大限度地发挥该项目的综合效益和长远效益。

一、方案编制前期公众参与

方案编制前,在明确项目区范围后,首先制作项目区土地利用现状图,结合现状图进行调查。公众参与采取走访调查的形式,公开征集意见,参与调查的主要对象是复垦区土地使用者、集体所有者、土地复垦义务人、周边地区受影响社会公众以及土地管理及相关职能部门等的代表人。编制单位首先向调查对象介绍工程概况、项目建设的意义、工程建设对社会经济发展可能带来的有利影响及可能产生的环境、资源等方面的不利影响,然后征求大家对土地复垦的意见和建议,并填写公众参与调查表(见表8-2),附现场调查与公众参与照片。

表8-2　公众参与调查表

姓名		工作单位(家庭住址)			职业	
身份证号						
性别		年龄		文化程度	日期	
项目概况		采矿权人、采矿许可证证号、采矿证有效期。矿区面积、开采矿种、开采方式、开采深度、生产规模、生产状态。 　　损毁土地面积、损毁地类、土地损毁类型。土地复垦适宜性评价结果,损毁土地复垦方向。土地复垦方案义务人(矿山企业)应根据国家法律和编制的《矿山地质环境保护与土地复垦方案》制定的措施和标准及费用,对损毁的土地进行复垦,复垦率100%。 　　项目区土地复垦后,土地原有的生态功能将得到恢复,有利于促进和改善当地生态环境,提高矿区及周边人民群众生活质量。 　　为保证《矿山地质环境保护与土地复垦方案》的科学性和可行性,保证项目区内土地权益人的各项利益,加强和充分发挥群众对《矿山地质环境保护与土地复垦方案》实施的监督管理作用,对本次《矿山地质环境保护与土地复垦方案》编制开展公众调查活动,调查意见将作为进一步修改、完善、科学合理地编制《矿山地质环境保护与土地复垦方案》的依据					

续表 8-2

调查问题	1. 您认为该方案的目标是否合理？ 　　□ 合理　□ 较为合理　□ 不合理 2. 您认为该方案中的复垦标准怎样？ 　　□ 很好　□ 较好　□ 一般　□ 较差 3. 您认为该方案中所采取的复垦措施是否恰当？ 　　□ 恰当　□ 较为恰当　□ 不恰当 4. 您希望被破坏的地类复垦为 　　□ 原地类　□ 耕地　□ 林地　□ 草地　□ 其他 5. 您认为该方案的实施对当地生态环境是否有所改善？ 　　□ 有改善　□ 没改善 6. 您对该方案的实施持什么态度？ 　　□ 赞同　□ 不赞同　□ 无所谓 7. 您对复垦时间的要求是 　　□ 边破坏边复垦　□ 闭坑后马上复垦　□ 其他
意见或 建议	

对收集到的公众参与调查表进行汇总分析,公众调查信息汇总表见表 8-3。根据汇总表调查统计情况显示,被调查对象涉及的职业、文化程度及年龄结构,基本可以反映当地常住居民的职业和文化构成,具有较好的代表性;本次公众参与调查结果基本上能够反映出建设项目影响范围各层次公众的意见和建议,具有一定的代表性。

表 8-3　公众调查信息汇总表

被调查人的信息		人数	比例(%)
年龄	20 ~ 40 岁		
	40 ~ 60 岁		
	60 岁以上		
职业	干部		
	科技人员		
	工人		
	农牧民		
所属村委	×× 村		
文化程度	大学及以上		
	高中		
	初中		
	小学及以下		
对项目意见汇总			
您认为该复垦方案的目标是否合理？	合理		
	较为合理		
	不合理		

续表 8-3

被调查人的信息		人数	比例(%)
您认为该方案中的复垦标准怎样?	很好		
	较好		
	一般		
	较差		
您认为该方案中所采取的复垦措施是否恰当?	恰当		
	较为恰当		
	不恰当		
您希望被破坏的地类复垦为?	原地类		
	耕地		
	林地		
	草地		
	其他		
您认为该方案的实施对当地生态环境是否有所改善?	有改善		
	没改善		
您对该复垦方案的实施持什么态度?	赞同		
	不赞同		
	无所谓		
您对复垦时间的要求是?	边破坏边复垦		
	闭坑后马上复垦		
	其他		

注:在被调查者中,××%的人认为该复垦方案的目标合理,××%的人认为复垦方案中的复垦标准很好,××%的人认为该方案中采取的复垦措施恰当,××%的人希望被破坏的地类复垦为原地类,××%的人认为该方案的实施对当地生态环境有所改善,××%的人赞同该复垦方案的实施。

从公众参与调查结果来看,公众对矿山企业开采项目的开发认同度较高,而对矿山土地复垦措施、复垦目标和效果尚缺乏足够的认识。在了解了矿山企业开采项目土地复垦的方向和措施后,大多数公众认为矿山企业开采项目土地复垦能够有效地恢复当地生态环境,对于保护生物多样性、维护生态平衡具有重要的意义,对矿山企业开采项目的生产建设表示支持,并对土地复垦方案编制提出了宝贵的建议。

二、《方案》编制期间的公众参与

《方案》编制过程中,《方案》初稿完成之际,公众参与方式为征求项目所在村村委会及当地农业、林业、水利、环保等有关单位意见。编制组成员代表首先对土地复垦方案中的损毁预测结果、土地复垦利用方向、复垦标准、复垦措施、投资估算结果以及土地复垦资金计提方式等进行了汇报,相关人员与编制组成员就共同关心的问题进行了深入讨论。最后项目所在村村委会及当地农业、林业、水利、环保等有关单位,基本同意本《方案》中的土地损毁预测结果、土地复垦利用方向、复垦标准、复垦措施、投资估算结果以及土地复垦资金计提方式,并就矿山开采过程中对土地造成局部损毁需进行的土地复垦工作表示理解,支持该项工作,认为该《方案》科学合理、符合当地实际。

三、方案实施过程中的公众参与

方案实施过程中,矿山企业将继续贯穿公众参与。

(1)加强土地损毁程度与损毁速度的监测。每半年进行一次公众调查,主要是对破坏土地面积、破坏程度、破坏速度进行调查。

(2)根据土地复垦实施中发现的问题及时向有关专家请教,并根据实际情况对复垦措施等进行调整。

（3）在土地复垦工程规划设计阶段，要根据土地实际损毁方式与损毁程度，广泛征询当地农民、地方专家的意见，并广泛征求农业、林业、水利、环保等有关单位意见，在多方面咨询的同时，多次进行实地调查，现场勘察，根据当地广大群众生产实践经验和要求，将先进实用的新技术运用到规划设计中去，并且将规划设计公示，接受公众提议。

（4）在施工阶段，要将规划内容进行公示，由农民参与监督土地复垦工程的实施，保障土地复垦工程按规划设计实施。

（5）加强土地复垦进度监测。每年进行一次公示，主要是对新复垦面积、复垦措施落实和资金落实情况进行公示，接受群众监督。同时将新损毁面积与复垦恢复面积进行比较，了解土地复垦的及时性。

四、复垦工程竣工验收阶段的公众参与

由项目所在地国土资源主管部门组织验收时，除组织农业、水利、林业、环保等部门相关专家外，也将邀请部分群众代表参加，确保验收工作公平、公正和公开。

第七节　土地权属调整方案

在土地复垦完成后，应充分尊重原所有权人和使用权人的意愿，依法确定调整后的权属，进行变更登记。

（1）在实施准备阶段要核实矿区地类、面积、界址、权属（所有权和使用权）等，保证数据、资料准确，无争议，通过公告栏和村民小组动员会等，及时将土地权属状况、面积等情况进行公告，让有关土地权利人充分享有知情权。

（2）在工程施工阶段要认真检查核实项目公告内容执行情况，及时调整因规划设计变更而造成土地权属重新调整的范围，对原权属调整方案及时做修改和补充。

（3）竣工验收阶段，项目竣工后，按照经批准的土地权属调整方案，确定土地所有权、使用权、承包经营权；及时进行土地变更调查和土地变更登记；建立新的地籍档案，完善有关土地登记资料。

第九章　结论与建议

一、结论

(1)矿山位置、行政区划、地理坐标、采矿证面积。

(2)开采矿种、开采方式,矿山设计生产能力,剩余资源储量、矿山剩余服务年限,本次编制的方案服务年限(考虑塌陷稳定期、治理期和监测管护期),基准日期,适用年限。

(3)评估面积,评估级别。现状情况下评估区内地质灾害危险性、对含水层破坏影响程度、对地形地貌景观破坏影响程度。预测分析评估区内地质灾害危险性、对含水层破坏影响程度、对地形地貌景观破坏影响程度、对水土环境的影响程度。

(4)经土地损毁分析和预测,采矿活动对土地损毁方式(挖损、塌陷和压占),已损毁、拟损毁、重复损毁、总损毁土地面积,包括挖损、塌陷、压占损毁面积,损毁程度。

(5)根据矿山地质环境预测分析,矿山地质环境保护与恢复治理分区,包括重点防治区、次重点防治区、一般防治区(每个分区的名称及面积)。

(6)复垦区面积、留续使用的永久性建设用地面积、复垦责任区面积,土地复垦率、复垦方向。

(7)针对地质灾害、含水层破坏、地形地貌景观、水土环境污染、土地资源损毁及闭坑提出相应的矿山地质环境保护与土地复垦工程和监测内容、频率、方法等。根据总体部署和年度计划情况,分别确定治理工程的实施阶段的计划,可分为近期(适用期)和中远期。

矿山地质环境治理工程主要工程量为:危岩体清理、地裂缝充填,开采台阶挡土保水岸墙和台阶覆土工程,拦挡工程、截排水工程、废弃物拆除工程、井筒巷道封闭工程、道路维修工程,采空塌陷、崩塌、滑坡监测,含水层监测、水土环境污染修复监测。

土地复垦工程:表土剥离、土地平整,土方挖、运、填,农田水利设施工程,生物工程、田间道路工程,土壤质量监测、植被恢复情况监测、农田配套设施运行情况监测等。

(8)矿山地质环境保护与土地复垦总费用,包括矿山地质环境治理工程费用、土地复垦工程总费用(动态);土地复垦静态投资,静态亩均投资,动态总投资、动态亩均投资;适用期矿山地质环境治理工程费用,土地复垦前5年分年度费用。

二、建议

(1)严格按照本方案制定的目标、任务分期分批进行矿山地质环境保护与土地复垦,建立矿山地质环境保护与土地复垦年度考核制度。

(2)矿山建设和生产过程中,尽可能地降低矿山开采对矿区环境的破坏,从根本上减轻地质灾害、地形地貌景观破坏;对潜在的地质灾害及土地损毁,应及时进行处理,尽量减少地质灾害和土地损毁对施工人员及施工设备的危害;加强对废石的综合利用研究,提高矿产资源综合利用率。

(3)矿山开采过程中,应采取切实有效的措施,优化生产工艺,最大限度地减少矿产资源开发对矿山地质环境的影响和破坏,真正做到"在开发中保护、在保护中开发",促进采矿活动健康发展。

(4)建议矿山企业严格按照矿山开发利用方案设计进行开采,应严格执行国家现行的矿山安全生产规范、规程、规定和标准,确保矿山建设和生产的安全。对矿山生产期结束后矿山地质环境保护与土地复垦开展综合研究,完善闭坑后矿山生态环境恢复工作。

(5)矿山在开采过程中,应设专门机构加强矿山地质环境监测,若发现地质灾害迹象或地质环境问题应及时上报,有关部门应及时处理。编制应急预案,发生重大事故时立即启动相应的应急预案,做到防患于未然。

（6）方案不替代矿山建设各阶段的工程地质勘察或有关的评估工作，不替代矿山地质环境治理和土地复垦设计等。矿山企业在进行矿山地质环境治理和土地复垦时，应委托有资质相关单位进行专项工程勘察、设计。

（7）矿山企业扩大开采规模、变更矿区范围或者开采方式的，应当重新编制矿山地质环境保护与土地复垦方案。

第十章 附图、附表与附件

第一节 附 图

一、一般规定

(一)图件分类和图件基本要素

矿山地质环境基本图件可分为矿山地质环境现状评估图、矿山地质环境影响预测评估图、矿山地质环境保护与恢复治理工程部署图;图件编制执行 DZ/T 0223—2011 第 10.5 条制图标准;土地复垦方案基本图件可分为标准分幅土地利用现状图、复垦区土地损毁预测图、复垦区土地复垦规划图三类,图件编制执行 TD/T 1031.1—2011 第 7.2 条以及《河南省土地开发整理项目制图标准》。

制图的基本要素包括图幅、图例、文字说明、图面配置、图号顺序等,必要时在图幅内增加镶图、镶表。

(二)图幅

土地复垦方案图件的图幅应符合表 10-1 的规定。图幅选择应根据项目规模确定,必要时允许采用加长幅面。

表 10-1 基本幅面及尺寸

幅面代号	A0	A1	A2	A3	A4
$B \times L(\text{mm} \times \text{mm})$	841 × 1 189	594 × 841	420 × 594	297 × 420	210 × 297

(三)图面配置

1. 图名

图名的内容包括项目名称、图件名称。

图名宜横写,不应遮盖图纸中的实质内容。位置应选在图框外,图纸的上方正中。

2. 图签

图样中的图签栏应放在图纸右下角。

图签的外框线为粗实线,分格线为细实线。

图签必须由本人手签。

3. 坐标网

图上每隔 10 cm 展绘一直角坐标网线交叉点。中、内图框间靠近图框角和整百千米数的坐标线,应注出完整的千米数,其余坐标线只注出个位、十位的千米数及 0.5 千米数。

4. 比例尺

图上标注的比例尺应是图纸上单位长度与地形实际单位长度的比例关系。

比例尺的标绘位置应在图签内。

5. 指北针

指北针位置宜绘制在图的右上角。

6. 辅助图表及图例

辅助图表包括镶图、镶表等。镶图、镶表可根据图面情况安排在适当位置,以图面清晰、美观为准。

图例一般排列在图纸右侧或左下角。图例由图形(线条、色块或图案)与文字组成,文字是对图形的注释。

绘制使用相关规范规定的图例或自行增加的图例,在同一方案中应统一。

图例的编排应自上而下,从左到右,按耕地、园地、林地……损毁程度、地质灾害、地层、地质界线、地质构造、水系、道路、其他内容的顺序排列。图例框长宽应符合表10-2 的规定。

表10-2 基本幅面及图例框尺寸

幅面代号	A0	A1	A2	A3	A4
图例框(长×宽)(mm×mm)	20×10	20×10	20×10	12×8	12×8

7.图样

外图框用粗实线绘制,中图框和内图框用细实线绘制。

图的左下角,图框线外应标注该图所采用的高程基准、等高距、坐标系等说明信息。

(四)文字说明

(1)图件上的文字、数字、代码,均应笔画清晰、文字规范、字体易认、编排整齐、书写端正。标点符号的运用应准确、清楚。

(2)图上的文字应使用中文标准简化汉字。数字应使用阿拉伯数字,计量单位应使用国家法定计量单位;代码应使用规定的英文字母、年份应用公元年表示。

(3)图上的文字字体应易于辨认。中文除图名使用黑体外,其他中文使用宋体;外文使用印刷体;数字使用标准体;字体朝正北方向。

(五)图号顺序

矿山地质环境保护与土地复垦图件的图号宜按标准分幅的矿山地质环境现状评估图、矿山地质环境影响预测评估图、矿山地质环境保护与恢复治理工程部署图、复垦区土地利用现状图、复垦区土地损毁预测图、复垦区土地复垦规划图的先后顺序进行编排。

二、矿山地质环境保护附图

(一)矿山地质环境问题现状图

(1)图面主要反映评价区的地质环境条件、存在的矿山地质环境问题等。内容包括:

①地理要素:包括主要地形等高线、控制点;地表水系、水库、湖泊的分布;重要城镇、村庄、工矿企业;干线公路、铁路、重要管线;人文景观、地质遗迹、供水水源地、岩溶泉域等各类保护区。

②地质环境条件要素:包括矿区地貌分区、地层岩性(产状)、主要地质构造、水文地质要素(如井、泉分布)等。

③矿区范围与工程布局:露采境界、矿区范围、采区布置、地下开采主要巷道的布置等。

④主要矿山地质环境问题:采空区、地面塌陷、地裂缝、崩塌、滑坡、含水层破坏、地形地貌景观破坏、土地资源破坏等的分布、规模;采矿固体废弃物堆放位置与规模;已治理的矿山地质环境问题类型及范围等。

⑤现状评估结果:用普染色表示矿山地质环境影响程度分级。当单要素评估结果有重叠时,采取就高不就低的原则编图。若图面信息量大,可另附单要素评估图。

(2)平面图上应附综合地层柱状图、综合地质剖面图等镶图;可根据需要附专门性镶图,如矿体底板等值线图、降水等值线图、全新世活动断裂与地震震中分布图、评估区周围矿山分布图、地下水等水位线图等。

(3)可用镶表说明矿山地质环境问题类型、编号、地理位置、分布范围与规模、影响程度、形成时间、防治情况等。

(4)常用图例参照表10-3,其他图例参照 GB 958。

表 10-3　矿山地质环境问题图例

类型	式样	色标说明	类型	式样	色标说明
崩塌		子图号：591；高 × 宽：5 ×5；旋转角度：315；颜色号：1	滑坡		子图号：592；高 × 宽：5 ×5；旋转角度：315；颜色号：1
泥石流		子图号：593；高 × 宽：5 ×5；旋转角度：0；颜色号：1	地裂缝		线型：7；线颜色：6；线宽：0.4；X 系数：2；Y 系数：3；辅助线型：1；辅助颜色：0
地面塌陷		线型：54；线颜色：3；线宽：0.3；X 系数：3；Y 系数：3；辅助线型：0；辅助颜色：0	地面沉陷		线型：18；线颜色：3；线宽：0.3；X 系数：3；Y 系数：5；辅助线型：0；辅助颜色：0
水污染		线型：1；线颜色：6；；线宽：0.5；X 系数：10；Y 系数：10；辅助线型：0；辅助颜色：0	土壤污染		线型：3；线颜色：3；线宽：0.3；X 系数：4；Y 系数：4；辅助线型：10；辅助颜色：0
地下水漏斗区		线型：2；线颜色：2；；线宽：0.3；X 系数：2；Y 系数：2；辅助线型：0；辅助颜色：0	土地沙化		填充颜色：9；填充图案：3；图案高度：5；图案宽度：5；图案颜色：1
沼泽地		填充颜色：9；填充图案：26；图案高度：4；图案宽度：1；图案颜色：1	盐碱化		填充颜色：9；填充图案：14；图案高度：2；图案宽度：2；图案颜色：1
矿渣堆		填充颜色：9；填充图案：83；图案高度：10；图案宽度：10；图案颜色：1	煤矸石堆		填充颜色：9；填充图案：285；图案高度：7；图案宽度：7；图案颜色：1
剥离表土堆		填充颜色：9；填充图案：234；图案高度：6；图案宽度：6；图案颜色：1	尾矿砂		填充颜色：9；填充图案：287；图案高度：6；图案宽度：6；图案颜色：1
尾矿泥		填充颜色：9；填充图案：116；图案高度：10；图案宽度：10；图案颜色：1	采砂采土坑		填充颜色：9；填充图案：122；图案高度：6；图案宽度：6；图案颜色：1
露采掌子面		线型：53；线颜色：6；线宽：0.3；X 系数：3；Y 系数：4；辅助线型：3；辅助颜色：0	采坑边缘		线型：53；线颜色：1；线宽：0.3；X 系数：4；Y 系数：4；辅助线型：3；辅助颜色：0

(二)矿山地质环境影响预测评估图

(1)图面主要反映采矿活动对评估区地质环境可能造成的影响。内容包括：

①地理要素：包括主要地形等高线、控制点；地表水系、水库、湖泊的分布；重要城镇、村庄、工矿企业；干线公路、铁路、重要管线；人文景观、地质遗迹、供水水源地、岩溶泉域等各类保护区。

②预测评估：用普染色表示矿山地质环境影响程度分级。当单要素评估结果有重叠时,采取就高不就低原则编图。若图面信息量大,可另附单要素评估图。

(2)对重点区域(由采矿引发地质环境问题突出的区域)可以在图面上插入镶图进一步说明,如完整的泥石流沟、重要地质灾害隐患点、地下水疏干范围等。镶图比例尺视具体情况而定。

(3)可用镶表对矿山地质环境影响预测评估结果加以说明,如潜在矿山地质环境问题类型、编号、地理位置、分布范围与规模、影响程度、防治难度分级等。

(4)常用图例参照表10-3,其他图例参照 GB 958。

(三)矿山地质环境保护与恢复治理工程部署图

(1)图面主要反映矿山地质环境保护与恢复治理责任范围分区、工作部署等。内容包括：

①地理要素：包括主要地形等高线、控制点；地表水系、水库、湖泊的分布；重要城镇、村庄、工矿企业；干线公路、铁路、重要管线；人文景观、地质遗迹、供水水源地、岩溶泉域等各类保护区。

②矿山地质环境保护与恢复治理分区：用普染色表示不同的防治区域。

③工程部署：主要防治、监测工作的布置、措施与手段等。

(2)镶图：可根据需要对防治区内的主要工程部署、防治工程措施与手段等插入放大比例尺的专门性镶图。

(3)镶表：用镶表对矿山地质环境保护与恢复治理分区加以说明,包括分区名称、编号、分布、面积；主要矿山地质环境问题类型和影响程度、防治措施、手段、进度安排。

(4)常用图例参照表10-3、表10-4,其他图例参照 GB 958。

表 10-4　矿山地质环境保护与恢复治理工程图例

类型	式样	色标说明	类型	式样	色标说明
护坡		填充颜色:9;填充图案:51;图案高度:7;图案宽度:7;图案颜色:1	挡土墙		线型:18;线颜色:1;线宽:0.1;X 系数:3;Y 系数:4;辅助线型:1;辅助颜色:0
拦水坝		线型:18;线颜色:1;线宽:0.1;X 系数:3;Y 系数:8;辅助线型:5;辅助颜色:0	拦砂坝		线型:18;线颜色:943;线宽:0.1;X 系数:3;Y 系数:4;辅助线型:1;辅助颜色:0
排水渠		线型:18;线颜色:1;线宽:0.1;X 系数:3;Y 系数:4;辅助线型:5;辅助颜色:0	蓄水池		填充颜色:2;填充图案:0;图案高度:0;图案宽度:0;图案颜色:0

三、土地复垦图件

(一)复垦区土地利用现状图

(1)复垦区土地利用现状图应是标准分幅土地利用现状图。

(2)按原图图纸幅面复印或晒制,图上各要素应清晰,并加盖县级国土资源部门公章。

(3)项目区涉及的现状图应完整,每幅现状图的图幅号应标注清楚、准确。

（4）生产项目在图上应标出采矿证范围以及矿证之外的工业场地、矿山道路用地范围。

（5）建设项目在图上应标出拟征地及临时用地范围。

（6）常用图例参照表 10-5～表 10-7,其他图例参照 GB 958。

表 10-5　常用土地类型图例

土地类型	式样	色标说明			土地类型	式样	色标说明		
水田 （011）		R0 R255	G160 G255	B100 B100	水浇地 （012）		R0 R255	G160 G255	B100 B150
旱地 （013）		R0 R255	G160 G255	B100 B200	果园 （021）		R0 R245	G165 G210	B60 B40
茶园 （022）		R0 R255	G165 G200	B60 B80	其他园地 （023）		R0 R250	G165 G185	B60 B20
有林地 （031）		R0 R40	G0 G140	B0 B0	灌木林地 （032）		R0 R85	G0 G180	B0 B100
其他林地 （033）		R0 R140	G0 G215	B0 B130	天然牧草地 （041）		R0 R170	G135 G190	B80 B30
人工牧草地 （042）		R0 R150	G135 G210	B80 B50	其他草地 （043）		R0 R200	G135 G200	B80 B100
河流水面 （111）		R0 R150	G120 G240	B200 B255	湖泊水面 （112）		R0 R150	G120 G240	B200 B255
水库水面 （113）		R0 R0 R150	G0 G120 G240	B0 B200 B255	池塘水面 （114）		R0 R160	G120 G205	B200 B240
沟渠 （117）		R180 R160	G220 G205	B250 B240	水工建筑用地 （118）		R180 R230	G220 G130	B250 B100
设施农用地 （122）		R70 R220	G150 G180	B100 B130	沙地 （126）		R140 R200	G80 G190	B60 B170
裸地 （127）		R160 R215	G100 G200	B80 B185	城市 （201）		R0 R220	G0 G100	B0 B120
建制镇 （202）		R0 R220	G0 G100	B0 B120	村庄用地 （203）		R0 R230	G0 G140	B0 B160
采矿用地 （204）		R0 R230	G0 G120	B0 B130	风景名胜 及特殊用地 （205）		R0 R230	G0 G120	B0 B130

表 10-6　常用地貌、地物要素图例

土地类型	式样	色标说明	土地类型	式样	色标说明
首曲线		R110　G130　B90	计曲线		R110　G130　B90
示坡线		R110　G130　B90	高程点		R0　G0　B0
三角点		R0　G0　B0	埋石点		R0　G0　B0
单线隧道		R0　G0　B0	双线隧道		R0　G0　B0
桥梁		R0　G0　B0	项目区界线		R255　G0　B255

表 10-7　土地损毁预测图图例

损毁类型	式样	损毁类型	式样	损毁类型	式样
轻度损毁		中度损毁		重度损毁	

（二）复垦区土地损毁预测图

土地损毁预测图是反映项目区已破坏土地现状及预测破坏土地状况的图件。

1. 制图要求

（1）比例尺不小于 1∶10 000。

（2）土地损毁预测图以地形地质图或工程总平面布置图为底图叠加绘制。

（3）土地损毁预测图上的地形底纹色度应做灰化处理，并可根据需要对图中的地形要素做必要的删减。

（4）项目区内的地类、相关地物、权属界限和权属主题应标注清楚。

（5）土地损毁预测图上应配有项目区土地利用现状表见表 10-8、复垦区土地损毁及统计表见表 10-9）。

表 10-8　复垦区土地利用现状表

一级地类		二级地类		面积（hm²）	占总面积比例（%）
01	耕地	012	水浇地		
		013	旱地		
02	园地	021	果园		
03	林地	031	有林地		
		032	灌木林地		
04	草地	043	其他草地		
20	城镇村及工矿用地	203	村庄用地		
		204	采矿用地		
合计					

表 10-9　复垦区土地损毁统计表

损毁时序	损毁单元	损毁地类	面积（hm²）	损毁类型	损毁程度	备注
已损毁						
拟损毁						
重叠区						
合计						

（6）土地损毁预测图上要标明已损毁土地、拟损毁土地的范围、损毁类型、损毁程度，并用不同的图例进行标识，必要时加以文字注记。增加图例。

（7）当以土地利用现状图为底图时，各种地类的颜色应做绘画处理，用地类代码、范围线表示；损毁程度区域用较为醒目的颜色标识。

（8）地下开采项目应有预测剖面线及编号，并做剖面分析。

2.常用图例

常用图例参照表 10-5 ~ 表 10-7，其他图例参照 GB 958。

3.预测剖面图

预测剖面图是按一定比例尺在剖面上表示地质要素、预测塌陷范围、露天采场（坑）影响范围的基础图件。预测剖面图上表示的信息与损毁预测图相结合，可以为塌陷区、露天采场土地复垦提供依据。制图要求如下：

（1）选择剖面位置。

先进行地形、地层、岩石、构造、矿层（体）特征分析；剖面线应尽量垂直于图区内地层走向和区域构造线方位或矿层（体）走向，切过预测塌陷区，并标明开采移动角；将所选择的剖面位置标绘在破坏预测图上并编号。

（2）剖面图比例尺与破坏预测图的比例尺应一致，两端标出高程。

（3）注明剖面方位、主要地形地貌控制点。

（4）剖面图放置：左北右南、左西右东，左北西右南东、左南西右北东。

（5）图中的岩石花纹、岩层产状应绘制清楚。

（6）地层分界线、地层代号要清晰、准确。

（7）可采矿层（体）、巷道位置、开采标高要标示清楚。

（8）预测剖面图可作为辅助图镶在破坏预测图内，位置可根据图面情况安排在适当位置，也可按本规范一般规定单独制图，图号顺序接破坏预测图。

（三）复垦区土地复垦规划图

（1）复垦区土地复垦规划图是反映复垦后项目区土地利用布局和工程布局的图件。

（2）制图要求：

①比例尺不小于 1：10 000。

②复垦规划图以破坏预测图为基础绘制。

③复垦规划图上的地形底纹色度应做灰化处理，并可根据需要对图中的地质要素做必要的删减。

④项目区内的地类、相关地物、权属界限和权属主题应反映清楚。

⑤复垦后的土地利用类型和布局要清楚、明显，排、灌设施布局应合理，水流方向应标明。

⑥复垦规划图中的新建、改建、扩建工程应加注（新）、（改）、（扩）予以区分。

⑦露天开采项目应在图上反映出复垦的规划时序。

⑧复垦区若需局部放大的，应放大成镶图放在图中适当位置，并注明名称及比例尺。

⑨对复垦后的各地类面积进行统计，并绘制能够反映复垦前后土地利用变化的土地利用结构调整对比表。

（3）常用图例参照表 10-10、表 10-11，其他图例参照 GB 958。

表 10-10　土地复垦常用工程图例

土地类型	式样	色标说明	土地类型	式样	色标说明
塘堰		R0　　G120　　B200 R160　G205　　B240	水窖		R0　G0　B0
农用井		R0　G0　B0	蓄水池		R0　G0　B0
干渠		R0　G0　B128	干沟		R0　G0　B153
支渠		R0　G0　B179	支沟		R0　G0　B204
斗渠		R0　G0　B230	斗沟		R0　G0　B255
农渠		R0　G0　B255	农沟		R0　G0　B255
喷灌管道		R0　G0　B255	小型拦河坝（闸）		R0　G0　B0
微灌管道		R0　G0　B255	水闸		R0　G0　B255
暗管		R0　G0　B255	渡槽		R0　G0　B255
暗渠、暗沟		R0　G0　B255	涵洞		R0　G0　B0
跌水、陡坡		R0　G0　B0	泵站		R0　G0　B255
公路桥		R0　G0　B0	农桥		R0　G0　B0
高压线路		R255　G0　B0	农田林网		R0　G128　B0
低压线路		R255　G0　B0	护堤护岸		R0　G0　B255
田间道		R255　G0　B0	过水路面		R255　G0　B0
生产路		R255　G0　B0	田块编号及设计高程	①/98.01	R0　G0　B0

表 10-11　土地复垦常用建筑材料图例

材料名称	图例	材料名称	图例	材料名称	图例
自然土壤		普通砖		灰土、砂土	
堆石		砂砾石三合土		石材	
钢筋混凝土		混凝土		三合土	
干砌块石		浆砌块石		干砌料石	
浆砌料石		水泥砂浆		混合砂浆	
加筋锚固喷涂		加筋喷涂		水泥喷浆	
土工织物		防水材料		沙土袋	

四、插图和镶图

（一）交通位置图

注明图件比例尺,地理坐标;铁路、高速公路、等级公路、河流、水域及名称;省界、县以上城市及名称;矿山位置,图例。以采矿证所在的县市为基本图幅,采用的底图应为最新版的地图,扫描后数据化成图。

（二）区域地质图

注明地理坐标、比例尺、地层界线及单元代号、岩浆岩、断层线、褶曲轴线,其他重点地质、水文、工程环境地质点、采矿证位置。

（三）区域水文地质图

注明地理坐标、比例尺、地层界线及单元代号、地表出露地层和岩性、含水岩组的分区、含水岩组富水性的分区、地下水的补给和径流方向,地表水体、井、泉的分布位置等。

（四）地质剖面图

注明比例尺、坐标线、方位、地形线、地形下岩性、产状、剖面线穿过或近处的地物投影(河流、村庄、水渠、泉井、水库等);环境地质点、废石堆、尾砂库、沉淀池、塌陷、崩塌、滑坡、泥石流、岩溶及采空塌陷等投影;断层线、褶曲线及编号位置;矿层露头线、矿体、岩体、穿过的井筒及巷道、矿层厚度、山地工程点;钻孔标高、深度、见矿点深度、厚度;风化带、采空区范围、矿山准采范围、地层界线及接触关系、图例。

（五）地质灾害危险性综合分区评估图

该图主要反映地质灾害危险性综合分区评估结果和防治措施。

1. 评估分区图内容

（1）按规定的素色表示地理要素和行政区划要素。

（2）采用不同颜色的点状、现状符号分门别类地表示矿山建设项目工程部署和已建的重要工程。

（3）采用面状普染颜色表示地质灾害危险性三级综合分区。

（4）以代号表示地质灾害点（段）防治分级，一般可划分为重点防治点（段）、次重点防治点（段）、一般防治点（段）。

（5）采用点状符号表示地质灾害点（段）防治措施，一般可分为避让措施、生物措施、工程措施、监测预警措施。

2. 综合分区（段）说明表

表的内容主要包括危险性级别、区（段）编号、工程地质条件、地质灾害类型与特征、发育强度与危害程度、防治措施建议等。

（六）施工大样图

它包括边坡计算、滑坡计算、所附小剖面等。露天采矿时应附露采区设计方案图，内容与矿山开采设计方案平面图基本相同（巷道改露采平台面、露采边坡坡度、采坑深度范围、排水沟标高等）。

（七）土地复垦单体工程图

（1）单体工程设计图是反映项目区单体工程结构、材料、设计参数等方面的图件。它包括建（构）筑物设计图、沟渠道路断面图、典型田块设计图及林地种植设计等。

（2）制图要求：

①单体工程设计图一般采用 A3 或 A4 图幅。

②单体工程设计图标注应齐全，应能够精确表示建筑物结构尺寸和建筑材料，要求有平面、立面、剖面图。钢筋混凝土结构应有配筋图。每类单体建筑物应有工程量和材料统计表，并注明建（构）筑物的修筑型式。

③蓄水池，截（排、引）水沟、渠，道路，挡土墙、拦渣坝应绘制纵、横断面图。

④水井结构图应包括井口高程、井深、井径、地层状况、井壁管材质与直径、过滤罐、滤料、封孔等。

⑤水窖应有汇水面积，结构材料，水池尺寸、池壁材料、进出水管道。

⑥喷灌、微灌工程包括设备名称、型号、性能，以及喷灌、微灌材料等。

⑦农村道路应标注曲线半径、弯道超高、弯道加宽；田间路应绘制纵断面图，注明地面线、设计线、桥涵位置等。

⑧各建筑物设计图制图应符合《房屋建筑制图统一标准》（GB/T 50001—2017）、《建筑制图标准》（GB/T 50104—2010）、《建筑结构制图标准》（GB/T 50105—2010）的规定，并有设计标准说明，必要时要注明施工注意事项。

⑨农田水利工程设计图制图应符合《水利水电工程制图标准》（SL 73.1—2013）的规定，农村道路工程设计图制图应符合《道路工程制图标准》（GB 50162—92）的规定，农田防护林工程设计图制图应符合《林业工程制图标准》（LY/T 5002—2014）的规定。

（八）照片

（1）照片要反映矿区全貌及主要地质环境问题和土地损毁状况，每一处地质环境问题和开矿引起的微地貌变化均要附照片。

（2）重点说明内容：照片位置、地质环境问题形态、性质、影响程度；裂缝长度、宽度、塌陷直径、滑坡面积、滑体厚度等，废石堆放地地形及坡度，废石堆面积、堆存量等。

五、矿山地质环境保护与土地复垦图例

（一）矿山地质环境问题与恢复治理工程图例

1. 矿山地质环境影响程度评估分级图例

矿山地质环境影响程度评估分级图例见表10-12。

表 10-12　矿山地质环境影响程度评估分级图例

名称	图例	色标说明	名称	图例	色标说明
矿山地质环境影响严重区		填充颜色:175	矿山地质环境影响较严重区		填充颜色:198
矿山地质环境影响较轻区		填充颜色:153	矿山地质环境影响评估界线		线型:1;线颜色:6;线宽:0.5;X 系数:10;Y 系数:10;辅助线型:0;辅助颜色:0

2. 矿山地质环境保护与恢复治理分区图例

矿山地质环境保护与恢复治理分区图例见表 10-13。

表 10-13　矿山地质环境保护与恢复治理分区图例

名称	图例	色标说明	名称	图例	色标说明
矿山地质环境重点防治区		填充颜色:96	矿山地质环境次重点防治区		填充颜色:289
矿山地质环境一般防治区		填充颜色:498	矿山地质环境保护与恢复治理分区界线		线型:1;线颜色:5;线宽:0.5;X 系数:10;Y 系数:10;辅助线型:0;辅助颜色:0

3. 矿山地质环境图例

矿山地质环境问题图例见表 10-3。

4. 矿山地质环境保护与恢复治理工程图例

矿山地质环境保护与恢复治理工程图例见表 10-4。

(二)土地复垦图例

1. 常用土地类型图例

《土地利用现状分类》(GB/T 21010—2017)中常用的土地类型图例见表 10-5。

2. 常用地貌、地物要素图例

常用地貌、地物要素图例见表 10-6。

3. 土地损毁预测图图例

土地损毁预测图图例见 10-7。

4. 土地复垦常用工程图例

土地复垦常用工程图例见表 10-10。

5. 土地复垦常用建筑材料图例

土地复垦常用建筑材料图例见表 10-11。

第二节　附　表

(1)矿山地质环境调查表按照《矿山地质环境保护与恢复治理方案编制规范》(DZ/T 0223—2011)附录 J 标准样式填写,表格全部填满,调查但无数据填"0",无调查无数据填"—",调查人员签字,矿山企业和编制单位盖章。

（2）公众参与调查表。

（3）其他附表。

第三节　附　件

（1）《方案》编制委托书或协议书（矿山企业自己编制除外）。

（2）县级国土资源管理及相关部门意见。

（3）编制单位对《方案》资料真实性的承诺。

（4）采矿许可证或矿区范围拐点坐标。

（5）矿山开发利用方案或矿山建设设计批复文件。

（6）已编制过的《矿山地质环境保护与恢复治理方案》《土地复垦方案》审查意见。

（7）矿权人履行矿山地质环境保护治理与土地复垦义务承诺书。

（8）公众参与调查表、村委会意见及相关部门意见等相关资料。

（9）采用的近期人工费价格信息、建设工程材料价格信息。

（10）矿区及复垦区照片及其他影像资料。

……

参考文献

[1]地球科学大辞典编辑委员会.地球科学大辞典·基础学科卷[M].北京:地质出版社,2005.

[2]地球科学大辞典编辑委员会.地球科学大辞典·应用科学卷[M].北京:地质出版社,2005.

[3]工程地质手册编委会出版社.工程地质手册[M].4版.北京:中国建筑工业出版社,2007.

[4]张荣立.采矿工程设计手册[M].北京:煤炭工业出版社,2003.

[5]国土资源部土地整理中心.土地复垦方案编写实务[M].北京:中国大地出版社,2010.

[6]河南省国土资源厅.河南省土地开发整理项目制图标准[M].郑州:黄河水利出版社,2010.

[7]河南省国土资源厅.河南省土地开发整理工程建设标准[M].郑州:黄河水利出版社,2010.

[8]雷廷武,李发虎.水土保持学[M].北京:中国农业大学出版社,2012.

[9]陆景冈.土壤地质学[M].北京:地质出版社,2006.

[10]孙世国,杨宏,等.典型排土场边坡稳定性控制技术[M].北京:冶金工业出版社,2011.

[11]薛玉芬,白中科,张召,等.基于资源配置露天矿土地复垦适宜性评价研究[J].山西农业大学学报:自然科学版,2013,33(2):103-108.

[12]张丹凤,白中科,叶宝莹.矿区复垦土地的评价方法[J].资源开发与市场,2007,23(8):685-687,721.

[13]叶文玲,徐晓燕.铜矿废弃地重金属污染及其生态修复[J].矿业快报,2008(1):8-10.

[14]邓少平.矿山废弃土地农用复垦方向评价方法探讨[J].资源环境与工程,2011,25(1):75-80.

[15]何芳,徐友宁,乔冈,等.中国矿山环境地质问题区域分布特征[J].中国地质,2010,37(5):8-10.

[16]韩淑朋,徐少伟.矿山地质环境保护与治理恢复——以某露天石灰岩矿山为例[J].矿产勘查,2012,3(1):112-116.

[17]中华人民共和国国土资源部.土地复垦方案编制规程 第1部分:TD/T 1031.1~7—2011[S].北京:中国标准出版社,2011.

[18]河南省财政厅,河南省国土资源厅.河南省土地开发整理项目预算定额标准[M].郑州:黄河水利出版社,2014.